プレス作業者安全必携

― 動力プレスの金型・プレス機械の安全装置,
　安全囲いの取付け等関係特別教育用テキスト ―

中央労働災害防止協会

序

　プレス機械を用いた加工・生産は，製造業の多くの分野で行われ，加工技術の高度化も図られています。

　一方，プレス作業では，作業者が金型の間に手，指等をはさまれることによる災害が多発しており，その多くが身体に障害を残す災害となっています。

　このようなことから，厚生労働省により，プレス機械の構造や使用方法等について引き続き関係法令の整備が行われるとともに，プレス災害防止総合対策等に基づき，プレス機械の安全化の促進，プレス機械および安全装置等の管理の徹底等が図られているところです。

　また，プレス機械による災害を防止するためには，作業者がプレス機械を正しく安全に取り扱うことができる知識，技能を有していることが不可欠です。

　本書は，労働安全衛生法に基づく動力プレスの金型・プレス機械の安全装置，安全囲いの取付け等の業務に係る特別教育のテキストとしてとりまとめたもので，これまで必要に応じて改訂を行ってまいりました。平成23年には当協会内に改訂編集委員会を設けて検討を行い，同年1月12日に告示された「動力プレス機械構造規格」および「プレス機械又はシャーの安全装置構造規格」の改正に伴う見直しを行い，新版として発行しました。

　今般，労働安全衛生規則に解説を加えるなど関係法令のページの拡充を中心に改訂を行いました。

　本書が特別教育の受講者のみならず，プレス作業にかかわる多くの人の安全対策の参考書となり，プレス災害の防止にお役に立てれば幸いです。

平成31年4月

中央労働災害防止協会

「プレス関係テキスト改訂編集委員会」委員名簿

伊藤　　強　　しのはらプレスサービス株式会社　点検指導部部長

大西　秀孝　　株式会社アマダ　フィールドサービス部
　　　　　　　新ビジネス推進グループ　特自検推進 T/M

金子　辰巳　　社団法人産業安全技術協会　検定試験部次長・主任検定員

○小森　雅裕　　株式会社小森安全機研究所　取締役会長

清水　宏祐　　株式会社久永製作所　相談役

山田　輝夫　　山田労働安全コンサルタント事務所　所長

中島　次登　　中央労働災害防止協会　技術支援部技術指導課　専門役

　　　　　　（○印は委員長，敬称略，肩書きは初版時，外部委員は50音順）

動力プレスの金型等の取付け，取外し又は調整の業務に係る特別教育の講習科目

■学科教育

講習科目	範囲	講習時間
プレス機械又はシヤー及びこれらの安全装置又は安全囲いに関する知識	プレス機械又はシヤー及びこれらの安全装置又は安全囲いの種類，構造及び点検	2時間
プレス機械又はシヤーによる作業に関する知識	材料の送給及び製品の取出し　プレス機械の金型，シヤーの刃部又はプレス機械若しくはシヤーの安全装置若しくは安全囲いの異常及びその処理	2時間
プレス機械の金型，シヤーの刃部又はプレス機械若しくはシヤーの安全装置若しくは安全囲いの点検，取付け，調整等に関する知識	プレス機械の金型，シヤーの刃部又はプレス機械若しくはシヤーの安全装置若しくは安全囲いの点検，取付け，取外し及び調整	3時間
関係法令	労働安全衛生法，労働安全衛生法施行令及び労働安全衛生規則中の関係条項	1時間

■実技教育

　プレス機械の金型，シヤーの刃部又はプレス機械若しくはシヤーの安全装置若しくは安全囲いの点検，取付け，取外し及び調整について，2時間以上行う。

（昭和47年9月30日労働省告示第92号「安全衛生特別教育規程」）

目　次

第1章　プレス機械およびその安全装置または 安全囲いの種類，構造および点検 ………………………… 13

1　プレス機械の種類 ………………………………………………… 13

（1）　プレスの構造要素・13

（2）　プレスの能力・22

（3）　偏心負荷能力・22

（4）　集中荷重力・23

（5）　型取付部寸法・23

2　プレス機械の構造 ………………………………………………… 24

（1）　基本構造部分・24

（2）　クラッチ，ブレーキおよびその制御装置・26

（3）　急停止機構等・32

（4）　オーバーラン監視装置・34

（5）　過負荷防止装置・34

（6）　安全ブロック等・34

（7）　スライド落下防止装置・34

（8）　主要な電気部品と電気回路収納箱・35

（9）　サーボプレスの停止機能・35

（10）　プレスに組み込まれているその他の安全装置・36

（11）　その他・36

3　安全プレス ………………………………………………………… 37

（1）　インターロックガード式安全プレス・38

（2）　両手操作式安全プレス・38

（3）　光線式安全プレス・40

（4）　制御機能付き光線式（PSDI）安全プレス・42

4　プレス機械の保守・点検 ………………………………………… 43

4.1 機械プレスの点検・44

（1） 主電動機起動前・44

（2） 主電動機起動後・49

（3） 作業終了後・53

4.2 液圧プレスの点検・53

（1） 主電動機起動前・53

（2） 主電動機起動後・54

（3） 作業終了後・56

4.3 サーボプレスの点検・56

5　安全囲いの種類および構造・機能 ……………………………… 57

5.1 安全囲いの種類と機能・57

（1） 型取付け安全囲い・57

（2） プレス取付け安全囲い・60

5.2 安全囲いの開口部と穴あき板等の許容最大寸法・63

（1） 安全囲いの開口部の許容最大寸法・63

（2） 穴あき板の許容最大寸法など・64

6　安全装置の種類および構造 ……………………………………… 64

（1） 安全装置の要件・64

（2） インターロックガード式安全装置・65

（3） 両手操作式安全装置・69

（4） 光線式安全装置・72

（5） 制御機能付き光線式安全装置（PSDI）・75

（6） プレスブレーキ用レーザー式安全装置・76

（7） 手引き式安全装置・77

（8） 安全装置の併用・80

（9） その他の安全措置・80

第2章　プレス作業 ……………………………………………………… 85

1　プレス作業の災害防止の基本的な考え方……………………………… 85

2　安全作業の一般的な注意事項…………………………………………… 86

（1） 作業態度と心がまえ・86

（2）作業服装・87

（3）作業姿勢・88

（4）電気・88

3　安全な材料の送給および加工品の取出し作業の原則……………………90

（1）ノーハンド・イン・ダイ・90

（2）ハンド・イン・ダイ・92

4　実際の送給と取出し作業における注意事項……………………94

（1）作業前の注意事項・94

（2）作業中の注意事項・95

5　プレス機械または送給・取出し装置の異常処置……………………100

（1）オーバーラン・電気回路異常・油空圧異常・100

（2）二度落ち等の誤作動・100

（3）スティック・100

（4）ミスフィード・排出ミス・100

（5）残圧・101

（6）異常処置後の再起動・101

6　安全囲いまたは安全装置の異常およびその処理……………………101

（1）安全囲いの異常およびその処理・101

（2）安全装置の異常およびその処理・102

第3章　金型の点検，取付け，調整および取外し……………………109

1　プレス加工と金型……………………109

（1）プレス加工の区分・109

（2）プレス金型の種類・110

（3）金型の基本構造，刃合わせ用ガイド方式の種類・110

（4）ダイハイトと金型高さ，スライド調節量・112

（5）金型主要部品の名称と役割・113

2　金型取付けの標準化……………………116

（1）金型高さと材料送給面高さの標準化・116

（2）ボルスター位置決めの標準化・117

（3）金型締付け座の標準化・117

3　金型の取付け，取外し ……………………………………………………………122

（1）　シャンクでのスライド取付け・122

（2）　刃合わせガイドがない金型の取付け・122

（3）　ノックアウトバー（かんざし）を使う場合・122

（4）　金型取外しの手順例・125

4　プレス作業中における金型の異常とその対策 ……………………………128

（1）　シャンクの緩み・128

（2）　金型締付けボルトの緩み・128

（3）　焼付け・128

（4）　カス詰まり（穴詰まり）・129

（5）　カス上がり・129

（6）　パイロットピンの引込み・抜け・変形・129

（7）　パンチの抜け・座屈・欠け・折れ・129

（8）　ダイの欠け・ひび割れ・つぶれ・131

（9）　外形定規（ゲージ・あて）のつぶれ・がた・緩み・131

（10）　ストリッパー，ノックアウト用ばねのへたり・折れ・132

（11）　ストリッパーボルトの緩み・傾き・折れ・132

（12）　ダウエルピン（ノックピン）や締付けボルトの折れ・抜け・132

（13）　金型のかじり・滑合型部品のせり・133

（14）　金型の異常処理の心がまえ・133

第4章　安全囲いまたは安全装置の点検，取付け，調整および取外し ……………………………………………………………135

1　安全囲いの点検，取付け，調整および取外し ……………………………135

（1）　安全囲いの点検・135

（2）　安全囲いの取付け，調整および取外し・135

2　安全装置の点検，取付け，調整および取外し ……………………………141

（1）　安全装置の点検表・141

（2）　安全装置の取付け，調整・144

（3）　安全距離・146

（4）　危険限界と材料送給位置の基準・147

（5） 実測距離・148

第5章　関係法令 ………………………………………………………………151

1　関係法令を学ぶ前に ……………………………………………………151

2　労働安全衛生法のあらまし ……………………………………………156

3　労働安全衛生法施行令(抄) ……………………………………………167

4　労働安全衛生規則(抄) …………………………………………………169

5　安全衛生特別教育規程(抄) ……………………………………………185

6　動力プレス機械構造規格 ………………………………………………186

7　プレス機械又はシャーの安全装置構造規格 …………………………198

本書における新旧規則・構造規格等の対照表…………………………………207

付　録 ……………………………………………………………………………211

1　プレス安全心得 …………………………………………………………211

2　労働安全衛生規則の一部を改正する省令の施行等について …………213

3　動力プレス機械構造規格の一部を改正する件及びプレス機械又はシャーの
　安全装置構造規格の一部を改正する件の適用について ………………216

4　プレス機械の安全装置管理指針…………………………………………245

5　機械の包括的な安全基準に関する指針 ………………………………272

6　災害事例 …………………………………………………………………290

参　考 ……………………………………………………………………………303

1　プレス機械の金型の安全基準に関する技術上の指針…………………303

2　足踏み操作式ポジティブクラッチプレスを両手押しボタン操作式のものに
　切り換えるためのガイドライン…………………………………………306

表紙デザイン：新島　浩幸

プレス機械において安全にかかわる基本的な用語を以下にまとめた。

【一行程】

押しボタン等を操作すればスライドが起動し，押しボタン等から手を離しても，また，押し続けてもスライドが運動を継続し一行程後もとの位置に停止する行程をいう。

【安全一行程】

押しボタン等を操作している間のみスライドが作動し，通常は下死点（下限）通過後上昇行程中は，押しボタン等から手を離してもスライドは停止せず（手を離せば止まるものを含む），押しボタン等を押し続けても上死点（上限）に停止する行程で，両手式安全装置と組み合わせてスライドによる危険を防止する対策が行われるものをいう。

【連続行程】

押しボタン等を操作すればスライドは起動し，押しボタン等から手を離しても，また，押し続けても連続してスライドが下降行程及び上昇行程を継続する行程をいう。

【寸動】

スライドを作動させるための操作部を操作している間のみ，スライドが作動し，当該操作部から手を離すと直ちにスライドの作動が停止するものをいう。

【危険限界】

身体に危険を及ぼすおそれのあるスライド又は型若しくはそれらの付属部分が作動する範囲をいう。

第1章
プレス機械およびその安全装置または安全囲いの種類,構造および点検

■本章のポイント■
プレス機械と安全装置等の種類と構造,点検上の留意点について学びます。

1　プレス機械の種類

　プレス機械とは,「2個以上の対をなす工具を用い,それらの工具間に加工材を置いて工具に関係運動を行わせ,工具によって加工材に強い力を加えることによって加工材を成形加工する機械で,かつ,工具間に発生させる力の反力を機械自体で支えるように設計されている機械」とされている（JIS B 0111より）。加工に発生する力を機械の外に放出するハンマとは異なる（図1-1）。

（1）プレスの構造要素
　プレス機械の形式および種類は,非常に多い。その理由は,プレス機械の機能に

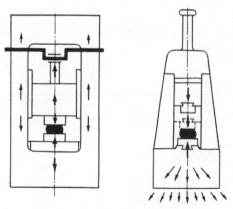

図1-1　プレスとハンマの違い

第1章　プレス機械およびその安全装置または安全囲いの種類，構造および点検

大きな影響をもつ構造要素の種類が多く，かつ，それらの要素がいろいろ組み合わされるからである。この要素は，次のとおりである。

㋐　スライド駆動動力の種類

プレス機械は，上下運動を行うスライドの駆動力により，機械プレス，液圧プレス，空圧プレスの3種類がある。現在，加工速度，生産性の相対的有利性により，機械プレスは量産のプレス加工に使われている。また，空圧プレスは，加工能力が1kNから30kNくらいのもので，小物加工に使われる。

液圧プレスは，使用する液体により油圧プレス（油を使用するプレス）と水圧プレス（水を使用するプレス）に分かれ，現在は油圧プレスのほうが圧倒的に多く使用されている。水圧プレスは大型機械，特殊機械および消防上の観点等での使用に限られる。液圧プレスの特徴はストローク長さ，加圧速度，加圧力等を容易に設定できることであり，機械プレスと液圧プレスの機能の比較（**表1-1**）および液圧プレスの作動線図（**図1-2(a)**）を示す。液圧プレスは，上限位置から下限位置まで設定した一定の速度と加圧力を発生させることができる（したがって全ストロークが作業範囲となる）。そして下限位置にて加圧保持ができる特徴がある。深絞りなどの成型加工やファインブランキング等に向いている。

最近では，ストローク位置・加工速度および加圧力を任意に設定できるサーボプレスが使われている。このサーボプレスは，従来メカ式機構で行われていたクランクモーション・リンクモーション・ナックルモーション等のスライドの動き

表1-1　機械プレスと液圧プレスの機能の比較

機　　能	機　械　プ　レ　ス	液　圧　プ　レ　ス
生産（加工）の速さ	液圧プレスよりはるかに速い	機械プレスに比し大変遅い
ストローク長さの限度	あまり長くできない （600～1,000mm が限度）	相当長いものが比較的楽に作れる
ストローク長さの変化	一般に困難	きわめて容易に行える
ストローク終端位置の決定	普通の機種では終端位置は正確に決まる	一般に終端位置は正確に決まらない
加圧速度の調節	できない	容易に行える
加圧力の調節	困難	容易に行える
加圧力の保持	できない	容易にできる
プレス本体に過負荷を生ずることの有無	過負荷を生じやすい	過負荷は絶対生じない
保守の難易	液圧プレスより容易	手間がかかる（主として油または水もれ）
プレスの最大能力	60,000kN（板金用） 160,000kN（鍛造用）	2,000,000kN

1　プレス機械の種類

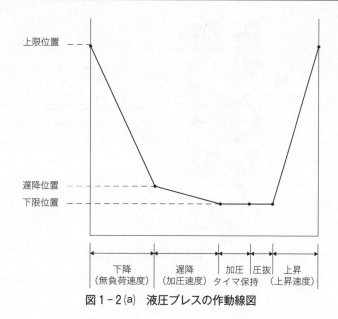

図1-2(a)　液圧プレスの作動線図

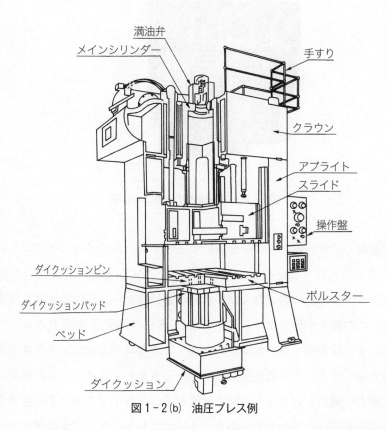

図1-2(b)　油圧プレス例

第1章　プレス機械およびその安全装置または安全囲いの種類，構造および点検

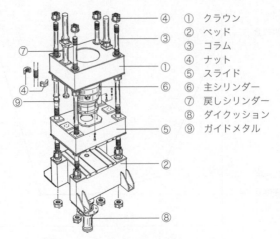

① クラウン
② ベッド
③ コラム
④ ナット
⑤ スライド
⑥ 主シリンダー
⑦ 戻しシリンダー
⑧ ダイクッション
⑨ ガイドメタル

図1-2(c)　油圧プレス例（コラム形）

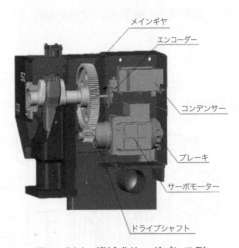

図1-2(d)　機械式サーボプレス例

を，駆動動力にサーボモーターを用いサーボシステムによってプログラム制御することで容易に作り出すことが可能になった。すなわちプログラムの変更により，スライドの作動の始点および終点，作動経路ならびに作動速度を任意に設定できる。この動きが作り出せることで，加工素材の高剛性・軽量化のニーズによって使われる高張力鋼・マグネシウム合金・アルミニウム合金・チタン合金等の難加工材が加工でき，作業環境面のニーズから金型のパンチ・ダイの衝突による騒音・振動の低減にもスライドの加工速度を下げて対応できる。その結果として金型研磨寿命が延びる等の効果を得た。サーボプレスによって従来機では加工の困難なものが加工できるようになり，加工領域が広がるとともに色々な種類のサーボプレスが作られている（図1-2(d)　機械式サーボプレス例）。

1 プレス機械の種類

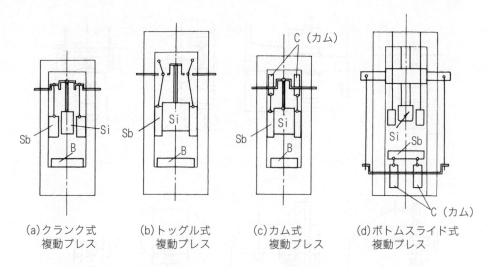

(a)クランク式　　(b)トッグル式　　(c)カム式　　(d)ボトムスライド式
　複動プレス　　　複動プレス　　　複動プレス　　　複動プレス

Sb……ブランキングまたはブランクホルダースライド
Si……インナースライド　　B……ボルスター

図1-3　複動プレスの板押さえスライド駆動機構

(イ)　スライドの種類

　最も多く使われているのは，スライドが1個の単動プレスである。抜き絞り加工および複雑な形状の曲げ加工を行うために，スライドが2個の複動プレス，3個の3動プレス，4個のフォアスライドプレス，それ以上のマルチスライドプレスなどがある。複動プレスには図1-3に示すように4つの種類がある。クランク式は抜き絞り加工用，その他は絞り加工用である。

　ダイクッションの発達，リンク機構の開発により，大部分の絞り加工は単動プレスで行えるようになり，複動プレスは少なくなった。

(ウ)　スライドの駆動機構

　スライドの駆動機構には図1-4に示すように8つの種類がある。このうち，クランクとクランクレス機構が，最も多く用いられている。中・小型機械ではクランク機構が，また大型機ではクランクレス機構が多く使われている。クランクレス機構のスライド運動曲線はクランク機構と全く同じであるが，その他の一般特性において大差があるため（表1-2），別の機種として扱うのが普通である。クランクプレスやクランクレスプレスと比べると使用台数ははるかに及ばないが，今後の機械プレスの主流となることが予想されるリンクモーションプレスがあり，高精度加工化，騒音対策，絞り加工性などの理由から種々の方式が開発され，生産され始めている。

17

第1章 プレス機械およびその安全装置または安全囲いの種類，構造および点検

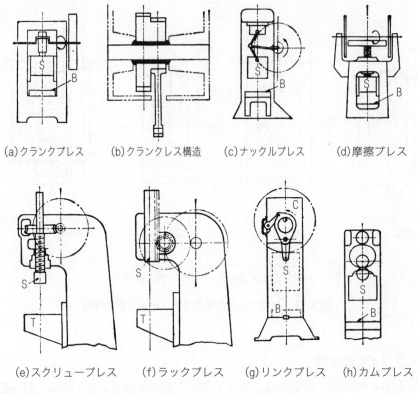

(a)クランクプレス　(b)クランクレス構造　(c)ナックルプレス　(d)摩擦プレス

(e)スクリュープレス　(f)ラックプレス　(g)リンクプレス　(h)カムプレス

S……スライド　B……ボルスター　T……テーブル

図1-4　スライド駆動機構の種類

表1-2　クランクプレスとクランクレスプレスの比較

項　目	クランクプレス	クランクレスプレス
クランクまたはメインピン部の剛性	小	大
伝動系統のねじり剛性	小	大
潤滑（メインギヤ，中間ギヤ，クランク，中間駆動各軸受）	循環給油が困難（行っていない場合が多い）	循環および油槽給油が楽に行える
外観	クラウン部の凹凸が多く大きい据付空間を要す	クラウン部の凹凸が少なく，外見がよい。据付空間が小さい
保守	回転部をダストプルーフにしにくい。クランクレスに劣る	回転部がクラウン内にありダストプルーフになっている。クランクに優る
価格	安い	高い

注）打抜き専用ならびに高速プレスの場合はクランクプレスのほうが適している。

　　リンクモーションプレスは，絞り加工の生産性を高めるために開発されたもので，1サイクル中のスライド速度が非加工時（接近と戻り）に速く，加工時は遅くなるようなリンクモーション機構をもっている（図1-5）。

1 プレス機械の種類

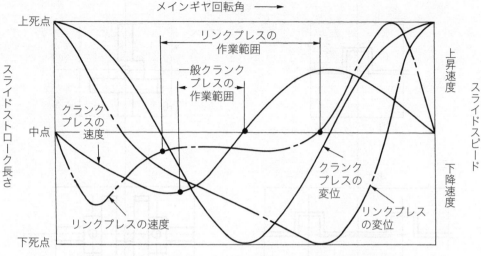

図1-5 リンクプレスとクランクプレスとの変位・速度比較図

次にナックルプレスがある。スライドの駆動にナックル機構を用いており、下死点付近のスライド速度が非常に遅くなる特性がある（図1-6）。コイニング（圧印加工），サイジング（ならし加工），押出し加工などの鍛造作業を目的としたプレスで、冷間鍛造加工に適している。

摩擦プレス（フリクションプレス）は摩擦力によりスライドを駆動するプレスであり、加圧エネルギーはねじ軸上端のフライホイールの回転エネルギーにより生じる。

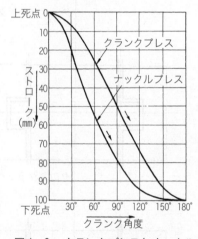

図1-6 クランクプレスとナックルプレスの比較

クランクプレス等、下降したスライドが下死点に向かって減速し上昇に切り替わるプレスとは異なり、成形行程は速度の極めて速い衝撃加圧となる。このために熱間・温間・冷間のコイニングや、つぶし・ならし・押出し・エンボス加工・鍛造加工に使用される。能力は、ねじ軸のみを持った数十 kN のものから本格的熱間鍛造用の数万 kN の超大型機まで製造されている。

スクリュープレスとラックプレスは、現在製作台数は非常に少ない。カムによりスライドを駆動するカムプレスは、小能力のトランスファープレスやマルチスライドプレスなどに、その存在をみることができる。カムの性質上、大能力のものは作れない。

19

第1章 プレス機械およびその安全装置または安全囲いの種類，構造および点検

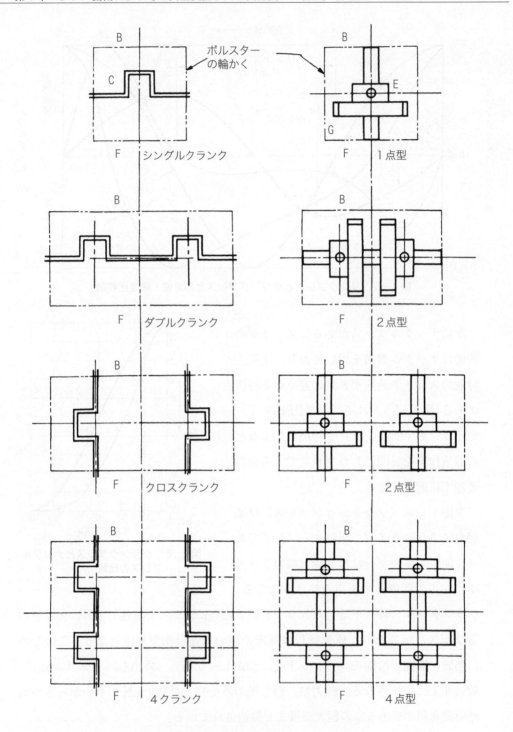

F…前　B…後　C…クランク　E…エキセンシーブ　G…主歯車
図1-7　スライド駆動ユニットの数と配置

1 プレス機械の種類

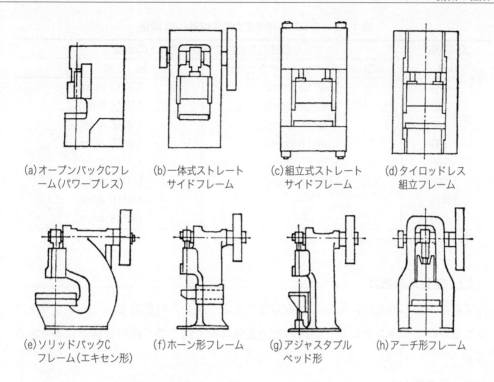

図1-8 フレームの形式

(エ) スライド駆動ユニットの数

クランクならびにクランクレスプレスには，スライド面の形状と圧力能力に応じて，スライド駆動ユニットを2組以上使うものがある。ボルスター面積とスライド駆動ユニットの数ならびに配置の関係を図1-7に示す。

クランクプレスではユニット1組のものをシングルクランクプレス，2組のものをダブルクランクプレスといい，クランクレスプレスでは，これらを1点プレス，2点プレスと呼ぶ。4点プレスも存在する。

(オ) フレームの形式

フレームは，プレス加工時に発生する強大な加工反力を支えるもので，フレーム形式を大別するとC形とストレート形があり，液圧プレスでは4本柱のコラム形（p.16 図1-2(c)）が加わる。フレームの形式には図1-8に示すようなものがあり，大部分のプレスはオープンバックのC形，またはストレートサイド形で，小型機（1,000kN以下）はC形，中・大型機はストレートサイド形がほとんどである。C形プレスをO.B.I（Open Back Inclinable）と呼ぶこともある。

第1章　プレス機械およびその安全装置または安全囲いの種類，構造および点検

表1-3　プレスの標準能力発生位置（JIC 規格）

プレス能力	呼び圧力を発生できる下死点上の距離	
（kN）	素回し（フリクションクラッチ式）	歯　車　掛
220	1/32"(0.8mm)	1/8"(3.2mm)
310	1/32"(0.8mm)	1/6"(4.2mm)
440	1/16"(1.6mm)	1/4"(6.4mm)
590	1/16"(1.6mm)	1/4"(6.4mm)
740	1/16"(1.6mm)	1/4"(6.4mm)
1,080	1/16"(1.6mm)	1/4"(6.4mm)
1,470	―	1/4"(6.4mm)
1,960	―	1/4"(6.4mm)

kN：SI 表示（参照：JIS Z 8000）

（2）　プレスの能力

　プレスが加工のために発生しうる力と仕事量をプレスの能力という。クランクプレスならびにクランクレスプレスの能力表示は全く同じで，次の3能力により示される。

㋐　圧力能力

　プレスが加工中，安全に発生しうる最大圧力を圧力能力といい，キロニュートン（kN）を単位として表す。プレスにおいては許容最大圧力と呼び圧力とは同じである。

㋑　トルク能力（能力発生位置）

　クランクプレスでは，クランク機構の性質上，発生しうる圧力はストローク位置（下死点からの距離）によって変わる。呼び圧力とその呼び圧力の発生が可能な下死点上の最大距離を能力発生位置といい，「呼び圧力1,000kN，能力発生位置下死点上6mm」と表す。わが国におけるトルク能力（能力発生位置）の設計標準はアメリカの JIC 規格（**表1-3**）に準じている。プレス伝導系統のトルク容量が同じでも，ストローク長さによりプレスの能力発生位置は変わる。

㋒　仕事能力

　1回の加工に使用できるプレスの最大仕事量を仕事能力といい，ジュール（J（N・m））で表す。

（3）　偏心負荷能力

　プレスの設計は，機械の中心に荷重が加わるという条件で行われている。しかし，実際の加工においては，荷重の中心をプレスの中心と一致させることが不可能な場

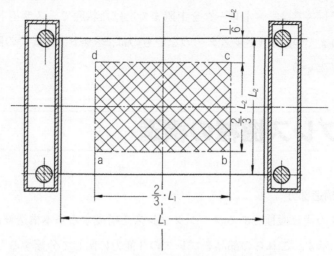

図1-9 プレスの設計基準としている荷重条件
（a, b, c, d の部分に等分布荷重がかかる）

合がある。この場合，プレスは偏心荷重を受けるという。偏心荷重に対しては，呼び圧力の発生を行えないのが普通である。一般的に駆動ユニットが1組より2組の方が，2組より4組の方が偏心荷重に強くなっている。

（4） 集中荷重力

プレスの設計は，型取付面（ボルスター面）の前後，左右の長さのそれぞれ3分の2に呼び圧力に相当する大きさの等分布荷重がかかるものとして行われる（図1-9）ので，これより小さい取付面積の型を使用する場合には，呼び圧力の発生は行えない。

（5） 型取付部寸法（ダイハイト（H_D）・シャットハイト（H_S）・オープンハイト（H_O）・デーライト（D_L））

スライドの調節を上りきりにして，ストロークを下死点まで下げた状態で測ったスライド下面とボルスター上面間距離をダイハイト（H_D）といい，この寸法より取り付け可能な型の最大高さが制限される。また，ダイハイト（H_D）からスライド調節量を差し引いたものを，ミニマムダイハイト（H_M）という。ダイハイト（H_D）にボルスターの厚さを加えたもの，すなわちスライド下面とベッド上面間距離をシャットハイト（H_S）という。

機械プレスでは，スライドの調節量を上りきりにして，ストロークを上死点まで上げた状態で，スライド下面からベッド上面までの距離をオープンハイト（H_O）と

いい，液圧プレスでは，ストロークを上限まで上げた状態で，スライド下面からボルスター上面までの距離（ボルスターのないものは，ベッド上面までの距離）をデーライト（D_L）という。

2　プレス機械の構造

（1）基本構造部分

　機械プレスの代表機種であるクランクプレスを構成する基本構造部品を図1-10 (a), (b), (c)に示す。これらの部品をプレスの3能力に関して分類すると次のようになる。

(ア)　圧力能力に関係する部品：フレーム，タイロッド，スライド，ボルスター，コネクチングロッド，クランクピン

(イ)　トルク能力（能力発生位置）に関係する部品：クランクシャフト，クラッチ，歯車，中間軸

(ウ)　仕事能力に関係する部品：電動機，ベルト，フライホイール

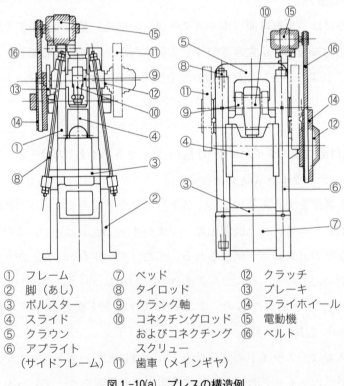

① フレーム　　　　　　⑦ ベッド　　　　　　　⑫ クラッチ
② 脚（あし）　　　　　⑧ タイロッド　　　　　⑬ ブレーキ
③ ボルスター　　　　　⑨ クランク軸　　　　　⑭ フライホイール
④ スライド　　　　　　⑩ コネクチングロッド　⑮ 電動機
⑤ クラウン　　　　　　　　およびコネクチング　⑯ ベルト
⑥ アプライト　　　　　　　スクリュー
　　（サイドフレーム）⑪ 歯車（メインギヤ）

図1-10(a)　プレスの構造例

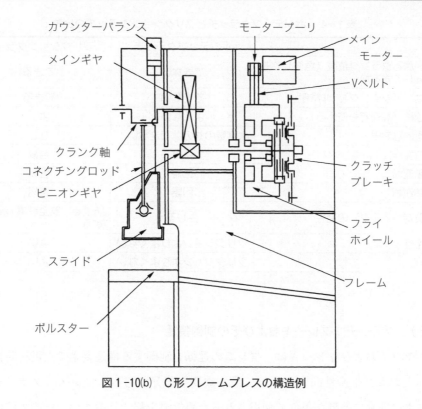

図1-10(b)　C形フレームプレスの構造例

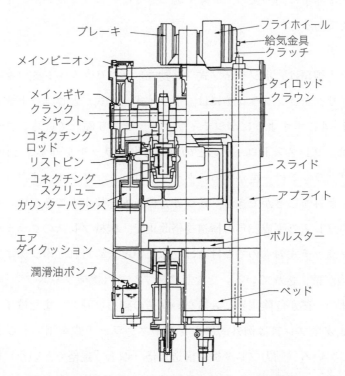

図1-10(c)　ストレートサイド形プレスの構造例

第1章　プレス機械およびその安全装置または安全囲いの種類，構造および点検

表1-4　ポジティブクラッチとフリクションクラッチの比較

	ポジティブクラッチ	フリクションクラッチ
いかなるクランク位置（角度）でも掛外しできるか	できない	できる
寸動（インチング），非常停止	できない	できる
高速性（高速でも使える）	よくない	よい
容量的な制限	大容量のものはできない	なし
遠方操作	困難	容易
自動運転	困難	容易
同調運転	困難	容易
過負荷（トルク）の発生	生じる	防げる，安全装置の働きをする
安全性	フリクションよりよくない	よい
保守	フリクションよりよくない	よい

（2）　クラッチ，ブレーキおよびその制御装置

　クラッチおよびブレーキは，プレスの運転を制御する構造要素で，災害防止，品質向上および生産性向上にとって最も重要な部分である。プレスのクラッチ，ブレーキは非常に過酷な条件で使用されるため故障を起こしやすい。その故障は災害を招く可能性が非常に高いため，故障を起こさせないような使いかたをすることがきわめて重要である。

㋐　クラッチ

　クラッチの種類は，ポジティブ式（確動式）とフリクション式（摩擦式）に大別され，フリクションクラッチには，ドライ式（乾式）とウエット式（湿式）があり，表1-4に示すようにポジティブクラッチより優れている。フリクションクラッチは，プレスストロークのどの位置でもクラッチを外すことができるが，ポジティブクラッチは一度かかったクラッチは，1サイクル（または1行程）が終わらないと外すことができず，かつ非常停止も急停止もできない。そのため現在では動力プレスの平成23年の構造規格改正で，機械プレスのクラッチは，フリクションクラッチ式のものでなければならないと定められ，ポジティブクラッチは原則製造が禁止されている。ただし機械プレス（機械プレスブレーキを除く）のうち身体の一部が危険限界に入らない構造の動力プレス，またはインターロックガード式安全プレスは例外的にポジティブクラッチ式を用いることができることとなっている（動力プレス機械構造規格（以下「規格」という）第22条）。

2 プレス機械の構造

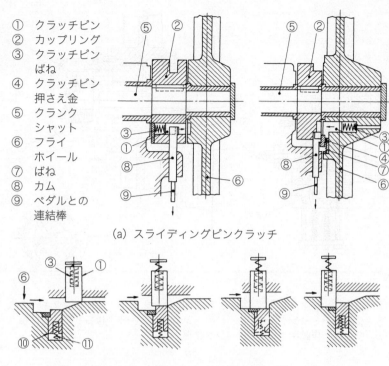

① クラッチピン
② カップリング
③ クラッチピンばね
④ クラッチピン押さえ金
⑤ クランクシャフト
⑥ フライホイール
⑦ ばね
⑧ カム
⑨ ペダルとの連結棒

(a) スライディングピンクラッチ

① クラッチピン　③ クラッチピンばね　⑥ フライホイール
⑩ バックピン　⑪ バックピンばね
(b) バックラッシュを取り除くためのバックピンの作用

図1-11　スライディングピンクラッチ

表1-5　スライディングピンクラッチとローリングキークラッチの比較

項　目	スライディングピン	ローリングキー
掛かる場合の衝撃	大	小
クラッチバックラッシュ	一般にあり	なし
使用できる最高毎分ストローク数	150min^{-1}（spm）	300min^{-1}（spm）
信頼性	低い	高い
保守	手間が多い	手間が少ない
価格	安い	高い

① ポジティブクラッチ

　現在使われているポジティブクラッチの形式はスライディングピン式（**図1-11**）とローリングキー式（**図1-12**）で価格の高い点を除けば，すべての点で，**表1-5**に示すようにローリングキー式のほうがすぐれている。ローリングキーのほうがクラッチが掛かる場合の衝撃が少ないのは，クラッチ面の半径が小さく，したがって周速度が小さいためである。クラッチが外れているとき，クラッチピン（またはキー）が完全に引き込まないでいくらか先が出っぱっていると相手部

27

第1章　プレス機械およびその安全装置または安全囲いの種類，構造および点検

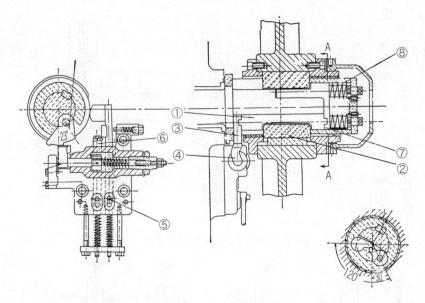

① ローリングキー　　④ クラッチ掛け外し金具　⑦ ローリングキーカム
② クラッチ・リング　　⑤ ピ　ン　　　　　　　　⑧ ねじりコイルばね
③ クラッチ作動用カム　⑥ ラック桿(かん)

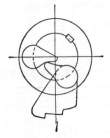　　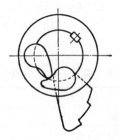

クラッチの掛かって　　　　　クランクシャフトに回転
いない状態　　　　　　　　　運動が伝わり回った状態

図1-12　ローリングキークラッチ

品が回ってくるたびに，それとあたってカチカチ音を出すことをクラッチノッキングというが，スライディングピンクラッチは，ローリングキークラッチよりノッキングを起こしやすい。ノッキングを起こしているものをそのまま使っていると，ノッキングの程度がしだいに増大し，二度落ちする危険性がある。

　スライディングピンクラッチならびにローリングキークラッチを装備したプレスの能力別の最高ストローク数（min^{-1}(spm)）を表1-6に示す。スライディングピンクラッチには，一般に関東型，関西型（図1-13）と呼ばれる2つの形式がある。それぞれ特色があるが，機能的には優劣はない。

28

2 プレス機械の構造

表1-6 ポジティブクラッチ付プレスの最高毎分ストローク数

能力 (kN)	スライディング ピンクラッチ	ダブルローリング キークラッチ
200以下	150min^{-1}（spm）	300min^{-1}（spm）
200を超え300以下	120min^{-1}（spm）	220min^{-1}（spm）
300を超え500以下	100min^{-1}（spm）	150min^{-1}（spm）
500を超えるもの	50min^{-1}（spm）	100min^{-1}（spm）

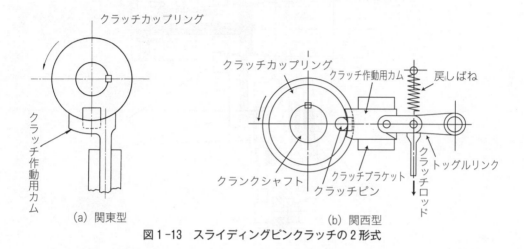

図1-13 スライディングピンクラッチの2形式

② フリクションクラッチ

フリクションクラッチには，コンビネーション形（図1-14）とセパレート形（図1-15）がある。前者は中・小型機械に，後者は中・大型機械にそれぞれ用いられる。フライホイールの取付けには，軸サポート形（図1-15）とボスサポート形（図1-16）がある。軸サポート形は3,000kNぐらいまでの中型機械に，ボスサポート形は2,000kN以上の中・大型機械に使われている。

フリクションクラッチ自体は機能が安定しており，ポジティブクラッチに比して信頼性がはるかに高い。

さらに，従来は，乾式（ドライタイプ）が主流であったが，最近では湿式（ウエットタイプ）がとって変わりつつある（図1-17）。それは高寿命化と公害対策（フェーシング摩耗粉，作動音）を主なねらいとしている。ほとんどのメーカーがユニット化して採用しているので解体メンテナンスは難しい。

(イ) ブレーキ

ブレーキにはシューブレーキ，バンドブレーキおよびディスクブレーキの3種類があり，ポジティブクラッチ式のプレスには図1-18の(a)，(b)，(c)，(d)の形式が

29

第1章 プレス機械およびその安全装置または安全囲いの種類，構造および点検

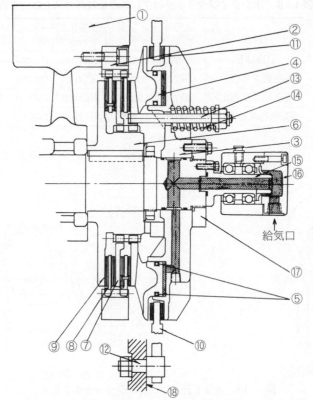

① フライホイール　⑦ クラッチ用摩擦板(内)　⑬ 作動ピン
② クラッチリング　⑧ クラッチ用摩擦板(外)　⑭ ばね
③ クラッチシリンダー　⑨ クラッチ用ライニング　⑮ 給気管
④ ピストン　⑩ ブレーキ用摩擦板　⑯ 給気金具
⑤ ピストンパッキン　⑪ ブレーキ用ライニング　⑰ 軸端座金
⑥ クラッチディスクハブ　⑫ ブレーキ用ピン　⑱ フレーム

図1-14　コンビネーションクラッチブレーキ

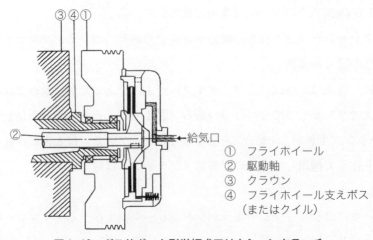

① フライホイール
② 駆動軸
③ クラウン
④ フライホイール支えボス
　（またはクイル）

図1-16　ボスサポート形単板式フリクションクラッチ

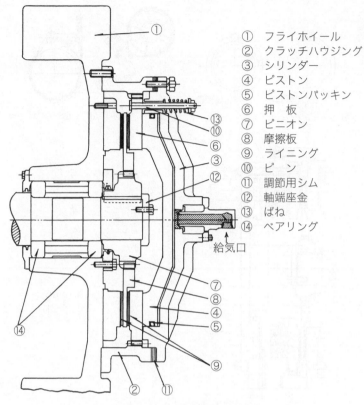

① フライホイール
② クラッチハウジング
③ シリンダー
④ ピストン
⑤ ピストンパッキン
⑥ 押　板
⑦ ピニオン
⑧ 摩擦板
⑨ ライニング
⑩ ピ　ン
⑪ 調節用シム
⑫ 軸端座金
⑬ ばね
⑭ ベアリング

図1-15　フリクションクラッチ（軸サポート形）

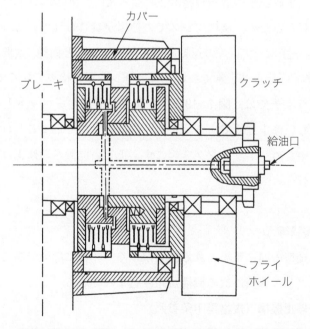

図1-17　コンビネーションクラッチブレーキ（湿式）例

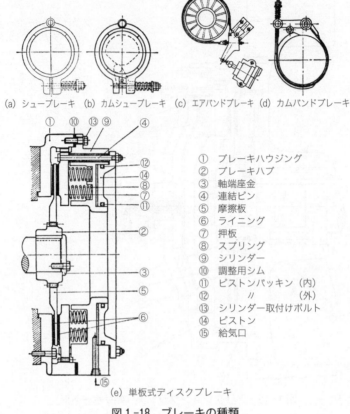

(a) シューブレーキ (b) カムシューブレーキ (c) エアバンドブレーキ (d) カムバンドブレーキ

① ブレーキハウジング
② ブレーキハブ
③ 軸端座金
④ 連結ピン
⑤ 摩擦板
⑥ ライニング
⑦ 押板
⑧ スプリング
⑨ シリンダー
⑩ 調整用シム
⑪ ピストンパッキン（内）
⑫ 〃　　　　　（外）
⑬ シリンダー取付けボルト
⑭ ピストン
⑮ 給気口

(e) 単板式ディスクブレーキ

図1-18　ブレーキの種類

用いられるが，平成23年の構造規格改正によって(c)，(d)のバンドブレーキは，バンドの切断が起こるため，機械プレスでの使用が禁じられている（規格第24条1項1号）。ブレーキは，プレスの運転に関してクラッチと同様，重要な役目をもつものであり，起動，停止が正常でないときはブレーキを検査しなくてはならない。ローリングクラッチでは，図1-19に示す関係位置がキーヘッドとクラッチ掛け外し金具の正しい停止位置である。正しい位置の手前で止まるとローリングキーが返り切らないため，ノッキングを起こす。正しい位置への修正はブレーキの締め加減により行う。

(3)　急停止機構等

プレス作業は金型の間に手を入れる作業が多く，非常に危険である。作業者の安全を守るためにプレス機械に次の機構が組み込まれている。

㋐　一行程一停止機構（規格第1条参照）

プレス運転ボタン等の操作部を押し続けていても，スライドは一行程後必ずク

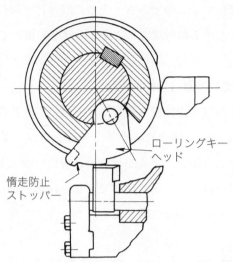

図1-19 ローリングクラッチの正しい停止位置

ラッチが切れ，定位置（通常は上死点）で停止する機構である。ノンリピート機構ともいう。この機構には，停止後プレス運転ボタン等の操作部から手等を離さなければ起動できない再起動防止機構が組み込まれる。

(イ) 急停止機構（規格第2条）

　作業者の意思に関係なく，異常な状態を検出された場合に，検出機構からの信号によって自動的にスライドの動きを停止させる機構である。急停止してからの再起動はリセットボタンを押し運転可となれば，そのスライド停止位置からプレス運転ボタンを押し正常な運転操作に復帰できる。この機構は，光線式安全装置等によるスライド停止に用いられている。ポジティブクラッチ式のプレス機械には構造上，本機構の装備は不可能である。

(ウ) 非常停止装置（規格第3条，第4条）

　金型交換・調整作業で危険限界に身体が入る場合や作業者が異常な状態を発見した場合に，プレス作業者が意識してスライドの作動を停止させる装置である。この非常停止装置の操作部は，赤色で容易に操作できることが必要で，突頭型の押しボタンやコード式・レバー式等がある。この非常停止装置を作動させた場合には，非常停止装置の解除動作（リセット）してから，寸動機構でスライドを始動の状態（一般には上死点）に戻してからでないと，正常な運転操作に復帰できないものである。

(エ) 寸動機構（規格第5条）

　プレス運転ボタンを押している時のみ，スライドが動き，手を離すとただちに

スライドの動きを停止するものである。金型の取付け・取外し・調整などに使用する。急停止機構を有する動力プレスには本機構を装備していなければならない。

（4）　オーバーラン監視装置（規格第26条）

クランク軸等の停止角度を定位置（通常は上死点）で一行程ごとに監視し，メーカーの設定した角度を超えた場合にスライドを停止させる装置である。このオーバーランにより急停止した場合，平成23年の構造規格の改正で，スライドを始動の状態に戻した後でなければスライドが起動できない構造となっていること。ブレーキ性能を常時チェックする重要な装置である。

（5）　過負荷防止装置（オーバーロードプロテクター）

機械プレスは過負荷が生じるので，過負荷によるプレスの破損を防ぐため，過負荷防止装置が使用されている。過負荷防止装置の種類には，従来，油圧式とシャープレート式が使用されていたが，最近ではほとんどが油圧式である。

（6）　安全ブロック等（規格第6条，第31条）

金型交換作業時や調整作業時に，故障等によりスライドが不意に下降する危険を防止するため，安全ブロック（スライドとボルスターの間に挿入する支え棒）（図1-20(a), (b)）または平成23年の構造規格の改正で，スライドを固定する装置（機械的にスライドを固定することができるロッキング装置，クランプ装置等）が用いられる。安全ブロック等（安全ブロックまたはスライドを固定する装置をいう）は，スライドおよび上型の自重を支えることができ，かつ安全ブロック等の使用中はスライドを作動させることができないようにインターロック機構を有することが必要である。プレスブレーキ（機械式だけでなく液圧式を含む）または機械プレスで一定のボルスター大きさ以下・ダイハイト寸法以下のものは，安全ブロック等ではなく安全プラグ，またはキーロックに代えることができる。安全プラグは操作用の電気回路に接続するプラグを抜き取ると運転操作が行えない。キーロックは主電動機への通電を遮断し制御回路を「OFF」にするものである。

（7）　スライド落下防止装置（規格第33条）

平成23年の構造規格改正によって液圧プレスに備えるもので，スライドが作業上限で停止した時にスライドが自重（スライドおよび上型の重量）で下降しないよう

34

2 プレス機械の構造

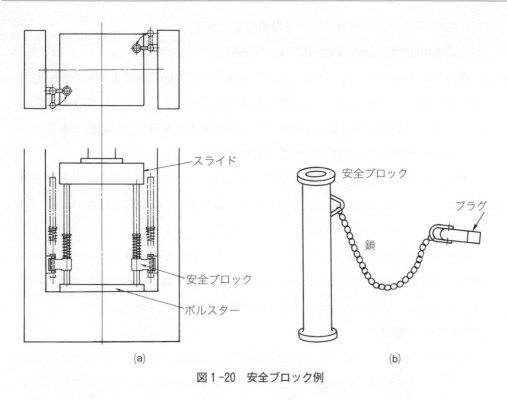

図1-20 安全ブロック例

自動的に保持し,スライドを作動させるための操作部を操作した時は自動的にその保持を解除する機能をもつものである。

（8） 主要な電気部品と電気回路収納箱（規格第14条・第15条）

制御用電気回路および操作用電気回路の主要な電気部品（リレー・リミット等）は,動力プレスの機能を確保するため十分な強度および寿命を有するものであること。そして電気回路収納箱は,水,油もしくは粉じんの侵入または外力により電気回路の機能に機能障害が生じないものである。

（9） サーボプレスの停止機能（規格第32条）

平成23年の構造規格の改正によってサーボプレスに電気制動以外のブレーキ取り付けが義務付けられ,サーボプレスのスライドを減速および停止させるサーボシステムの機能に故障が発生した場合,電気制動以外の制動機構（機械プレスにあっては機械的摩擦,液圧プレスでは圧力もしくは流量の遮断）で所定の制動力をもったブレーキにて,スライドの作動を停止する。このブレーキに異常が生じた場合には,スライドの作動を停止しかつ再起動操作をしても作動しないことが必要である。

第1章　プレス機械およびその安全装置または安全囲いの種類，構造および点検

（10）　プレスに組み込まれているその他の安全装置

⑦　過度の圧力防止等（規格第28条，第35条）

機械プレスのクラッチ・ブレーキ用空・油圧の圧力が過度に上昇したり所定圧力以下に低下した場合，および液圧プレスの液圧が過度に上昇した場合に自動的にスライドの作動を停止することができる安全装置を装備しなければならない。

⑦　スライド調節の上下限検出装置（規格第29条）

スライドの調節を電動機で行う機械プレスは，スライドがその上限および下限を超えることを防止することができる装置を備えていなければならない。

⑦　アラームランプとブザー

いずれも作業者に危険を知らせるものであり，ムービングボルスターの出入りの時，あるいは金型交換のトラバース時などに使用されている。ランプは回転灯などが使われ，作業者の目に付きやすい位置に取り付けられる。

⑦　クレーン警戒灯

クラウン上などでメンテナンスしている時，天井走行クレーンにぶつからないようにプレスの最高部に赤色ランプを取り付けることがある。これをクレーン警戒灯といい，中・大型プレスに多く使用される。

⑦　はしごインターロック

デッキ用安全スイッチ，ラダースイッチなどと呼ばれ，中・大型機械プレス上部に設けられる点検用デッキに人が上がっている時，運転を行えないようにするスイッチである。はしごからデッキへ入る位置にあるゲートに設けられている。

⑦　多人数操作装置

⑦　各種キースイッチ

（11）　その他

⑦　ペダルカバー等の覆い

取替え中の型などをペダルの上に落としたり，あるいは誤ってペダルを踏み，不意にクラッチがつながることのないように，ペダル上に覆いをつけておくことが必要である。図1-21(a)，(b)に2例を示す。

(a)図は，ペダルが床から高く離れている場合に足を休ませるための足置き台を備え付けたものである。

(b)図はフートスイッチに覆いをかけたものである。

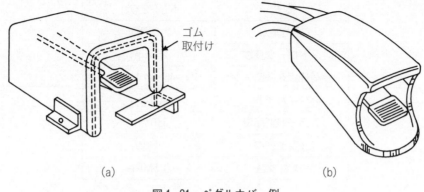

図1-21　ペダルカバー例

(イ)　安全柵

　大型プレスで，材料の送給・取り出しとも自動化されている場合には，機械と装置間，あるいは装置の周辺の危険範囲に作業者が入り込めないように安全柵を設けなければならなくなった。

(ウ)　動力伝達部分，回転部分に対する囲い

　機械プレスのフライホイール，ギヤ，ベルト等には接触，巻き込まれの危険を防ぐため，囲いを取り付けなければならない。

3　安全プレス

　「安全プレス」というと，「光線式安全装置など，いわゆる安全装置と名のつくものを機械購入後に取り付ければ安全プレスになる」と思っている人がいるかもしれないが，これは大きな間違いである。

　作業者をスライドによる危険から守るための危険防止機構がメーカーから出荷されるときにすでに組み込まれていて，しかも厚生労働省の型式検定に合格し「労検No.」の表示されているもの（図1-22）に限ってはじめて「安全プレス」と呼ぶことができる。行程，操作位置などの「切替スイッチを，いかなる位置に切り替えた場合でも自動的に安全が確保できるもの」である。切替スイッチと危険防止機構とは完全にインターロックされている。安全プレスには次の4種がある。

　最近では，これらのうち2種が組み合わされたものが多く使われている。

第1章　プレス機械およびその安全装置または安全囲いの種類，構造および点検

形式	NC1-200⑵
圧力能力	2,000kN
ストローク長さ	250mm
無負荷連続ストローク数	25～45min^{-1}(spm)
ダイハイト	450mm
スライド調節量	110mm
メインモーター	15kW
供給空気圧	0.5MPa

労(平1．5)検		
型式の名称	NC1-200⑵-B	
型式検定合格番号	第K140号	
製造者名		
製造番号		
製造年月	年　　　月	
急停止時間	165ms	
最　大 停止時間	両手操作式	165ms
	光　線　式	185ms
オーバーラン監視装置設定位置	12°±3°	

図1-22　安全プレス型式検定合格標章例（厚生労働省）

（1）　インターロックガード式安全プレス（規格第37条）

　プレス作業者の身体の一部がスライドの閉じ行程の作動中（スライドの上型と下型との間隔が小さくなる方向への作動中）に危険限界に入らないものである。危険範囲をガードで囲い，スライドの閉じ行程の作動中（ポジティブクラッチ式機械プレスにあっては，スライドの作動中）はガードが開けられない（ロックされている）。ただし，ガードを開けてから身体の一部が危険限界に達するまでの間にスライドの作動を停止することができるもの（開放停止型）にあっては，この限りでない。ガードが開いている間は寸動以外の運転は行えない。

（2）　両手操作式安全プレス（規格第38条，第39条，第40条）

　プレス作業者がスライドの閉じ行程の作動中に，スライドを作動させるための押しボタン等の操作部から手を離し，危険限界に手が達するまでに，スライドの作動

が停止するものである。スライドを作動させるための押しボタン等の操作部の左右の操作の時間差（両手操作の同時性）が0.5秒以内のときスライドが下降運転を始め，スライドの閉じ行程の作動中（スライドの上型と下型との間隔が小さくなる方向への作動中）では，手を離すとスライドは停止する。しかし下死点近く（下死点上6mm以内）を通過したあとはスライドを作動させるための押しボタン等の操作部から手を離しても，運転は自動的に続けられ上死点で停止する。

スライドを作動させるための押しボタン等の操作部は，常に両手で操作することが必要であり，両手によらない操作を防止するため，運転ボタン間の内寸法を300mm以上離すか，運転ボタンに覆い等を設け，かつ200mm以上離すことが必要である。また安全一行程（スライドの閉じ行程の作動中にスライドを作動させるための操作部から手が離れたときはその都度，および一行程ごとにスライドの作動が停止する構造）および再起動防止機構を備えていなければならない。

スライドを作動させるための押しボタン等の操作部と危険限界との距離（実測距離）は，メーカー指定値である両手操作式の最大停止時間（$T_1 + T_s$）から計算した安全距離（D）以上であること。

安全距離（D）の計算式は，式（3.1）に示す。

$$D = 1.6 (T_1 + T_s) \quad \cdots\cdots\cdots \quad (3.1)$$

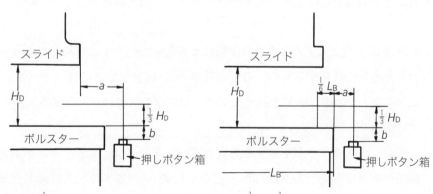

図1-23　押しボタン等の操作部の取付位置（機械プレスの場合）

第1章　プレス機械およびその安全装置または安全囲いの種類，構造および点検

D　：安全距離（mm）

Tl　：押しボタン等の操作部から手が離れた時から，急停止機構が作動を開始するまでの時間（ms）

Ts　：急停止機構が作動を開始した時から，スライドが停止する時までの時間（ms）

C形プレスの場合、下記の式を用いる。

機械プレスの場合　$a + b + \dfrac{1}{3} ×$ ダイハイト（H_D）

液圧プレスの場合　$a + b + \dfrac{1}{4} ×$（デーライト（D_L）－ストローク長さ（S_T））

また，C形プレスとストレートサイド形プレスでは**図1-23**のように危険限界の位置が異なっている。

（3）　光線式安全プレス（規格第41条，第42条，第43条，第44条）

プレス作業者の身体の一部がスライドの閉じ行程の作動中に危険限界に接近したときに，スライドの作動が急停止するものである。

すなわち，危険限界の前面に検出機構（身体の一部が光線を遮断した場合に，光線を遮断したことを検出することができる機構）の投光器と受光器を有し，かつ，検出機構が身体の一部を検出した場合に，スライドの作動を停止するものである。運転復帰には再起動操作（リセット）等が必要である。

平成23年の構造規格改正後の検出機構の投光器と受光器の適合要件（規格第42条）は，

①　防護高さ（L）は，スライドの作動による危険を防止するために必要な長さにわたり有効に作動するもの。必要な長さとは，機械プレスではダイハイト（H_D）にストローク長さ（S_T）を加えたもの，液圧プレスではデーライト（D_L）の寸法である。

ただし，スライドが下降する方式のものにあっては，スライドの下面の最上位置の高さが動力プレスの作業床面から1,400mm以下のときは最上光軸の位置（$H_B + L$）を1,400mmとし，1,700mmを超えるときは1,700mmとしても差し支えないこと（**図1-24**）。

②　検出機構の検出能力は，連続遮光幅が50mm以下であること。連続遮光幅50mmとは，円柱（ϕ50mm）形状の試験片を検出面内にどのような角度で入れても検出機構により検出できるものである。

40

3 安全プレス

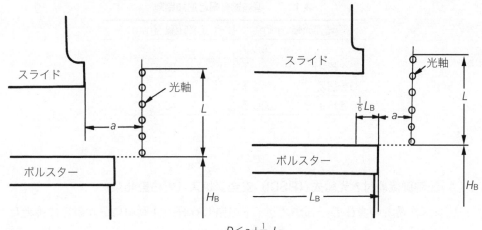

$D < a$

D：安全距離
a：光軸からスライド前面までの水平距離
L：防護高さ
H_B：作業床面からボルスター上面までの高さ
　(a) C形プレスの場合

$D < a + \frac{1}{6} L_B$

D：安全距離
a：光軸からボルスター前面までの水平距離
L_B：ボルスターの前後寸法
L：防護高さ
H_B：作業床面からボルスター上面までの高さ
　(b) ストレートサイド形プレスの場合

図 1-24　光軸の取付位置

検出機構の光軸と危険限界との距離は，メーカー指定値と光線式の最大停止時間（$T1 + Ts$）から計算した安全距離（D）以上であること。

検出機構の光軸と危険限界との距離は，図1-24に示す。

安全距離（D）の計算式は，式（3.2）に示す。

$$D = 1.6 (T1 + Ts) + C \qquad (3.2)$$

D　：安全距離（mm）

$T1$　：手が光線を遮断した時から，急停止機構が作動を開始するまでの時間（ms）

Ts　：急停止機構が作動を開始した時から，スライドが停止する時までの時間（ms）

C　：表1-7に掲げる連続遮光幅に応じて，それぞれ表1-7に掲げる追加距離（mm）

「追加距離」は，連続遮光幅によって検出機構の検出能力が異なるので，検出能力を加味した必要な安全距離の加算を行うものである。

検出機構の光軸とボルスターの前端との間に身体の一部が入り込むすきまがある場合は，当該すきまに安全囲い等を設けなければならない。

第1章　プレス機械およびその安全装置または安全囲いの種類，構造および点検

表1-7　連続遮光幅と追加距離

連続遮光幅（mm）		追加距離（mm）
	30以下	0
30を超え	35以下	200
35を超え	45以下	300
45を超え	50以下	400

（4）　制御機能付き光線式（PSDI）安全プレス（規格第45条）

　プレス作業者の身体の一部がスライドの閉じ行程の作動中に危険限界に接近したときに，光線の遮断を検出してスライドの作動を停止し，かつ，身体の一部による光線の遮断の検出がなくなったときに，スライドを作動させる機能（PSDI（Presence Sensing Device Initiation）機能）を有するものである。PSDI 機能は，スライドを作動させるための操作部をプレス作業者が操作しなくてもスライドが作動するものである。

　PSDI の安全プレスの適合要件は，以下のとおりである。

① 　ボルスター上面の高さが床面から750mm 以上であるか，ボルスター上面から検出機構の下端に安全囲いが設けられていること。

② 　ボルスターの奥行きが1,000mm 以下であること。

③ 　ストローク長さが600mm 以下で，プレス機械に安全囲い等が設けられ，かつ，検出機構を設ける開口部の上端と下端との寸法差が600mm 以下であること。

④ 　クランクプレス等にあってはオーバーラン監視装置の設定の停止点が15度以内であること。

　PSDI の安全プレスは，検出機構の検出範囲以外から身体の一部が危険限界に達することができない構造のものでなければならない。側面を含めた全周囲での安全囲い等が必要である。

　PSDI の安全プレスは，スライドを作動させるための機構は，スライドの不意の作動を防止することができるよう，以下の構造要件を備えていなくてはならない。

① 　PSDI 機能の選択は，キースイッチにより行うものであること。

② 　PSDI 機能によるスライドの起動の前に，起動準備操作（セットアップ）を行うこと。このセットアップは，スライドが上死点等の作業上限の停止位置で可能であること。

③ 　セットアップ後30秒以内に PSDI 機能による起動操作を行わなかった場合

表1-8　連続遮光幅と追加距離（PSDI）

連続遮光幅（mm）		追加距離（mm）
	14以下	0
14を超え	20以下	80
20を超え	30以下	130

※この追加距離は光線式安全プレスのもの（表1-7）とは異なる

は，再びセットアップ操作をしなければ，PSDI機能による起動ができない構造のものであること。

制御機能付き光線式（PSDI）安全プレスでは，連続遮光幅を「30mm」以下とし，連続遮光幅による追加距離は，**表1-8**のとおりである。

4　プレス機械の保守・点検

プレス機械を使用していると，摩耗や劣化・損傷等による機能の低下や故障を起こすことがあり，最悪の場合は災害を引き起こす可能性がある。では，適切な安全装置を設置し，使用すればプレス機械の異常による災害を防止できるのかといえば，必ずしもそうではない。安全装置自体はスライドの作動を停止させるためのブレーキ等の停止装置を有しておらず，プレス機械の急停止機構に依存している。よってプレス機械の二度落ち等の急停止機構の異常に対しては安全装置が有効に機能しない場合がある。

したがってプレス機械を安全に，かつ安定して使用し続けるためには，日常からプレス機械の摩耗等の異常を早期に発見し，適切な保守を行うことが非常に重要である。

以下，日常点検に当たっての留意すべき点をあげる。

〈日常点検〉

日常点検は，プレス機械や安全装置などの機能を確保するため，その日の作業を開始する前に，その使用する機械が正常な機能が保たれているか否かを確認するために，主電動機起動前と起動後の時点において行うものである。

点検に当たっては，必要な事項を明確に記載したチェックリスト（p.52，55　**表1-9**，**表1-10**）を作成して行うことが必要である。

4．1　機械プレスの点検

（1）　主電動機起動前

a　クラッチ，ブレーキ

　プレス機械のクラッチやブレーキは，安全を確保するためにきわめて重要な部分である。クラッチやブレーキが故障したり，作動不良，部品の摩耗などにより，スライドが不意に作動したり，二度落ちしたりして非常に危険である。

　次に，クラッチ方式別に点検に当たっての留意すべき点をあげる。

(ア)　スライディングピンクラッチ

① ペダルからクラッチまでの連結部にがたがなく，ピンの抜止めが取り付けられているか調べる。

② クラッチピン押しばね，クラッチ作動用カム押しばね，ペダル用ばね等のばねに破損またはへたりがないか調べる。

③ クラッチ作動用カム，クラッチブラケットに摩耗，き裂，損傷がないか調べる。

④ ブレーキシューやバンドブレーキにき裂，損傷がないか調べる。

⑤ 各取付けボルト，ナットに緩みまたは不足している箇所がないか調べる。

　クラッチ，ブレーキの点検を行い異常のある場合は，プレス機械作業主任者に報告し，修理が完了するまでその機械を使用してはならない。

(イ)　ローリングキークラッチ

① クラッチ作動用カム（**写真1-1**），クラッチ掛外し金具，クラッチボックスなどに変形，摩耗，き裂がないか調べる。

② オイルカバーに注油されているか調べる。

③ 各取付部のボルト，ナットに緩みがないか調べる。

④ クラッチ連結部，ブレーキはスライディングピンクラッチと同じように調べる。

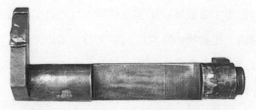

写真1-1　クラッチ作動用カムの変形

欠陥がある場合は，スライディングピンクラッチと同様の措置をする。自分の判断で運転してはならない。

(ウ) フリクションクラッチ（ドライタイプ）

① 主電動機を停止させた状態でクラッチの掛外しを数回行い，エア漏れがないか調べる。

② ボルト，ナットに緩みがないか，ばねにへたり，き裂，変形がないか目視できるものは調べる。

③ クラッチ，ブレーキの外観より目視できる部品にき裂，損傷などがないか調べる。

④ クラッチ，ブレーキのライニングが摩耗していないか，油が付着していないか調べる。

特にドライタイプのライニングに油の付着は危険である。ライニングを交換するか，清掃しなければ使用してはならない。

(エ) フリクションクラッチ（ウエットタイプ）

① 主電動機を停止させた状態でクラッチの掛外しを数回行い，エア漏れがないか調べる。

② 油量の不足，油の汚れや劣化がないかを油面計より目視にて調べる。

③ ガスケット，オイルシールなどより油漏れがないか調べる。

④ フロントケース，リヤーケースなどのき裂による油漏れがないか調べる。

ウエットタイプの油の汚れは交換し，少ない場合は補充する。汚れが特にひどい場合はフラッシングを行ってから交換油を入れる。油漏れの場合はすぐパッキン，シールの交換を行う。

フリクションクラッチも欠陥箇所については，ポジティブクラッチと同様の措置をとらなければならない。

b　動力伝達装置，コネクチングロッド，スライド関係

歯車類，フライホイール（**写真1-2**），クランク軸（**写真1-3**），スライド，コネクチングロッド（**写真1-4**），コネクチングスクリュー（**写真1-5**）などにき裂，折損，損傷などがないか目視により点検する。

また小型プレスにおいては，コネクチングロッドとコネクチングスクリューの締付部のボルト，ナットは締付けが適正であるか，コネクチングスクリューのスライド調整用の回し穴に変形はないか，スライドの上型取付部に異常がないかについて調べる。また小型プレスのベルトについて調べる。張り具合が不具合の場合はモー

第1章　プレス機械およびその安全装置または安全囲いの種類，構造および点検

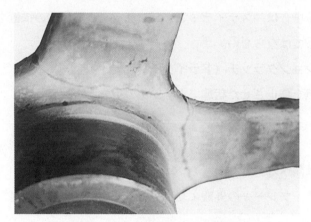

写真1-2　フライホイールのき裂

写真1-3　クランク軸の折損

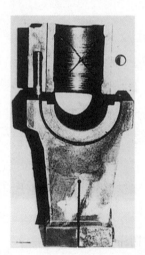
写真1-4　コネクチングロッドの摩耗

写真1-5　コネクチングスクリューおよびコネクチングロッドの破損

ターベースの調整ネジにより調整する。一部が損傷したり油が付着している場合は交換しなければならない。交換する場合，ベルトの1本が損傷している場合でも全部のベルトを交換すること。

c　安全ブロック（およびスライドを固定する装置），安全プラグ，キーロック

　安全ブロック（およびスライドを固定する装置），安全プラグまたはキーロックに

46

外見上の損傷，変形，断線がないかを目視により調べる。安全ブロックおよびスライドを固定する装置を使用中は，押しボタン等の操作部を押してもスライドを作動させることができないことを確認する。また，安全プラグを抜いている状態では，押しボタン等の操作部を押してもスライドを作動することができないことを調べる。キーロックはキーを"切"の位置にセットしたときは，主電動機が起動できず，また押しボタン等の操作部を押してもスライドが作動しないことを確認する。

d　プレス本体，金型

　フレーム本体，脚，ボルスター，モーターベースなどにき裂，損傷，変形などがないかを目視により調べる。誤操作や能力を超える過負荷の繰り返しによりフレームにき裂を生じたり（**写真1-6**），ボルト，ナットの緩みにより脚やモーターベースにき裂を生じたり，破損することもあり，金型の取付け不良によるボルスターの変形，破損する場合もある。特にプレス機械は加工時に強い力を加えることにより成形加工を行う機械であるため，振動も多く，ボルト，ナットが緩むことが多い。そのために機械が故障し災害につながる場合もある。プレス機械に取り付けられているボルト，ナットは数多いが特に衝撃的な力の加わる部分については十分な点検を行い，緩みを発見した場合はただちに締付けをすること。

　異常が発生している場合には，プレス機械作業主任者に報告し補修が完了するまで使用してはならない。

e　覆い類等

　プレス機械のペダル，フートスイッチ，カウンターバランスには覆いなどが所定どおり取り付けられ安全性が確保されているか，歯車類，フライホイール等の回転部には接触防止用の覆いが取り付けられ，それらの覆い類が完全な状態で取り付け

写真1-6　フレームのき裂

られているか，ボルト，ナットなどに緩みがないかなどを調べる。

f　ストローク端による危険の防止策

　タレットパンチプレスの稼働部分や，ムービングボルスタートランスファーフィーダーやプレス用産業用ロボット等の稼働部分により作業者がはさまれることがないように設置された覆いや囲い，柵などが取り外されていたり，位置を変更されていないか，また著しい変形や損傷がないかを調べる。

g　電磁弁

　外観上の異常の有無とエア漏れがないか調べる。次に，複式電磁弁は，それぞれ一方の電磁弁を停止し，個々の機能を図1-25のようにドライバーで手動用押しボタンを手動で押して，クラッチ，ブレーキが作動せず，消音器からのエア漏れ，また，離した時の排気音を聞き作動状況を確認する。同時にモニター付きのものにあっては，モニターの作動状態を，バルブ復帰ボタン（リセットボタン）を操作しなければ押ボタンを押してもクラッチ，ブレーキが作動できないことで確認する。

　電磁弁の故障は非常に危険性が高いため確実な点検を行うことが必要で，故障の場合はすぐ交換することである。故障は電気的なものと，ゴミや給油不良によるものがほとんどである。

　単式電磁弁のものは，同じように手動操作を行い排気音を聞き作動状況を確認する。

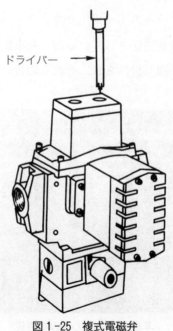

図1-25　複式電磁弁

h　潤滑油の系統

　プレス機械の故障の40％は，給油不足によるものといわれている。この給油不足によるプレス機械の故障が災害に直結する場合も少なくない。このような故障を防止するためには，点検を十分に行い給油が正常であるか否かを確認しなければならない。

i　空気圧系統

　クラッチ，ブレーキなどの作動に空気圧を使用しているプレス機械が多い。空気圧系統にはプレッシャースイッチが設けられており，所定の圧力に達したことを表示するパイロットランプ，操作回路のインターロック，消音器等の機能，配管部のエア漏れについても点検する。これらの機能が不具合の場合はすぐ修理すること。

j　電気系統

　主電動機起動前に結線の緩み，断線，リレーの異音，被覆の損傷について調べる。特に絶縁被覆の損傷は感電災害の原因となるので直ちに補修すること。そのほかに不具合の箇所がある場合は作業を開始する前に補修しなければならない。

（2）　主電動機起動後

　主電動機起動前の点検が完了したら次に起動させ各部の点検を行う。

a　クラッチ，ブレーキ

㋐　スライディングピンクラッチ

① 　クラッチの掛外しを数回行い，クラッチが"切"のときにカタカタと異常音（ノッキング）が発生していないか調べる。

② 　停止するときにカップリングが回転と逆の方向に戻されないか数回掛外しを行い調べる。

③ 　停止するときに作動用カムが下方に押し下げられていないか数回掛外しを行い調べる。

④ 　停止位置にバラツキがないか（クランクピンの停止角度が10度以内であること）調べる。

　以上の点検を行い異常のあるときは，機械を停止させ原因を究明しなければならない。特にクラッチに異常音が発生した場合には，プレス機械のどこかに不安全な箇所がある前兆である。たとえばクラッチピンおよびクラッチピンの当て金の摩耗（**写真1-7(a)**），クラッチピンにき裂（**写真1-7(b)**）が発生することもある。またカップリングが逆に戻されたり，クラッチ作動用カムの作動が異常の場

49

第1章　プレス機械およびその安全装置または安全囲いの種類，構造および点検

写真1-7(a)　クラッチピンとクラッチピンの当て金の摩耗

写真1-7(b)　クラッチピンのき裂

合は二度落ちの原因となり危険である。このような状態で機械を運転してはならない。プレス機械作業主任者に報告し必ず補修しなければならない。

㈦　ローリングキークラッチ

① 　クラッチの掛外しを数回行い，クラッチが"切"のとき異常音などが発生しないか調べる。

② 　クラッチ作動用カムの停止位置が所定の位置に停止しているか，バラツキがないか調べる。

③ 　掛外しを数回行い，ブレーキ調整が適切であるか調べる。

④ 　クラッチ掛外し金具の作動は適切であるか調べる。

　スライディングピンクラッチと同様に異常を確認した場合は原因を究明することが大切である。

　特に，ポジティブクラッチにおいてはブレーキと密接な関係があるため，ブレーキの調整が悪いとクラッチに異常音が発生したり，停止位置が不良になることがある。クラッチの状態に合わせてブレーキをよく調整し，ライニングの摩耗が著しい場合や油が付着している場合はすぐ交換しなければ機械を使用してはならない。

㈦　フリクションクラッチ（ドライタイプ）

①　寸動行程に切り替えて，押しボタン等の操作部を押している間のみスライドが動き，押しボタン等の操作部から手を離すと直ちに停止するかを調べる。

②　安全一行程に切り替えて，下死点付近までは押しボタン等の操作部を押している間のみスライドが動き，ボタンから手を離すと直ちに停止するかを調べ，下死点を過ぎると押しボタン等の操作部から手を離しても上昇し，上死点で停止するかを調べる。次に押しボタン等の操作部を押し続けても上死点で必ず停止するかどうかを調べる。この時に停止位置を確認し，停止位置が設定角に対してずれていないか，バラツキが多くないかを調べる。

スライドの動きに異常がある場合や，停止位置がブレーキの滑り等によりずれている場合，バラツキが多い場合は，機械を停止し，すぐプレス機械作業主任者に報告し，報告を受けた者は直ちに修理等の必要な措置をとること。

㈢　フリクションクラッチ（ウエットタイプ）

㈦　フリクションクラッチ（ドライタイプ）と同様の点検を行う。異常が発見された場合は，機械を停止し，すぐプレス機械作業主任者に報告し，報告を受けた者は直ちに修理等の必要な措置をとること。

b　動力伝達装置，コネクチングロッド，スライド関係

フライホイール，主歯車などは，始動時に運転状況をよく見て，異常音や振れが大きくないか調べる。クランク軸においても曲がり，軸受部を調べる。異常がある場合には機械を停止させ，軸受部，エンドキャップ，歯車等の摩耗，き裂，変形などを調べる。また大型機のベルトはカバーがあって目視で点検できないこともあるため，始動時のスリップ，異常音により判断する場合もある。コネクチングロッドの異常音，がた，スライドとコネクチングスクリューの連結部に異常が発生し異常音がないか，スライドが円滑に作動しているか調べる。大型機については，バランサーの圧力が適正であるか，また圧力を変えることで連結部にがたがないかを調べる。

c　一行程一停止機構，急停止機構，非常停止装置

ポジティブクラッチ付きプレスの一行程一停止機構は機械的なもの，電磁式，エアシリンダー式のものがあるが，どのような型式のものであっても押しボタン等操作部を押し続け，またフートスイッチあるいはペダルを踏み続けても確実に一行程で上死点に停止する機能があることを確認する。

急停止機構の点検はクラッチブレーキの点検の中で行う。

非常停止装置の点検は，スライドが作動中に非常停止ボタンを押してスライドが

第1章　プレス機械およびその安全装置または安全囲いの種類，構造および点検

表1－9　機械プレス始業前点検チェックリスト（例）

点検年月		整理番号	機械名称	圧力能力	所属	担当者氏名	作業主任者氏名	検印		○正　常 △注　意 ×不　良
年　月　度										

区分	No.	項目		点検方法	判定基準	1	2	3	4	5	6	7	8	9	28	29	30	31
主電動機起動前	1	クランクシャフト		メタルキャップ締付ボルト，ナットの緩みがないか	十分な締付け													
	2	コネクチングロッドおよびコネクチングスクリュー		ボルト，ナットに緩みはないか	十分な締付け													
	3	フライホイール		ボルト，ナットに緩みがないか	十分な締付け													
	4	き裂，損傷，変形		本体各部，スライド等に異常はないか	異常のないこと													
	5	各部の給油		給油は適切か	適量の給油													
	6	空気圧（油圧）		圧力計で確認	規定圧													
	7	型の取付状態		型の取付ボルト，ナットに緩みはないか	十分な締付け													
主電動機起動後	8	クラッチ		作動状況，停止位置を見る	確実な作動 規定内停止													
	9	ブレーキ		作動状況，上死点停止角度の確認	確実な作動 規定内停止													
	10	電動機		異常音はないか	異常音の発生													
	11	運転操作		作動状況（寸動，一行程等）を確認	確実な作動													
	12	一行程一停止		作動状況を見る	確実な作動													
	13	急停止機構および非常停止装置		停止状況を見る	確実な停止													
	14	安全囲い・安全装置	取付位置	危険限界からの距離実測	安全距離以上													
			取付状態	ボルト，ナットの緩み防護範囲の確認	確実な締付け 危険範囲防護													
			作動状況	作動状態を確認	確実な作動													
	15	付帯設備		材料，製品の送給，取出し等の付帯設備の作動状況，取付位置を見る	確実な作動 取付位置の安全													
特記事項					処置													
					点検者氏名													
					プレス機械作業主任者氏名													

52

急停止するかを確認する。また，非常停止させてからの再起動は，非常停止装置の解除動作（リセット）をしてから，寸動運転で始動の位置にスライドを戻してからでないと運転操作が行えないことを確認する。

d　電気系統

押ボタン等操作部，切替スイッチ，非常停止ボタンなどを操作し，それらの機能が正常であるかを調べる。また電磁弁，安全ブロック，安全プラグ，キーロック，安全囲いなどにおいても電気的な機能が保たれているかを確認する。電気的な故障は原因究明が困難なため，機能が失われている場合はプレス機械作業主任者に報告し，専門的な知識を持った者が補修にあたることである。

e　そのほかの付属品

ダイクッション，ロッキング装置，オーバーロードプロテクター，ダイクランパーなどが付属されているものについて，それらの装置が正常で機能が失われていないか装置を作動させて確認する。

（3）　作業終了後

a　電気系統

電源スイッチ，切替スイッチが "切" になっていることを確認し，切替キーはプレス機械作業主任者が保管する。

b　空気系統

空気配管の止め弁を閉じドレンを排出する。ドレンを排出しないと，クラッチ，ブレーキ，バランサー内部を腐食させたり，電磁弁の故障の原因となる。

c　潤滑油系統

継手，配管に破損，き裂などがないか調べる。ガラスオイラーについては，油が流れ出してしまわないように注油を停止させるために弁を締める。

4.2　液圧プレスの点検

（1）　主電動機起動前

a　油　量

作動油タンク，注油タンクの油量が所定量であるかをレベルゲージにより確認する。補給の際は上限を超えないように注意する。多過ぎると運転時にタンクより油が吹き出したり，空気ろ過器を損傷する事故が起きる。

b 動力伝達関係

　配管，ホースなどの接続部のき裂，損傷などがないか，配管が振動に対して安全であるための固定バンドが適正に取り付けられ，各部のボルト，ナットに緩みがないか，スライド作動部に傷がないかなどを調べる。

c プレス本体，金型

　機械プレス（4.1（1）d）と同じように本体各部の外観に異常がないか，ボルト，ナットに緩みがないか調べる。異常が発生している場合は，プレス機械作業主任者に報告し補修が完了するまで使用してはならない。

d 覆い類

　ペダル，フートスイッチ，そのほかの覆い類が所定どおり取り付けられ，安全性が確保されているか調べる。

e 潤滑油関係

　スライドのガイド部分などに給油が正常に行われているかを調べる。詳細については機械プレス（4.1（1）h）を参照すること。

（2）　主電動機起動後

a 油　圧

　作動油圧の設定を圧力計で確認する。圧力設定は圧力調整弁を操作して行うが，これが正常に作動するか確認する。同時に圧力スイッチの作動状態も調べる。主モーターおよびポンプに異常音，異常振動がないか，パイロットポンプを有するものはモーター，ポンプの回転状況，圧力設定を確認する。そのほかキャリアクランパ（ムービングボルスターの場合），ダイクランパ，ハイドロブランク（複動プレス），ダイクッションなどを有するものはそれらの油圧も確認する。

b 油漏れ

　油漏れの点検は，油タンク，ポンプ，圧力計，調整弁等系統を追って実施し，各種機器の接続部分および配管，ホースからの油漏れがないかを点検する。油漏れはただちに補修しなければならない。

c 電気系統

　押ボタン等操作部，切替スイッチ，非常停止ボタンなどを操作し，それらの機能が正常であるかを調べる。同時に上限，下限のリミットスイッチが正常な状態で取り付けられ，その機能が失われていないかを確認する。また電磁弁，安全囲いなどにおいても電気的操作の機能が保たれているか，サーボポンプを有するものは，傾

4 プレス機械の保守・点検

表 1-10 液圧プレス始業前点検チェックリスト（例）

点検年月	整理番号	機械名称	圧力能力	所属	担当者氏名	作業主任者氏名	検印	○正常 △注意 ×不良
年　月　度								

区分	No.	項　目	点　検　方　法	判定基準	1	2	3	4	5	6	7	8	9	28	29	30	31
主電動機起動前	1	油量	タンクのレベルゲージで確認	規定内の油量													
	2	き裂，損傷，変形	本体各部，スライド等に異常はないか	異常のないこと													
	3	ボルト，ナットの緩み	緩み，脱落等がないか	十分な締付け													
	4	給油	給油は適切か	適量の給油													
	5	型の取付状態	型の取付ボルト，ナットに緩みはないか	十分な締付け													
主電動機起動後	6	油圧	圧力計で確認	設定圧													
	7	油漏れ	接続部分からの油漏れを点検	油漏れのないこと													
	8	電動機およびポンプ	異常音はないか	異常音の発生													
	9	運転操作	作動状況（寸動，一行程等）を確認	確実な作動													
			スライド落下防止措置の作動環境を確認する※	確実な作動													
	10	一行程一停止	作動状況を見る	確実な作動													
	11	急停止機構および非常停止装置	停止状況を見る	確実な停止													
	12	安全囲い・安全装置　取付位置	危険限界からの距離実測	安全距離以上													
		取付状態	ボルト，ナットの緩み防護範囲の確認	確実な締付け 危険範囲防護													
		作動状況	作動状態を確認	確実な作動													
	13	付帯設備	材料，製品の送給，取出し等の付帯設備の作動状況，取付位置を見る	確実な作動 取付位置の安全													
特記事項	※ H23構造規格対照			処置													
				点検者 氏名													
				プレス機械作業主任者氏名													

55

第1章　プレス機械およびその安全装置または安全囲いの種類，構造および点検

転角度に追従した電流計の変化を調べる。機能が失われている場合はプレス機械作業主任者に報告し，専門知識をもった者に補修させる。

d　一行程一停止機構，急停止機構，非常停止装置，スライド落下防止装置

一行程一停止機構は押しボタン等操作部を押し続け，またはフートスイッチを踏み続けても確実に一行程後に上限で停止する機能があることを確認する。

急停止機構は寸動および安全一行程でスライドが下降中に押しボタン等操作部から手を離し，スライドが急停止するか調べる。非常停止装置は一行程または連続でスライドが下降中に非常停止ボタンを押して，スライドが急停止することを調べる。

液圧プレスの場合，急停止あるいは非常停止させたときにスライドが急停止状態になるものと，その場から急上昇し始動位置に復帰するものがあるが，いずれも急停止機構または非常停止装置である。

スライド落下防止装置は，スライドが上限に停止した状態から自重により落下してこないか目視により確認する。

e　安全ブロック（およびスライドを固定する装置）

外見上の損傷,変形,断線など異常がないかを目視により調べる。また安全ブロックおよびスライドを固定する装置を使用中は運転ボタンを押しても，スライドが作動しないことを確認する。

f　そのほかの付属品

機械プレス（4.1（2）e）と同じ。

（3）　作業終了後

a　電気系統

機械プレス（4.1（3）a）と同じ。

b　空気系統

空気圧も使用しているものは機械プレス（4.1（3）b）と同じ。

c　潤滑油系統

機械プレス（4.1（3）c）と同じ。

4.3　サーボプレスの点検

サーボプレスは大別すると，機械サーボプレスと液圧サーボプレスに分けることができる。機械サーボプレスの点検は基本的には，4.1　機械プレスの点検に準

じて行い，液圧サーボプレスの点検は4.2　液圧プレスの点検に準じて行う。ただし，サーボプレスはメーカーごとにさまざまな構造があるので，該当しない項目については除き，付け加えるべき項目については取扱説明書に記載されている点検項目を確認して反映させて行うこと。

5　安全囲いの種類および構造・機能

「金型の中に手が入らない」ようにするためには，安全囲いおよびストローク長さのきわめて短いプレスを使用すればよく，連続打抜き等の1次加工には安全囲いが安全対策の決め手となっている。工夫しだいでは2次加工にも使用することが可能である。また，型設計の段階での安全囲いの考慮は重要である。

5.1　安全囲いの種類と機能

（1）　型取付け安全囲い

型に取り付ける安全囲いであって，加工作業中は，危険限界に作業者の指が入らないように，型に取り付けた安全囲いをいう。

㋐　金型囲い

パンチホルダーとダイホルダーの間の空間の外側面の全周あるいは一部を囲う安全囲いであって，材料の送給，およびスクラップ材の取出し用の開口部を備えている。

図1-26に示すように，金型囲いは，型の全周を囲むことが原則である。加工品をエアで吹き飛ばすなど，加工品の排出のために必要があれば，型囲いの裏側に穴を開けたり，裏側の囲いを省略する。この場合，作業者が加工作業中に型囲いの裏側から，型の中へ手を入れることが可能ならば，安全対策として，プレス取付け安全囲いと併用するなどの措置が必要となる。

金型囲いの例

〈例1〉

図1-27に簡単な型囲いのつくり方を示す。パンチホルダー下端と型囲いの上縁との間に指をはさむ危険がないように，上死点位置において両者を10mm程度重ねることが必要である。なお，この型囲い寸法，A，Bがスライド下面寸法よ

57

第1章　プレス機械およびその安全装置または安全囲いの種類，構造および点検

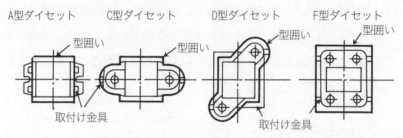

図1-26　ダイセットに取り付けた型囲い

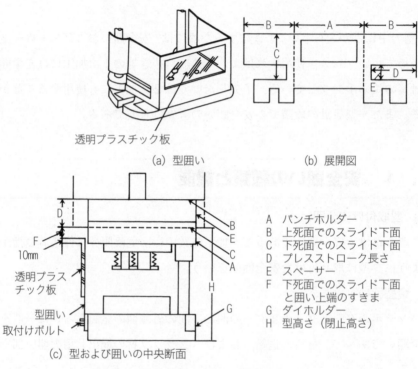

(a) 型囲い　　　　　　(b) 展開図

A　パンチホルダー
B　上死面でのスライド下面
C　下死面でのスライド下面
D　プレスストローク長さ
E　スペーサー
F　下死面でのスライド下面と囲い上端のすきま
G　ダイホルダー
H　型高さ（閉止高さ）

(c) 型および囲いの中央断面

図1-27　型囲いと展開図

り小さい場合において，短ストローク長さのプレス以外は，図(c)に示すように下死点では，この型囲いの上縁とスライド下面Cとの間Fで，指をはさまれるおそれがあるので，パンチホルダーAの厚さを補うために，パンチホルダーの上面に，スペーサーEなどを取り付ける処理が必要となる。しかし，型高さHは高くなり，プレスのダイハイト寸法以上に高くすると，この型はこのプレスには取付け不能となる。

〈例2〉

図1-28に示す型囲いは上死点位置で，(a)では下型の囲いとパンチホルダーを，(b)では上型の囲いと下型の囲いを10mm重ねる。下死点位置において，下型の囲

いの上端と上型あるいはスライドの間で指がはさまれないことが必要である。

〈例3〉

写真1-8は曲げ加工などが済んだ2次加工品を，作業者がピンセットを使用して，型囲いの穴から送給し，再び2次加工作業を行っているところを示している。この場合，囲いの穴は必要最小限度の寸法となっている。

(イ) その他の囲い

ばね式，伸縮式などであって，パンチホルダーとダイホルダー間の空間の内部のパンチやガイドポストなどによる危険点に近接して囲うものである。

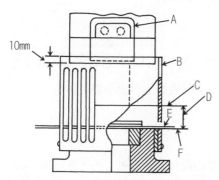

A 囲いとジャンク押さえボルトとの間で指を切断されないためのそらせ板
B 下型の囲い
C 上死点でのパンチ下端
D プレスストローク長さ
E 材料
F 下死点でのパンチ下端

(a)

A 上型囲い
B 上死点での上型囲い下端
C 下死点での上型囲い下端
D プレスストローク長さ
E 材料

(b)

図1-28　型囲いの構造条件

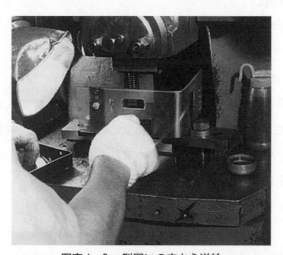

写真1-8　型囲いの穴から送給

第1章　プレス機械およびその安全装置または安全囲いの種類，構造および点検

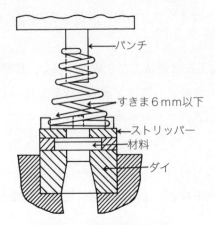

図1-29　穴抜き型用ばね囲い

その他の囲い

　図1-29のばね囲いは，小径の穴抜き型等に取り付けられる。ばねの線径は，指で押してもパンチの刃先がばねに接触しない程度の太さが必要である。

(2)　プレス取付け安全囲い

　プレスに取り付ける安全囲いであって，型の取付け，取外しのときは囲いの全部または一部を取り外し，あるいは可動部分を開閉するものである。

　すべての可動部分の開閉および一部の囲いの取付け，取外しにおいてはプレスの電源あるいはエネルギー源とインターロックされている。主電動機あるいはフライホイールが停止してからなどエネルギー源が遮断されてから，型の交換が可能となっていて，加工作業中のノーハンド・イン・ダイを保証している。

㋐　固定式安全囲い

　プレス取付け安全囲いのうち，囲いが調節不能のもの。

〈例1〉

　写真1-9は卓上プレスに取り付けた固定式安全囲いである。これは透明プラスチック板で作られているので，左側からの照明も非常に効果的で，へらを使用して材料の挿入，押さえ，位置決め，加工，取出しを行う。作業者は囲いの内側をよく見ることができ，作業性がきわめて良好である。この作業はコンベヤーラインに組み込まれている。

〈例2〉

　写真1-10は，型交換が1日数回ずつあり，かつ，両手でストリップ材を持って加工するときに容易に使用できる安全囲いである。左右の囲いは棒が横に等間隔

に並べられているので，材料送給面の高さが異なる型を取り付けても，ストリップ材の送給，取出しには支障がない。なお，左右の囲いはボルスターに垂直な後部支柱のヒンジにより開閉できるので，型の取付け，取外しには全く支障がない。

前面の囲いは左右の囲いと4箇所の掛け金で簡単に結合できる。なお，前面囲いの下部は，棒が横方向に配列されているので，ストリップ材を前後方向に送給することも可能であり，この写真の場合は，このすきまに設けたエアノズルにより，加工品をプレスの後方に吹き飛ばしている。なお，前面からの透視を良好にするために，前面囲いの中央部は強固なフレームに多数のピアノ線を高張力で等間隔に張っている特殊なものである。

(イ) **調節式安全囲い**

プレス取付け安全囲いのうち，囲いの上下，左右，前後方向の全部あるいは一部が調節可能なもの。

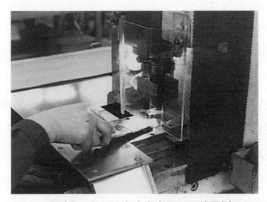

写真 1-9　固定式安全囲いの使用例

写真 1-10　固定式安全囲いの使用例

写真1-11 調節式安全囲いの使用例①

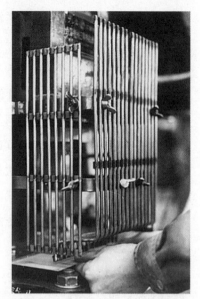
写真1-12 調節式安全囲いの使用例②

調節式安全囲いは多品種少量生産用型および仮型の防護用として，あるいは型取付け安全囲いが不完全な場合に二重防護用として用いられる。

〈例1〉

写真1-11の安全囲いは金型の大きさに適合するように調節が可能であって，打抜きや他の作業にも用いられる。ただし，加工材料は作業者が安全囲いの外側から取り扱える程度の大きさが必要である。

〈例2〉

写真1-12は調節式安全囲いであって，支柱をプレスのフレームの取付金具に引っ掛けて固定している。囲いの形は数種類あり，作業が変わるごとに交換している。

この安全囲いは小さな材料をつかんだ作業者の指が，型のそばまで接近して作業できるような形状のものである。

(ウ) インターロック付きプレス取付け安全囲い

写真1-13および写真1-14は，電気的なインターロック付きプレス取付け安全囲いであって，写真1-13は調節式で，写真1-14は固定式プレス取付け安全囲いである。

安全囲いを取付けた時だけ作業が可能であり，安全囲いを取り外した時は作業ができないようにインターロックされている。

写真1-13において，矢印で示されるリミットスイッチは安全囲いの支柱上端

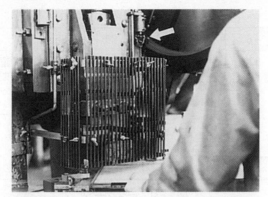

写真1-13 インターロック付き調節式安全囲い

写真1-14 前面の囲いを外したインターロック付き固定式安全囲い

がプレスのギブに取り付けられた場合に作動し，主電動機の起動を可能にする。それで，型の取付け，取外しなどでこの安全囲いをプレスから取り外すと，主電動機は停止するかまたは起動が不可能となる。写真1-14は前面の囲いを取り外した状態であって，前面の囲いを取り付けることによりインターロックケーブルの作動等により主電動機は起動可能となる。前面の囲いを外せば主電動機は停止する。なお，この側面囲いはトンネル状になっていて，型への接近性能は良好である。

5．2　安全囲いの開口部と穴あき板等の許容最大寸法

（1）　安全囲いの開口部の許容最大寸法

材料送給および加工品の取出し用の安全囲いの開口部の許容最大寸法は，危険限

63

単位(mm)

開口寸法	6	8	12	16	25	35	45	50	55
安全距離	20超	50超	100超	150超	200超	300超	400超	500超	800超

図1-30　安全囲いの開口寸法と安全距離

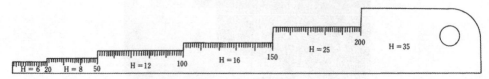

図1-31　安全ゲージ

界から開口部までの距離を安全限界値とした場合，図1-30で表すとおりである。

（2）穴あき板の許容最大寸法など

　安全囲いの穴あき板，金網等の丸穴の直径，異径穴寸法，スロットおよび棒材のすきま寸法，金網の目の許容最大寸法については，前記開口部の開口寸法を参照し，危険限界に届かない寸法でなければならない。

　図1-31のような安全ゲージを使用すると，開口部の開口寸法と危険限界までの距離を計測するのに便利である。

6　安全装置の種類および構造

（1）安全装置の要件

　プレス作業は，作業者が手と足を一定のリズムに従って動かすことによって行われる。このリズムが乱れない限りは災害は起きないが，ちょっと油断して調子が狂うと手を型の間で負傷してしまうおそれがある。そうかといって，1日中一定の注意力を作業者に期待することは無理であり，また，日によっては心身の状態が最低の場合もあり，このような時には注意力の低下は避けられない。まして，プレス作業は単調な繰返し作業であるため，別なことを考えながら作業しがちである。たとえば型の交換などの非定常作業を行っている時などは，機械の異常など周囲の状況に特別な注意を払うことは難しい。このため，プレス機械はそれ自体本質的に安全であるようつくられるべきである。しかし，全ての危険をなくすことはできない。この残った危険から作業者を守るための安全装置が必要である。いいかえれば，本質的に安全化されていないプレス機械においては，安全装置は作業者の安全を図る

ために必須なものなのである。

安全装置には，機械的分類としてインターロックガード式・両手操作式・光線式・手引き式などがある。

インターロック：手が型の中に入っているときはスライドが下降せず，かつスライドが
ガ ー ド 式　　下降中は，型の中に手が入らないもの。ガード板の作動方向により上昇式，下降式，縦開き式，横開き式などがある。また，ガードのインターロック方式により，開放不可型インターロックガードと開放停止型インターロックガードがある。

両手操作式：押しボタン等の操作部または操作レバーを型の危険限界から安全距離以上離して設置し，両手で操作することにより，手の安全をはかるもの。急停止機構をもつプレスに取り付ける安全一行程式，ポジティブクラッチ用の両手起動式がある。

光　線　式：スライドが下降中，型に接近する手など身体の一部を感知して，自動的にスライドを停止させるもの（光線式）と，光線を遮らなくなった時に自動的にスライドを起動させるものがある（PSDI式）。またプレスブレーキには，スライドの動きと連動して検出するレーザー式がある。

手 引 き 式：手が型の中にある時または型に接近した時は，スライドの下降によって，機械的に手を引き戻すもの。

その他に，以上のものを組み合わせたものもある。

（2）　インターロックガード式安全装置

インターロックガード式安全装置は，プレス前面に配置されたガード板の作動により，スライドの作動中は手指などが危険限界に入らないようにされたものである。ガードの動きとプレスの動きがインターロックされている両手押しボタンやフートペダルを起動すると，まずガード板が作動し危険限界を遮へいする。ガード板の作動に異常がなく，危険限界内に手指が残っていなければ，その後にプレスのスライドが下降する構造になっている。スライドの作動中には，手を入れようと思っても入らないので，ハンド・イン・ダイの作業方式の中では最も安全性が高いといえる。

インターロックガード式安全装置は一般に2次加工に適している。プレス故障による二度落ちに対しては，ガードをスライド下死点で開放せず，上死点でスライドの停止を確認してから開放する方式とする。

第1章　プレス機械およびその安全装置または安全囲いの種類，構造および点検

　また，ガードを透明プラスチック板や強度の十分なものを使用すれば，万一，型が破壊しても飛散する破片から作業者を防護することができる。これは他の安全装置にはない長所である。鍛造プレスなどには効果がある。

　ガード板の作動する方向による分類で，下から上に上昇し，手を払う機構も併せ持つ上昇式（図1-32），ガードシリンダーが上から下へ下降する下降式（図1-33），左右のとびらが開閉する横開き式（図1-34①），ガードが上昇及び下降する縦開き式（図1-34②）がある。また，スライドの作動中にガードを開いた時に，スライドの作動を急停止させる開放停止型（平成23年の安全装置構造規格の改正により追加された）がある。開放停止型では，ガード板と危険限界は安全距離を確保して取り付けなければならない。

《使用上の留意点》

① 作業面をガード板が有効に保護している状態で使用すること。上昇式の場合には，手のパスライン上を有効にガード板が防護しなければならない。特に，上から手が入らないように配慮する。

　　下降式の場合には，手をはさまないよう配慮する。

　　横開き式や縦開き式の場合には，手のパスラインをガード板が有効に作動するようにすること。縦開き式の場合は，ガードが開く部分を手のパスラインにする。

② 安全装置の使用開始直後は，従来まで作業前面に何も遮へい物がなかったので，めざわりだとか，煩わしいなどと作業者が違和感を感じることもある。安全装置を使って作業を続けることの必要性を十分に教育することが必要である。

③ 金型を交換して作業の内容が変わった場合でも，ガード式安全装置が有効に使えるように配慮することが必要である。

④ 安全装置の有効状態を確認して作業をすること。安全装置無効の切替えは，金型交換などの非定常作業時にだけ使用すること。

⑤ インターロックガード式安全装置が使用できない作業の場合（フープ材や長物など一次加工には使用が難しいことが多い）は，必ず他の安全措置を講じなければならない。

⑥ インターロックガード式安全装置は，ポジティブクラッチ，フリクションクラッチ，油圧プレスなど駆動機構が変わっても基本的な使用方法，作動状況などは変わらないことに留意すること。

6　安全装置の種類および構造

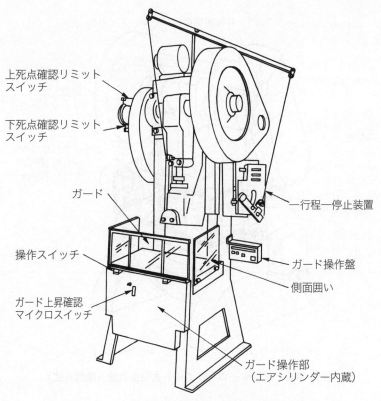

図1-32　インターロックガード式安全装置（上昇式）

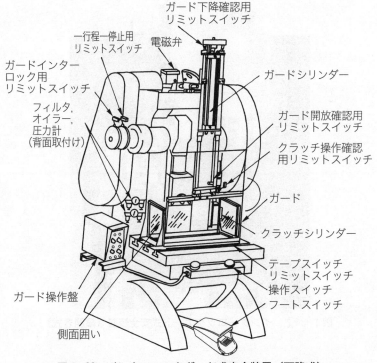

図1-33　インターロックガード式安全装置（下降式）

67

第1章　プレス機械およびその安全装置または安全囲いの種類，構造および点検

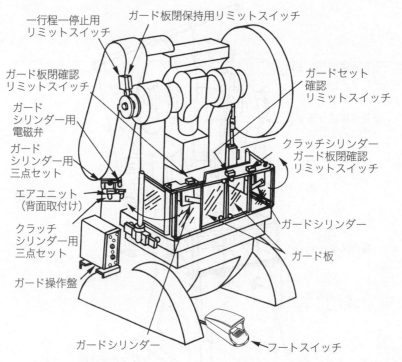

図1-34①　インターロックガード式安全装置（横開き式）

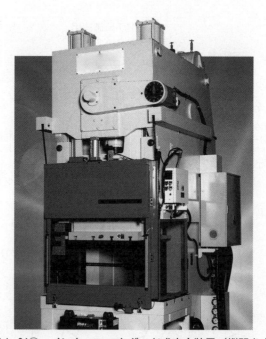

図1-34②　インターロックガード式安全装置（縦開き式）

（3）　両手操作式安全装置

両手操作式安全装置とは，両手で操作することによって手の安全をはかるもので，ポジティブクラッチ用（急停止機構のないプレス機械用）の両手起動式安全装置と，急停止機構を備えるプレス機械に使用する安全一行程式安全装置の2種類に分けられる。

両手操作方式の起動は，材料を挿入した両手でスイッチを操作するので足踏み方式の操作に比べると格段に安全性が上がる。手と足のバランスをくずしてしまったり，材料の位置を修正しようとして誤って手を入れる可能性を少なくすることができる。プレス機械の操作方式は，可能な限り両手で行うことが原則である。しかし，この安全装置は手の積極的な防護というより，スライドの作動中に危険限界に手を置かないという意味での安全の手段である。このため，起動スイッチを操作したあとに手が危険限界内に入った場合，スライドが作動しているかぎり危険性が残ってしまう欠点がある。クラッチの機構にかかわりなく，この点を考慮しなくてはならない。スライドの作動中に危険限界に手が到達しないようにするには，手と危険限界との距離を長くすればよいことになる。そこで，安全距離の考え方が必要になってくる（P.146参照）。

両手操作式安全装置を使用する場合，この安全距離を確保しなければ安全装置としての効果がない。ポジティブクラッチ付きプレス機械の場合には，所要最大時間を計算して取り付けなければならない。フリクションクラッチなど急停止機構を備えるものは，プレス機械メーカーの設定した最大停止時間に応じた安全距離を設定しなければならない。急停止機構を備えているプレス機械では安全距離の確保は可能であるが，ポジティブクラッチのように急停止機構を備えていないプレス機械では，安全距離を確保することは難しい。このような場合，足踏み操作を奨励するのではなく，起動方式は両手で行い，安全措置としては安全距離を補う意味で他の安全装置を併用することが効果的である。

㈠　安全一行程式

安全一行程式は，両手で同時に押しボタン等の操作部を押したときにだけ起動する。手を離すと急停止機構が作動しスライドが停止する。通常プレス機械の操作系統の中に組み込まれている。

㈡　両手起動式

図1-35はスライディングピンクラッチプレス用の電磁ばね引き式両手起動式両手操作式安全装置であって，機械的一行程一停止機構を有している。

第1章　プレス機械およびその安全装置または安全囲いの種類，構造および点検

両手で2個の押しボタン等の操作部を押すと，マグネットにより掛合い金具が外れ，クラッチ掛けばねによりクラッチが入り，スライドが下降する。また，復帰用ワイヤロープとレバーの作用により，押しボタン等の操作部を押し続けても，強制的に操作機構は元の状態に復帰される。

ポジティブクラッチプレス用の両手起動式安全装置には，エアシリンダーを操作してクラッチを入り切りする方式も広く使用されていて，電気的一行程一停止機構を有し，リミットスイッチによりスライドあるいはクランク軸の動きを検知する方式，コンデンサーの充放電による方式，タイマー方式などがある。

図1-36はエアシリンダー式両手起動式両手操作式安全装置の制御系統を示したものである。

(ウ)　非機械式操作スイッチ

押しボタンを押す力を軽減するために，従来の機械式スイッチから非機械式のスイッチも使用されるようになった。静電容量を使ったものや光センサを用いたものがある。

このようなスイッチを使って作業すれば，能率が上がり疲労負担も少なくなる（平成18年12月5日基発第1205002号参照）。

① 静電容量型スイッチ（図1-37(a)）

静電容量の変化を検知する方式で，手で操作部を軽く触れると入力信号が発生する。手の静電容量をあらかじめ記憶させ，この容量に達したときに信号が発生するしくみである。

② 光線式スイッチ（図1-37(b)）

操作部の接触面にダイオード光線が設置されており，この光線を指で遮光すると信号が発生する。ボタンを押すのとは異なり，軽く遮光するだけで信号が発生

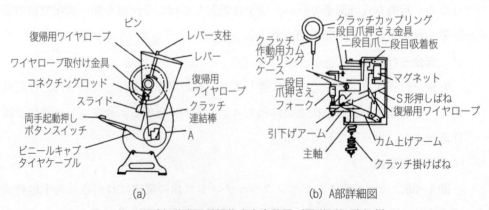

(a)　　　　　　　　　　(b) A部詳細図

図1-35　両手起動式両手操作式安全装置（電磁ばね引き式）

6 安全装置の種類および構造

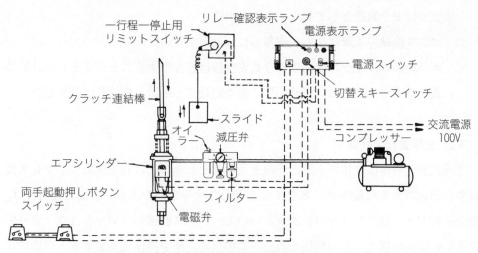

図1-36　両手起動式両手操作式安全装置（エアシリンダー式）

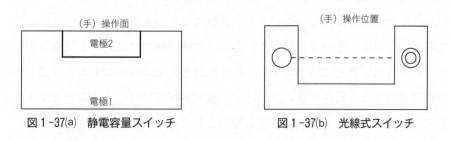

図1-37(a)　静電容量スイッチ　　　　図1-37(b)　光線式スイッチ

するしくみである。

《使用上の留意点》

① 安全距離を確保すること。両手起動式の場合に安全距離の確保が難しい場合は、手引き式などの補完的な対策を考慮することが必要である。

② 両手で同時に操作すること。

③ 押しボタン等の操作部の間隔を内側の距離で300mm以上離すこと。また、押しボタンは、ボタンケースに収納されており、このボタンケースの表面から突出していないものとすること。

　　平成23年の規格改正により、片手で操作できないように当該操作部に覆いを設けたものは、200mm以上離れていればよいことが追加された。

④ 一行程ごとに押しボタン等の操作部から両手を離さなければ起動しないことを確認すること。

⑤ 安全一行程式については、スライドの下降中にボタンを離したときに確実に急停止することを確認すること。

⑥ 両手起動式の場合には、プレスの毎分ストローク数が120spm以上でないと

第1章　プレス機械およびその安全装置または安全囲いの種類，構造および点検

単独では安全装置として使用することが難しい。

⑦　プレス機械の故障による二度落ちには効果がない。

⑧　両手起動式の場合には，手引き式安全装置を併用することが望ましい。手払い式を使用する場合は，当分の間，両手起動式と併用しなければならない。

（4）　光線式安全装置

光線式安全装置は身体の一部が光線を遮断したときに，これを検出してプレス機械の急停止機構を作動させ，スライドを停止させるものである。現在の機構では，安全装置本体にはブレーキの機能がないので，プレス機械のブレーキ性能（急停止性能）が安全装置としての機能を行う。このため，両手操作式安全装置と同様に安全距離の確保が必要である。プレス機械の急停止機能を利用するので，当然のことながら急停止機構を備えていないプレス機械には使用することができない。

光線式安全装置の連続遮光幅は狭いものほど検出精度は高いことになるが，平成23年の規格改正で構造規格では50mm の連続遮光幅を最低限のものと規定された。

連続遮光幅とは，円柱形状の試験片で，検知領域内にどのような角度で入れても最上光軸から最下光軸まで検出できる幅のことである。

光線の受け方による分類では，投光器と受光器が相対して設置される直射式（**図1-38**）と，投受光器が一体になり反対側には鏡を設置する反射式（**図1-39**）に分類される。反射式は，鏡を設置するので配線工事が不必要になり設置が簡単であるが，直射式に比べると有効作動距離が小さくなる。複数光軸遮断型は，2本以上の光軸を遮ったときだけ出力リレーが作動する方式で，材料自体が1本の光軸を遮断してもプレス機械は止まらないのでプレスブレーキなどの作業に向いている（**図1-40**）。

《使用上の留意点》

①　安全距離を確保すること。

②　防護範囲が十分に確保されていること。

③　光軸との距離が長くなって作業者が入る空間ができてしまう場合には，安全囲いまたは補助光軸を設置すること。（**写真1-15**）

④　連続遮光幅や追加距離を確認する。

連続遮光幅が大きいものは，追加距離を設定しなければならない。

追加距離とは，連続遮光幅によって検出機構の検出能力が異なるので，検出能力を加味した必要な安全距離の加算を行うもの。

6 安全装置の種類および構造

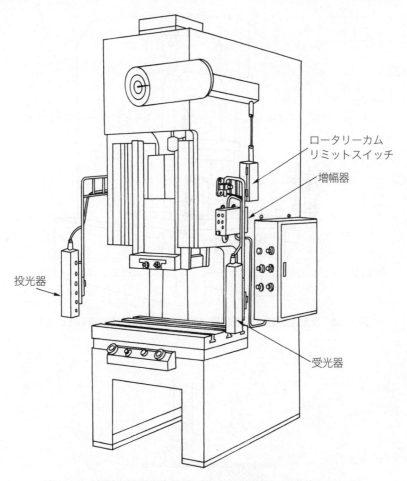

図1-38 直射光線式安全装置（図では安全囲いは省略している）

連続遮光幅(mm)	30以下	30～35	35～45	45～50
追加距離(mm)	0	200以上	300以上	400以上

＊30～35とは，30mmを超え，35mm以下を意味する。
＊平成23年7月1日以降に設置されたもの。

⑤ 投受光器や反射板には直接日光が当たらないようにし，またこれらに局部照明灯を近づけないこと。

⑥ 上昇無効回路の作動状況を確認しておくこと。

⑦ 自動供給装置などで防護部分に支障のあるときは，必要に応じてブランキング機能（特定光軸の一部無効措置）を使用する。

　＊ブランキング（特定光軸の一部無効措置）
　　光線式安全装置の防護領域の中に，コンベアや送り装置などが入っていると

73

第1章　プレス機械およびその安全装置または安全囲いの種類，構造および点検

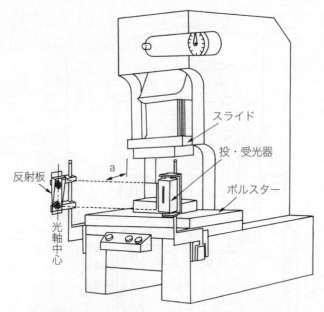

図1-39　反射型光線式安全装置（図では安全囲いは省略している）

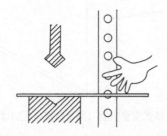

図1-40　複数光軸遮断式安全装置

写真1-15　補助光軸の設置例

遮光状態になってしまい，使用することができない。そこで送り装置で遮光されていない部分を使用できるようにするために光軸の一部分（特定光軸という）を無効化できる機能（ブランキング）が追加された。この機能はいろいろな環境でも光線式安全装置を使用できるようにするために追加されたが，使用に当たっては十分な注意が必要である（なお，コンベア等の両サイドには安全囲いの設置が必要である）。

⑧　切替えスイッチで安全装置の有効状態を確認して作業すること。安全装置無効の切替えは，金型交換等の非定常作業時のみ使用する。

⑨　プレスの故障による二度落ちなどには効果がない。

（5）　制御機能付き光線式安全装置　（PSDI）

制御機能付き光線式安全装置，PSDI とは，Presence Sensing Device Initiation の頭文字を取ったもので，光線式安全装置の「手を検出してプレスを急停止させる機能（ガードオンリー機能）」に追加して，「手が危険限界から排除されたことを検出してプレス機械を起動させる機能（起動機能）を追加したものである（**写真 1 -16**）。平成10年３月に追加規定となり（労働基準局長通達第130号），平成23年の構造規格改正で新たに光線式安全装置の一種として追加された。両手押し操作の疲労が減少し，ボタンを押さないので能率もかなり上昇する。

非常に便利な機構であるが，使用に当たっては防護高さや連続遮光幅などに注意をする。

写真 1 -16　制御機能付き光線式安全装置

《使用上の留意点》

① 防護ガード全体に外見，機能などに異常がないか調べる。
② センサーの取付位置や取付状態がしっかり固定されているか調べる。
③ 遮光棒を使って，連続遮光幅を確認する。
④ 防護高さの範囲が適正かどうか調べる。
⑤ 光軸面と危険限界との安全距離や追加距離に異常がないか調べる。
⑥ 各切替位置に切替えて運転状態を確認する。
⑦ オーバーラン監視装置の設定位置を確認する。
⑧ セットアップタイマーの作動状態を確認する。

(6) プレスブレーキ用レーザー式安全装置

　プレスブレーキ用レーザー式安全装置は，レーザービームが危険限界内に入っている手などをスライドが下降している時に検出し，金型に手をはさまれる手前で急停止させるものである（**写真1-17**）。スライドの急速加工に追加して低閉じ速度機構（毎秒10mm）と低閉じ速度機構を操作する時には，操作部を操作している間のみスライドを起動できる構造をもつプレスブレーキに取り付けることができる。

　下降式の油圧プレスブレーキでは，投光器と受光器はスライド本体に取り付けられ，スライドが下降すると投受光器も連動して下降する。この投受光器は金型の最下部より先に下降するので，危険限界に入った手などをスライドより先に検知して急停止させることができる。低閉じ速度（毎秒10mm）領域に入るとスライドはゆっくり下降するので危険性がなくなり検知機構は無効化（ミューティング）される。この領域ではスライドの起動は操作部を操作している時だけ起動する。3ポジションスイッチなどが使われる。

写真1-17　プレスブレーキ用レーザー式安全装置（多光軸）

《使用上の留意点》

① 急停止距離に異常がないか確認する

② 投光レーザーと受光レーザーの位置が正しいか確認する（水平方向，垂直方向）。

③ 各部の取付状態に異常がないか調べる。

④ ミューティング位置を確認する。

⑤ 高速下降の領域と微速下降の領域を確認する。

⑥ 微速領域の低閉じ速度（毎秒10mm 以下）を確認する。

⑦ ミューティング領域での操作は，操作部を操作している間だけスライドが下降し，操作部から手または足が離れれば急停止することを確認する。3 ポジションスイッチの場合は，操作部を操作中にさらに強く押す（または強く踏み込む）と急停止することを確認する（保持式制御機構）。

（7） 手引き式安全装置

手引き式安全装置は，スライドの下降運動を利用してひもを引くことにより，リストバンドをつけた作業者の手を危険限界から外へ引き戻す装置である。スライドの下降と機械的な連動をするので，スライドの二度落ちや不意落ちなどに対しても有効に作動する。原始的といわれながらも，確実な装置として普及している。プレス機械の側面に取り付けられた側面式（図1-41）のものと，作業者の後方に取り付けられる背面式のものがある（図1-42）。この装置は，ガード式安全装置と同様，クラッチの機構に関係なく使用できる。最近では，大型プレスにも使われることがある。

手引き式は，確実な作動はするものの，その反面調整を確実に行わないと，安全機能を全く発揮することができない。

特に作業者ごとに変化するひもの長さの調整は大変重要なので，これを怠ってはならない。

《使用上の留意点》

① 引き量の調整やひもの調整は，作業内容や作業者が変わるごとに確実に実施すること。

② ひもは下死点ではなく，金型が閉塞する手前で危険限界外に十分に排除されているように調整すること（特に絞り型には注意する）。

③ 両手操作式安全装置を併用することが望ましい。

第1章　プレス機械およびその安全装置または安全囲いの種類，構造および点検

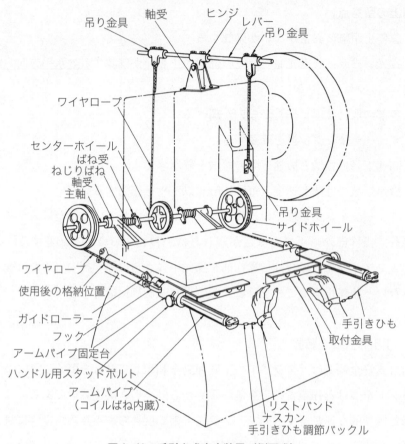

図1-41　手引き式安全装置（側面式）

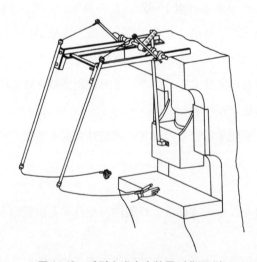

図1-42　手引き式安全装置（背面式）

④ プレス機械自体の二度落ちにも十分な効果を発揮する。
⑤ ひもやリストバンドは伸びが生じるので，適切に調整すること。
　取付けの方法によっては，手引式安全装置各部の機械的なたわみや伸びが出てくることもあるので十分に注意を要する。
⑥ ひもは緩みの生じない結び方をすること。
⑦ ひもは引き量の調整が悪いと，手に余分な動きを強制することになるので注意をすること。上下の金型がかみ合う前に，手が危険限界外に排除されていなければならない。
　ひもは，下死点で調整するのではなく，上下の金型がかみ合う前，上下金型間の距離20mm以上の位置で手が金型の危険限界から十分に離れているように調整する（抜き型，絞り型でも同様）（図1-43）。
⑧ 横に大きな金型を使用するときには，ひもの調整は中心部では行わず，必ず両端の部分で行うこと。中心部で行うと両端に手を持っていくと引ききれない場合がある（図1-44）。

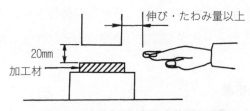

図1-43　手が十分に離れた位置で調整

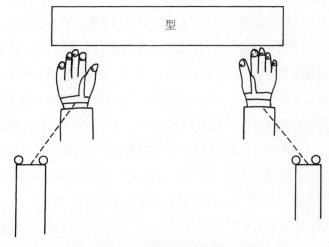

図1-44　ひもの調整は両端の部分で行う

＊手払い式安全装置の使用上の注意

　手払い式安全装置は，従来までポジティブクラッチプレスに単独で使用されていたが，両手操作式安全装置との併用の場合にのみ，継続的な使用が認められた。新たに設置することはできないが，使用上の追加条件として両手操作装置が追加され，かつ以下の仕様が必要である。

　㋐　プレスのストローク長さが40mm 以上かつ防護板の高さ以下

　㋑　プレスの毎分ストローク数が120以下のもの

（8）　安全装置の併用

　各種の安全装置には，設計思想があり，それぞれに長所と短所がある。また，日常点検，定期点検を実施していても突然故障することがないとは言えない。そこで，2つ以上の安全装置を併用することにより，それぞれの短所を補いあうとともに，1つの安全装置が故障しても，もう一方の安全装置で災害を防ぐことが可能になることがある。電気的な安全装置と機械的な安全装置を併用すると特に効果的である。

　・両手操作式安全装置と手引き式安全装置（すべてのプレス機械に適用可能）

　・両手操作式安全装置と光線式安全装置（急停止機構付きプレス）

　・光線式安全装置と手引き式安全装置（急停止機構付きプレス）

　・光線式安全装置とガード式安全装置（急停止機構付きプレス）

（9）　その他の安全措置

　平成23年の労働安全衛生規則の改正により自動プレス（自動的に材料の送給，加工および製品等の排出を行う構造の動力プレス）を使用し，加工する際には，プレス作業者等を危険限界に立ち入らせない等の措置を講じなければならないことになった。安全柵や光線式検出装置などを設置して作業者等（第三者も含む）の危険防止対策をすることが重要である。また，自動化装置本体などの材料挿入部分などに手などはさまれてしまう災害もあり，囲いなどの災害防止対策が必要である。さらに産業ロボットを使用したプレスラインなどでは，停止の判断がつきにくいこと（非常停止・条件待ち停止・急停止・電源停止）があり，止まっているからといっても必ずしも安全とは言えないことがあるので注意が必要である。また，ストローク端による危険防止対策も必要となった。

　移動するテーブルを有するタレットパンチプレスでは，テーブルと建物設備等との間にはさまれる災害が発生しているので，従来まで工作機械だけが適応対象

6　安全装置の種類および構造

写真1-18　自動送給装置の安全柵

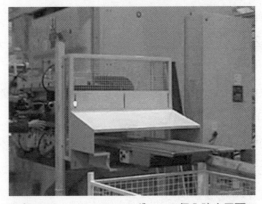

写真1-19　ロールフィーダーへの侵入防止用覆い

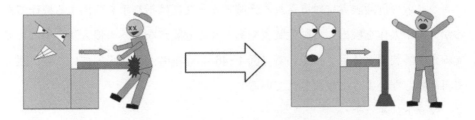

図1-45　ストローク端による危険防止措置

であったストローク端の危険防止措置を一般機械にも適応範囲を拡大した（図1
-45）。これにより，タレットパンチプレスやムービングボルスターなどの移動
テーブル等を保有するプレス機械も危険防止措置が必要となった。

　複数作業者による大型プレスの作業では，両手操作式起動装置が使われること
が多い。このような場合には，必ず操作ステーション（操作する場所）ごとに両
手操作式起動装置や非常停止装置を設置しなくてはならない。プレスの前面と後
面に2人の作業者がいる場合には，かならず操作ステーションは2つ，4人の作

81

業者では4つの操作ステーションが必要である。材料を挿入する作業者と加工品を取り出す作業者の双方に操作ステーションがないと，一方の作業者が危険限界に残っていることを知らずに起動操作をしてしまい，災害に遭遇することがある。また，光線式安全装置を設置する場合にも，作業面のすべて（前面と後面）を防護しなくてはならない。また，超大型プレスでは，ボルスターの内部に作業者が入り込んでしまうことがあるが，このような場合には，ボルスター内部を検知する装置も必要である。

① 安全柵

材料の送給，取出しとも自動化されている場合には，機械と装置間，あるいは装置の周辺の危険範囲に作業者が入り込めないように安全柵等を設けなければならない（**写真1-20**）。安全柵は，プレスの操作回路とインターロックすることがのぞましい。

また，安全柵の設置の際には，柵の高さや危険限界までの距離，開口部の寸法などに留意しなければならない。

なお，作業者が安全柵の中にいる間は，安全柵の扉のプラグスイッチを携帯するなど，再起動されないようにするとともに，扉を閉じただけでは再起動がかからない構造にしておく必要がある。

② 光線式防護装置

スライドの危険限界に設置される光線式安全装置は指や手を検出する機能であるが，腕や人体を検出し自動化装置やあらゆる危険点などへの侵入防止用として光線式防護装置が多用されている（**図1-46**）。作業者が中に入っている時に誤って再起動しないように設置されている。

③ マットスイッチ

光線式安全装置などと同様の使い方であるが，マットスイッチも災害防止に効果を発揮する。危険なエリアに踏み込んだ場合，即時にプレスを停止させたり，マットを踏んでいないと起動スイッチが入らないようにする安全対策が必要となる（**図1-47**）。

④ レーザースキャナー

危険領域内に作業者が入っていないかをレーザー光線などを使って検知するもので，大型のプレスなど，広い危険領域を検知するのに効果がある。ムービングボルスターなどの安全対策にも効果を発揮する（**写真1-21**）。

6 安全装置の種類および構造

写真1-20 安全柵

図1-46 危険領域への侵入防止検出

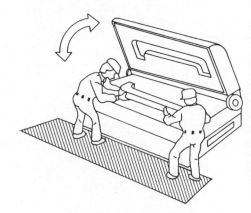

図1-47 マットスイッチ

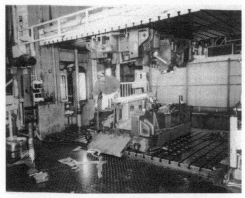

写真1-21 ボルスター内部に設置された
レーザースキャナー
（ボルスター外部に光線式安全装置設置）

第2章
プ レ ス 作 業

■本章のポイント■
安全なプレス作業のための注意事項とプレス機械等の異常時の処置を学びます。

1 プレス作業の災害防止の基本的な考え方

　プレス作業において発生した労働災害を分析してみると，①金型の間にはさまれた，②破損した金型や加工品が飛来した，③金型などの重量物が落下した，④ムービングボルスターなどのスライド以外の可動部ではさまれたり巻き込まれたりした，などが多い。

　これらの災害は，いずれも大きなエネルギーをもった機械やその部品などが作業者と接触して発生していることがわかる。例えば，①の災害の防止対策は，「金型の間には手が入らないようにする」かまたは「プレスが止まるまでは手を入れることができないようにする」かのどちらかの対策を技術的に講じることとなる。

　過去においては，一部の事業場では，ややもすると，「気をつけるよう注意すること」が安全対策とされ，ふとしたはずみで指や手を負傷し，それは労働者のミスとされた。

　新製品は試行錯誤の中から生み出され，人間は試行錯誤により成長する。プレス作業は危険なのだから，多少の災害はしかたがないと考えるのではなく，危険だからこそ試行錯誤によるミスをしても安全だけは確実に保証する措置を講じることが，職場の安全を担う者の使命と考えなければならない。

　さて，各作業現場の安全対策は，

　①　その現場でプレスがどのように用いられているか，どのような災害が発生しているかを把握する。

第2章　プレス作業

② ①にもとづき，どのような作業や，プレスのどのような箇所が危険なのかを特定する。この際，予見可能な誤使用も考慮する。

③ 特定された危険源や危険状態のリスク（災害の大きさや頻度等）を見積もる。

④ ③の情報により，どの箇所にどういった安全対策を講じるか次の①〜③の順に検討する。

① まず，フライホイール等の危険部分には覆いをするなど本質的な安全対策を行うこと。

② 次いで，安全装置を設けるなど安全防護および追加の安全対策を講じること。

③ ①，②によってもどうしても対処できなかった危険性については，これを明示するとともにこれによる災害を防止するため作業員に安全教育をし，危険な作業が行われないようにすること。

（詳しくは，「労働安全衛生マネジメントシステムに関する指針」（平成18年3月10日厚生労働省告示第113号）および「機械の包括的な安全基準に関する指針」について（平成19年7月31日基発第0731001号）参照。）

なお，安全装置は，作業性が悪くなる等の理由から安易に外されることがあるが，作業性を良くするための知恵はみんなで考えれば出てくるものであり，かえって効率が上がることさえある。一方，安易に外された安全装置は災害が発生するまで戻されることはなく，被災者と家族を悲しませることになる。

2　安全作業の一般的な注意事項

（1）　作業態度と心がまえ

① 健康に注意をし，十分な睡眠と適度の休養をとること。身体の調子が悪かったり睡眠不足のまま作業を続けていると，思わぬ事故を起こしがちである。本当に疲れていると感じたときは，無理をせずにプレス機械作業主任者または責任者に申し出て指示を受けるようにする。

② 定められた作業手順（作業標準）以外の方法で作業をしないこと。現在定められている手順ではどうしても作業がやりにくく，新たな方法で行いたいときは，プレス機械作業主任者に申し出て，その承認を受けることが必要である。

③ 慣れによるケガに気をつけること。慣れたからといって機械を甘くみてはならない。軽はずみや強引な動作はケガのもとで，常に「初心」を忘れないよう

にする。

④　職場内を走ったり作業中みだりに他の作業者に話しかけたりしないこと。話しかけられて振り向いて手先から目を離した途端に，機械が作動して事故を起こした例が少なくない。

⑤　作業中は手もと足もとに気をつけること。床面にこぼれた油は直ちにふき取っておかないと，滑って転倒するおそれがある。機械の周辺は常に整とんして乱雑にならないようにする。

⑥　工具箱のような不安定で移動しやすいものを台にして作業しないこと。高所に上がる場合には機械の一部に足をかけたりせず，踏台やはしごを使用することが大切である。

⑦　工具類は大切に扱い，ハンマーの柄の抜けかかったもの，ドライバーの先が丸くなったもの，スパナーやボックスで口が広がって大きくなったものなどは，直ちにプレス機械作業主任者に申し出て，新しいものと交換してもらう。

⑧　工具類は機械の上，特に運動する部分のそばに絶対に置かないこと。何かの拍子に落下して足を傷つけたりするだけでなく，機械の内部に落ちると大きな事故につながるおそれがある。

⑨　材料や加工品の搬送や取扱いをていねいにすること。投げ出したり引きおろしたりすると，材料をいためるだけでなく，作業者が手足にケガをするおそれがある。

　材料は機械の振動などにより崩れたり落下することのないような置き方をしなければならない。

（2）　作業服装

①　作業服は身体にぴったりして軽快なものであること。長袖の場合は袖口は締め，上衣のすそはズボンの中に入れ，ポケットはつけないか，つけても数を少なくしてできるだけ小さくしておく方がよい。

②　作業服のほころびや破れは機械にかまれたり引っかかったりする原因になるため，すぐに繕っておくこと。

③　着用を指示された保護帽や保護用具は必ず正しく着用すること。作業の邪魔になったり着用が困難な場合にも勝手にやめたり変更したりしないで，必ずプレス機械作業主任者に申し出てその指示を受けること。

④　刃物やドライバー，ドリルの刃などをポケットに入れて作業をしないこと。

第2章　プレス作業

これらがポケット内にあったために自分が負傷したり他の作業者にケガをさせた例がある。

⑤　作業中はできるだけ皮膚を露出しないこと。暑いからといって半裸になったりランニングシャツで作業してはならない。材料の切れっぱしが飛んできてあたった場合，軽いケガではすまないからである。

⑥　必ず安全靴をはくようにし，素足に下駄，サンダルなどを着用しないこと。下駄などは作業姿勢が不安定になるだけでなく，材料，加工品や工具類が落下してきた場合危険である。

⑦　ネクタイ，首手ぬぐい，えり巻などをしないこと。

　　汗ふきの手ぬぐいを腰にぶらさげたりしない。手ぬぐいは所定の場所にかけておくか，小さくたたんでポケットに入れておくようにする。巻き込まれると命にかかわる事故につながるおそれがある。

⑧　手袋を用いるべき作業と用いてはならない作業がある。プレス機械作業主任者はあらかじめ作業ごとに用いるべき保護具等を定め，これを周知しておくようにする。

（3）　作業姿勢

①　不自然で窮屈な姿勢でないこと。たとえば中腰や著しい前かがみの姿勢で作業してはならない。

②　作業いす（腰かけ）は適当な高さで，かつ安定した丈夫なものを使うこと。

③　作業点（金型の内部）が容易に見通せる姿勢であること。

④　ムダな動作をしないこと。たとえば品物を高く持ち上げて機械の中に送給したり，取り出した品物を低く足もとに置くような作業方法は避けること。

⑤　足踏ペダルで作業する機械では足の位置はペダルより少し離れたところに置き，ペダルにのせっぱなしにしないこと。

⑥　製品箱など重いものを持ち上げるときは，図2-1のように腰をおろした姿勢からその品物の重心を身体にできるだけ近付けて持ち上げると腰痛になりにくい。

（4）　電気

①　スイッチボックスなどは，必ずふたをしておくこと。

　　破損したスイッチボックスは直ちに修理しなければならない。切りくずや材

2 安全作業の一般的な注意事項

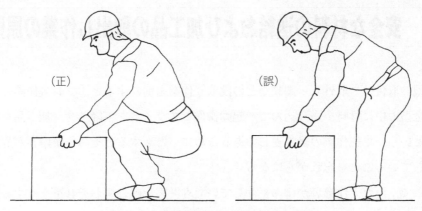

図2-1　製品箱を持ち上げるときの姿勢

図2-2　スイッチボックスに注意

料の接触によってショートし，感電，やけど，火災，プレスの誤作動を起こす危険がある（図2-2）。

② スイッチは，プレス周囲の安全を確認した上で入れるようにすること。不用意にスイッチを入れると，金型や機械を破損したり，大きな災害を起こしたりする。

③ ヒューズは規定の容量のものを用いること。針金などで代用すると火災などの原因になる。

第 2 章　プレス作業

3　安全な材料の送給および加工品の取出し作業の原則

　金型の取付け・取外し・調整などの段取り作業を別にすると，プレス作業の大部分は金型の中に材料を送り込んで，起動操作でスライドを下降させ，加工品を取り出すという，単純作業の繰り返しであるために，ともするとその作業内容が危険に直結していることを忘れがちになる。

　そこで，たとえ作業者がぼんやりしていても災害を起こすおそれをなくする安全措置が必要となる。

　このプレス作業における安全対策を考える場合には，各種の安全措置をノーハンド・イン・ダイとハンド・イン・ダイとに区別してみると理解しやすい。

（1）　ノーハンド・イン・ダイ

　プレス作業における安全対策の基本は「ノーハンド・イン・ダイ」，すなわち，身体の一部が危険限界に入らないような措置を講ずること（労働安全衛生規則第131条第1項本文の規定）である（図2-3）。

　この分類に入るものには，①危険限界に手を入れようとしても手が入らない方式と，②危険限界に手を入れる必要のない方式との2つに大別される。

①　手が入らない方式とは，手を入れようとしても危険限界に手が入らない構造であるという意味で，安全囲い（プレス作業者の指が，安全囲いを通して，またはその外側からも危険限界に届かないもので，すきまは6 mm以下となっているもの）の設置，安全型（上死点における上型と下型とのすきまおよびガイドポストとブシュとのすきまが6 mm以下のものなど，指が金型の間に入らないもの）の使用，これらの性能を機械本体に構造的にもっている専用プレス（特定の用途に限り使用でき，かつ，身体の一部が危険限界に入らない構造の動力プレス）の使用などがある。

②　手を入れる必要がない方式には，自動送給・排出機構をプレス機械自体が備えているいわゆる自動プレス（自動的に材料の送給，加工および製品などの排出を行う構造の動力プレスで，当該プレスが加工等を行う際にはプレス作業者等を危険限界に立ち入らせない等の措置が講じられたもの）や，自動送給・排出装置（産業用ロボットを含む）をプレス機械に後から取り付けた自動プレスが含まれる。ただし，自動送給・排出装置とスライドの作動，電源等とはイン

90

3 安全な材料の送給および加工品の取出し作業の原則

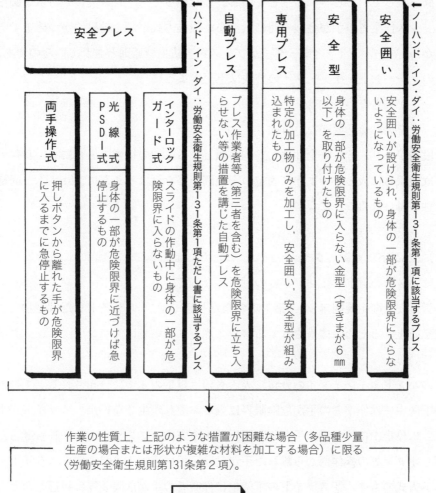

注1）：PSDI式とは制御機能式付き光線式安全装置
 2）：手払い式の安全装置は原則使用禁止となり，当分の間両手操作式との併用の際は使用が可能である。

図2-3 プレス作業に関する安全措置

ターロックされていることが必要であり，なおかつ自動送給・排出装置にも身体の一部が危険限界に入らないような措置を講じなければならない。
　プレス作業における災害の大部分のものは，スライドの下降中に作業者の手が金

第2章　プレス作業

型の間に入っているときに発生している。したがって，プレス災害の防止を図るには，プレス作業者の手が金型の間に入らない作業方式が最も効果的かつ確実であることから，ノーハンド・イン・ダイがプレス災害防止の原則とされているのである。

　このノーハンド・イン・ダイの方式は上記のように，

①　手が入らない方式

②　手を入れる必要がない方式

の2段階があり，その安全性は①，②の順となる。②の措置の場合にも，身体の一部が危険限界に入らないように固定の安全囲い等を設けることにより，①と同様の安全性が得られることになる。

（2）　ハンド・イン・ダイ

　次は，ノーハンド・イン・ダイの対語となっている「ハンド・イン・ダイ」である。労働安全衛生規則第131条第1項のただし書では，「スライドまたは刃物による危険を防止するための機構を有するプレス等」については，ハンド・イン・ダイを認めている。

　このハンド・イン・ダイの分類に入るものは以下の4つに分類される。①スライドの下降中には作業者の手が危険限界に入るおそれが生じないが，スライドが上昇中または停止中に作業者の手が危険限界に入る方式，②スライドを作動させるための押しボタン等の操作部から離れた手が危険限界に達するまでの間にスライドを停止する方式のもの，③スライドの下降中に作業者の手が危険限界に接近したときにスライドの作動を停止するもの，④スライドの下降中に作業者の手が危険限界に達すると強制的に手を危険限界から排出する方式。

　①の方式とは，プレス機械の危険限界をインターロックガードで防護して，手を入れる必要のある部分の可動ガードとプレス機械の制御機構とをインターロックしたものである。これに相当するものとしては，インターロックガード式の安全プレス（スライドの作動中に身体の一部が危険限界に入るおそれが生じないもの。規格第36条第1項第1号）がある。

　②の方式とは，プレス機械がいわゆる安全一行程機構を有しており，両手押しボタン等の操作部による方法で危険限界から両手を隔離（リモート）する方式のものなどがこの分類に入る。これに相当するものとしては，両手操作式の安全プレス（スライドを作動させるための押しボタン等の操作部から離れた手が危険限界に達するまでの間にスライドの作動を停止できるもの。規格第36条第1項第2号）がある。

92

③の方式とは，感応領域に手が入ると検出機構が検知してスライドの作動を急停止させる方式のものであり，プレス機械自体が急停止機構を有するものでなければならない。これに相当するものとしては，光線式の安全プレス（スライドの作動中に身体の一部が危険限界に接近したときにスライドの作動を停止するもの。規格第36条第1項第3号）・PSDI式の安全プレス（身体の一部による光線の遮断の検出がなくなったときに，スライドを作動させる機能を有するもの。規格第45条）がある。

以上の①〜③のものは，いずれも型式検定の対象となる動力プレスで，「安全プレス」としてメーカーによる製造段階で安全機構が組み込まれているものである。

プレス作業を行う場合には，以上のようにノーハンド・イン・ダイや安全プレスのような本質的に安全化されたプレス機械を使用することが原則であるが，労働安全衛生規則第131条第2項では，作業の性質上これらの措置が困難な場合に限り，後から安全装置を取り付けることも認めている。

このような①〜③の安全機構を既存のプレス機械に後付けする場合は，その安全機構に相当するものは，いわゆる安全装置として労働安全衛生規則第131条第2項の適用を受けるもので，次善の策として位置づけられている。また，平成23年の構造規格の改正でプレスブレーキ用レーザー式安全装置も次善の策として位置づけされた（労働安全衛生規則第131条第2項第3号）。

このハンド・イン・ダイには，その他に上記の④の方式として，スライドの下降中に作業者の手が危険限界に達すると，強制的に危険限界から排出する方式がある。この方式には，手引き式安全装置があるが，これらは主として機械的な機能によるものであって，作業者の手への装着や調節を適正にすることが必要となる。

材料の送給と取出し方法をどうするかは，一般にはその工場の作業手順に定められているので，作業者はまずそれをよく読んでおくことが必要であり，もしその作業方法が，これまで説明した原則に反して危険を伴うものであるならば，プレス機械作業主任者に申し出て作業方法や安全措置を再検討してもらい，安全であることを確信するまで作業を始めてはならない。

作業手順が決まっていないプレス作業においては，プレス機械作業主任者とよく打合わせを行い，これまでに説明した原則に従って十分に安全であると確信できる作業方法を決定した後に作業を開始する。

第2章　プレス作業

4　実際の送給と取出し作業における注意事項

（1）作業前の注意事項

㋐　金型内およびその周辺の点検

プレスのベッドやボルスター上または金型内には，試し打ちの材料，スクラップ，取付け調整に使った工具類など，どんなものも残っていてはならない。

㋑　機械装置の再点検

①　金型交換・調整作業の間に機械装置類の調整点検は一応終わっているが，実際に連続的に運転する前にもう一度寸動または手回しで，プレス，送給装置，取出し装置，安全装置などの機能に異常がないかどうかをよく点検すること。特に安全装置が正しく働いていることを確認しておかなければならない。

②　金型またはプレスに安全囲いを取り付けてあるときは，囲いが完全で送給と取出し用の窓（すきま，穴）の大きさが適正であることをゲージまたはp.64の図1-31により確かめること。

㋒　作業配置の点検および調整

①　プレス機械に対する作業台，材料台，製品パレットおよび作業者に関連する配置を点検し，無理な作業姿勢や不自然な作業動作で身体に負荷がかからないような配置になっていること。

②　シュート類が製品形状，金型構造，作業台高さ等からシューターの傾斜・落差が確保でき，引っ掛かりなくスムーズに移動・排出ができていること。

③　作業台の高さが作業者の腰の高さで，作業する手の移動高さが腰から肩までの範囲になっていること。かつその作業に適合していること。

④　2人以上の共同作業でプレスの運転操作をするときは，責任者を決め，運転開始の一定の合図を行って作業に従事させること。

⑤　2人以上の共同作業でプレスを起動時，必ず共同作業者が作業定位置（お互いに見通せる作業位置）に戻ったことを確認し，安全確認の上プレスの起動操作をすること。

㋓　作業場周辺の整理整頓

①　工具・金型は，いつでも取り出せるように整列保管すること。不良工具・金型は廃棄または修理して良品保管する。当面使う必要のない工具は，作業

94

領域から出し倉庫保管すること。

② 材料，製品は，荷崩れを起こさないよう保管すること。

③ スクラップの捨て場所を決めて材料別にスクラップ収納箱を置き，スクラップの散乱がないようにすること。

④ 工場床面は，通路と作業区域を明確に分け，通路にものを置かないこと。床面に油がこぼれていないこと。

㈡ 保護具の点検

① プレス作業を行う場合は，作業帽・作業服および安全靴を着用すること。

② クレーン走行工場・大型プレス工場では，保護帽（飛来防止用ヘルメット）を着用のこと。

③ スケール（酸化皮膜）の多い一般鋼材（黒皮材）などの材料を取り扱う場合は，保護メガネ（防じんメガネ）および革手袋を着用のこと。

④ 自動プレスその他騒音の高い（90dB 以上）プレス作業場では，耳栓・耳覆いを着用のこと。

⑤ 加工材料のばり・かえりによる手の切創防止には，手袋（革手・アラミド繊維製）を着用すること。

㈫ 手工具類の点検

① 定められた手工具類が準備されていることを確かめること。

② 手工具類は本来の正しい機能を発揮できる状態になっているかどうかをよく点検すること。必要な機能を発揮できないものは必ず正規のものと交換するか，正しい機能に手直しをして，使用しなければならない。

（2） 作業中の注意事項

㈠ プレス作業

① プレス作業は，必ず定められた正しい作業方法（作業手順）に基づいて行い，どんな場合でもそれ以外の方法で作業をしないこと。もし作業中に手順どおりの方法では作業がしにくく，別の方法がよいと判断しても勝手に変更せずに，必ずプレス機械作業主任者に報告してその指示によらなければならない。それは新しい方法を採用する場合には作業手順を改める必要があるからである。

② 作業に対する慣れ・思い込み・軽はずみな行動はケガのもとである。安全確認の動作を指差呼称で行うこと。

第2章　プレス作業

③　連続打抜き作業をする場合以外は必ず一行程一停止機構（ノンリピート装置）を使用し，しかも１回ごとに必ず足踏ペダルから足を外すようにすること。

④　プレス加工作業中に送り込まれた材料や加工品の位置をとっさに修正してはならない。トラブル発生時は，まず非常停止ボタンを押して，キーロック等で機械を停止の上，処置すること。

⑤　作業中に金型に製品が食い付いた場合や，抜きカス・ゴミを見つけた場合は，まず非常停止ボタンを押して，キーロック等で機械を停止の上，エアーガンによる噴射か手工具を用いて処置すること。

㈡　安全囲い，安全装置の確実な使用

①　安全囲いは，みだりに取り外したり勝手に手直ししないこと。もし安全囲いが変形したり破損したりして，材料の送給や製品の取出しが困難になったときはプレス機械作業主任者に報告してその指示を受けること。取付けに用いるボルトは，一般のスパナ等では外せない形状の頭のものを用いること。

②　安全装置が確実に作動しなくなったり故障した場合には，作業を中止して直ちにプレス機械作業主任者に報告すること。

③　勝手に安全装置を調整したり，修理したり，取り外したりしないこと。

㈢　手工具の使用

①　作業手順（作業標準）に手工具の使用を定めている場合には必ず実行し，作業上不便で能率が低下しても勝手に使用を中止しないこと。

②　材料の送給および製品の取出しにおいて金型の中に手が入る場合には，安全装置などのほかにできるだけ手工具を併用することを作業手順（作業標準）に定めておくこと。安全プレスの場合も同じようにすること。

③　材料および金型に潤滑油を塗る必要がある場合には，必ず金型の危険限界の外から作業ができるような手工具，たとえば長い柄のついたブラシなどを使用すること。

④　製品やスクラップが金型にくい込んだり，くっついたりした場合には，必ずそのために用意した手工具，たとえば柄の長いやっとこなどを使って取り除くこと。手もとに適当な手工具が見あたらないときは，まずプレスの非常停止ボタンを押し，モータースイッチを切ってフライホイールの停止を確かめたあとに，手を入れて取り除くようにする。

⑤　ピンセット類は作業中にしだいに指先が前に出て危険限界に近づくおそれがあるので，必ず指止めをつけたものを使用すること。手工具は一般に指先

4 実際の送給と取出し作業における注意事項

が金型の危険限界から10cm以上離れて作業ができるようにしておくこと。

(エ) 金型の監視

① 材料や加工品を送り込む前に必ず金型の中にスクラップ等の異物がないことを確認する。製品の取り出しおよびスクラップの排出をセンサーにより監視し，取り出しミス・排出ミスがあればプレスを急停止すること。

② ばねや金型部品等が緩んだり破損して脱落するおそれがないか，加工中の金型の作動音に注意すること。

③ ガイドポストや金型部品等がかじったり焼き付いたりしていないか，摺動面の油や発熱状態を確認すること。

④ 作業中は，工具・測定器・材料・手工具をボルスターの上に置かないこと。

(オ) 共同作業

① 共同作業を行うには，作業者全員が同時にボタンを押すことによって，プレスの一行程一停止機構を作動させて行うことが必要で，必ず安全一行程方式によること。プレス機械作業主任者は，操作ステーションの切替えキースイッチのキーを保管すること。

② やむを得ず1人の操作で共同作業を行う場合は，共同作業者の手などがスライドの閉じ行程作動中に危険限界に入らないように光線式安全装置を設置し，検出機構の光軸とボルスターの前端との間の範囲に身体の一部が入り込むすきまにある場合には，安全囲い等を設ける安全措置を講じること。

③ 2人で大きな加工品を金型内に送給する場合には，品物の重心の位置をよく考えて各自の持つ手の位置を決めておき，お互いに呼吸を合わせて動作すること（図2-4）。大きなパネルを2人でひっくり返して下型の中に入れよ

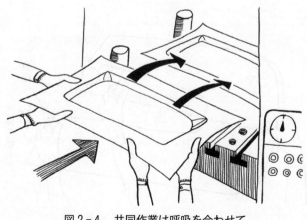

図2-4　共同作業は呼吸を合わせて

第2章　プレス作業

うとしたとき，2人の呼吸が合わなかったためにパネルを金型にぶつけて，金型とパネルの間に手をはさんで負傷した例がある。

④　共同作業で金型の中から製品やスクラップの取出しを行う場合にも，送給時と同じ注意を払うことが必要である。

(カ)　材料および製品の取扱い

①　製品はみだりに立てかけたり不安定な置き方をしたりしないこと。

②　材料や製品は必要以上に高く積み重ねないこと。

③　コンベヤーを使用する場合は製品がコンベヤーから外れて落下しないように不安定な置き方をしないこと。

④　大きい製品を持ち上げるときは製品の重心の位置をよく考え，重心の位置を低く保つように取り扱うこと（**図2-5**）。大きいパネルを1人で持ち上げたとき，その重心が高すぎたためにパネルが回転して指を負傷した例がある。パネルを支える手の位置より重心が高すぎるとパネルが回転しようとし，そのために体の姿勢がくずれて思わぬ災害を招くもとになる。

⑤　材料や製品の縁にさわると指などにケガをすることがあるから，手で持つ場合には縁の部分を避けるようにすること。縁の部分にさわるおそれがあるときは手袋を着用しなければならない。パネルを持って運搬する際に機械に当てたために，手が滑ってパネルの縁で革手とゴム手の両方を切り，指を負傷した例がある（**図2-6**）。アラミド繊維製などの切創防止用手袋および手っ甲の着用が必要である。

⑥　プレスブレーキ作業では，曲げパンチと材料の間で指をはさむ災害が多いため，プレスブレーキ用の安全対策が必要となった（労働安全衛生規則第131条第2項第3号）。

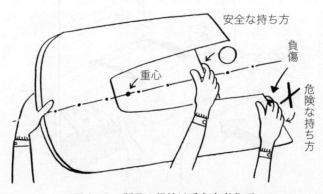

図2-5　製品の保持は重心を考えて

4 実際の送給と取出し作業における注意事項

手袋
(革手，ゴム手)

図2-6 持った製品はやたらに当てないように

スクラップシュート
負傷

図2-7 スクラップは生きている

(キ) 作業場周辺の整理

① こぼれて落下したスクラップは直ちにその場で除去しなければならない。作業中にこぼれたスクラップを足もとのスクラップシュートに入れようとしたとき，手もとが狂ってスクラップが床面に当たり，はね返ってズボンの上から足に突きささった例や，スクラップを金型から取り除くときに下に落として安全靴に突きささったり，落としたままにしておいたスクラップを踏みつけて足に突きささった例が多い（図2-7）。

② スクラップ収納箱は，8分目程度で払い出すこと。スクラップが大量に出る場合は，自動スクラップコンベヤーで集中処理をすることが望ましい。

③ 過度な給油はしないこと。あふれて床に流れた油はただちにふき取ること。

第2章　プレス作業

(ク)　作業中断時の措置

① プレス作業中に機械のそばを離れる場合は，必ず・行程選択『切』・非常停止ボタンを押し・モータースイッチ『切』・キーロック『切』の初期状態でプレスを停止しておくこと。

② 停止中のポジティブクラッチプレスのペダルを踏んではならない。

③ 加工中に上司や同僚などと話をする必要ができたときには，必ずそのプレス作業を中止すること。その場合すべての操作部分および可動部分から一歩後退した位置で行わなければならない。

5　プレス機械または送給・取出し装置の異常処置

（1）　オーバーラン・電気回路異常・油空圧異常

プレスのオーバーラン監視装置が作動したり，電気回路や油・空圧回路の異常を示す表示ランプなどが点滅した場合には，直ちにそのままの状態で作業を中止しプレス機械作業主任者に報告してその指示を受けること。

（2）　二度落ち等の誤作動

スライドの上死点停止での停止位置のバラツキ，行き過ぎのオーバーランが発生したり，スライドが上死点の定位置で止まらず下死点まで落ちてくる二度落ち等の誤作動が起こった場合には，作業を中止し，プレス機械作業主任者に報告して指示を受けること。

（3）　スティック

スライドが下死点で品物の加工中に動かなくなった（スティックと呼ぶ事故）場合には，スライドを勝手に無理に上昇させようとせず，直ちに非常停止ボタンを押し，モーターのスイッチを切ってプレス機械作業主任者に報告してその指示を受けること。

（4）　ミスフィード・排出ミス

自動プレスがミスフィードなどで急停止したり，かす上がりなどの異常が発生したときは，思わずチョコッと手を出して災害となる例が多い。必ず非常停止ボタン

を押し，モータースイッチを切りフライホイールの停止を確かめてから手工具を使用して処理すること。

（5）　残圧

送給・取出し装置のエアシリンダーは，プレスが急停止しても残圧による飛出し，または自重による落下など危険なことがあるので，作業者は手を触れて処置しようとしてはならない。必ずプレス機械作業主任者に報告して指示を受けること。

（6）　異常処置後の再起動

異常処置が終わって，プレスを再起動するときは，金型の中に材料，製品，スクラップおよび工具類が残っていないか，共同作業者がプレスの危険限界，ロボットの可動範囲などの危険な箇所に入っていたり接近したりしていないかを指差呼称，合図などで確認すること。

6　安全囲いまたは安全装置の異常およびその処理

（1）　安全囲いの異常およびその処理

安全囲いは，打抜き作業などの際には常に強い振動を受け，また型交換時には，誤って工具，型，付属部品等を打ち当てられることがあり，次のいろいろな異常が安全囲いに発生し，安全囲いの機能が損なわれるので，それぞれの処理を直ちに行う必要がある。作業者は作業中に異常を発見したときは直ちにプレス作業主任者に報告しなければならない。

①　開口部の拡大があるときは，許容寸法に調整するか，または修理を行う。

②　丸棒材の曲がりまたは折損によるすきまの拡大があるときは，曲がりを矯正または交換する。

③　金網の破損による金網の拡大またはたるみがあるときは，交換または取付けをし直す。

④　穴あき板等の曲がりがあるときは，矯正する。

⑤　透明プラスチック板に割れまたは汚れがあるときは，交換または清掃する。

⑥　支持部材の曲がりまたは破損があるときは，矯正または交換する。

⑦　溶接部の割れがあるときは，修理または交換する。

第2章　プレス作業

⑧　リベット，締付け金具等に緩みまたは破損があるときは，修理または交換する。

⑨　ボルト，ナット等に脱落または緩みがあるときは，再取付けまたはスパナ等で確実に締め付ける。

⑩　電気的インターロック機構は，故障するとプレス機械が動かなくなる構造でなければならないが，作動が確実に働かないかまたは作動しないときは，リミットスイッチの交換などの修理を行う。

⑪　機械的インターロック機構の作動が確実に働かないかまたは作動しないときは，摩耗，破損，へたり等がある部分の修理または交換を行う。

⑫　その他の部品に摩耗，破損または脱落があるときは，修理，交換または再取付けを行う。

（2）　安全装置の異常およびその処理

安全装置の異常を感じたときは，すみやかに，プレス機械を停止させて，プレス機械作業主任者に報告して，指示を受けなければならない。

もう2～3個であるからとか，もうちょっとの時間だけだから，といった安易な考えで，安全装置の機能が十分でないまま作業してはならない。

また，2種類の安全装置を併用している場合，一方に異常があっても他の1つの安全装置によって仕事を続行しているのを見かけるが，必要によって2種類の安全装置を併用している場合が多いので，安全装置の異常を発見した場合は，直ちに，プレス機械を停止させなければならない。また，安全装置は異常が生じるとプレス機械が動かなくなる構造で，かつ，容易に取り外せないものとすること。

安全装置はその使用条件，使用期間，使用頻度，作業環境等により，種々の異常が発生することがあるが，一般的な異常とその処理についての具体例を次に示す。

㋐　インターロックガード式安全装置

1）　ガードとクラッチの連動

①　ガードが閉じないうちにクラッチが作動するときは，ガード閉鎖確認用リミットスイッチを点検し，交換などする。

②　スライドの下降中にガードが開くときは，ガード閉鎖保持機構を点検，調整する。

2）　ガード部の破損，摩耗

①　ガードに破損があるときは，交換する。

6　安全囲いまたは安全装置の異常およびその処理

②　リミットスイッチ類の破損があるときは，交換する（押しボタン等の操作部の関係については両手操作式安全装置を参照）。

(イ)　**両手起動式安全装置（電磁ばね引き式）**（p.70　第1章図1-35参照）

1)　操作スイッチを押してもクラッチが入らない場合

①　マグネットの断線のときは交換する。

②　フォーク，ボルトおよび連結棒の曲がりがあるときは，修正または交換する。

③　ばねのへたりおよび破損があるときは，交換する。

④　掛け合い金具およびカムなどに摩耗または損傷があるときは，補修または交換する。

2)　スライドが一行程で停止しない場合

①　ワイヤロープの伸びおよび損傷があるときは，交換する。

②　レバーの曲がり，レバーおよびワイヤロープの固定ボルトの緩みがあるときは，調整または交換する。

③　掛け合い金具（カム，カム上げアーム，ベアリングケース，S型の爪）の摩耗があるときは，いずれか1点の不良でも4点とも全て交換する。

(ウ)　**両手起動式安全装置（エアシリンダー式）**（p.71　第1章図1-36参照）

1)　電源表示ランプが消灯している場合

①　電源スイッチ不良のときは，交換する。

②　電源配線と端子の接続が不完全のときは，接続し直す。

③　ヒューズが切れているときは，ヒューズ切れの原因を調べた後で交換する。

④　電源コードの断線のときは，接続する。

2)　リレー確認表示ランプが点灯しない場合

①　操作スイッチの接点不良のときは，交換する。

②　操作スイッチのプラグ部の断線のときは，接続する。

③　プラグとコネクタの接触不良のときは，交換する。

④　リレーが完全にソケットに差し込まれていないときは，完全に挿入する。

⑤　リレーのコイルの断線のときは，交換する。

3)　電磁弁に通電し放しの場合

①　一行程一停止用リミットスイッチが作動しないときは，交換する。

②　リレーの接点が開離不良のときは，リレーを交換する。

③　プラグの短絡があるときは，短絡を外す。

第2章　プレス作業

④　操作スイッチの短絡があるときは，スイッチを交換する。

4)　電磁弁が作動しない場合

①　電磁弁のスプールに作動不良があるときは，塵，錆等を取り除き油をぬるか，または交換する。

②　電磁弁のばねの切損があるときは，交換する。

5)　電磁弁が作動しても，クラッチが切れない場合で，エアシリンダーと連結棒にせりがあるときは，取付け位置を調整する。

〔参　考〕

エアシリンダーと連結棒を連結している継手金具の結合を解いたときエアシリンダーが戻ればせり，エアシリンダーが戻らなければエアシリンダーの故障である。

6)　エアシリンダーの戻りが遅過ぎる場合

①　潤滑油不足のためピストンに摩擦がかかりすぎるときは，分解し注油する。

②　軽度のセンターのずれ（エアシリンダーと連結棒間）のときは，取付け位置を調整する。

③　絞り弁の絞り過ぎのときは，調整する。

(エ)　光線式安全装置

1)　操作ボタンを押してもプレスが作動せず，かつ，電源表示ランプが消灯している場合

①　電源スイッチ不良のときは，交換する。

②　配線の接続不完全のときは，完全に接続し直す。

③　ヒューズが切れているときは，原因を調べた後で交換する。

④　電源の変圧器が焼けているときは，原因を調べた後で交換する。

2)　遮光表示ランプに不良がある場合

①　投光素子の不良または投光ランプの断線のときは，交換する。

②　投光器および受光器の接続部の接触不良および断線のときは，接続し直すかコネクタおよびプラグについては交換する。

③　光軸がずれているときは，光軸調整を行う。

3)　光線を遮断してもしゃ光表示ランプが作動しない場合

①　リレーのコイル断線のときは，交換する。

②　出力回路の配線不良のときは，配線を調べる。

4)　リレー開離不良表示ランプが点灯している場合

①　リレーの開離不良のときは，交換する。

②　リレーの接触不良のときは，交換する。

5)　スライドが下降中に遮光してもスライドが急停止せず，しかも，受光部の配線を外したとき，遮光表示ランプが点灯する場合

①　プラグおよびコネクタに短絡があるときは，短絡を外す。

②　配線の外れがあるときは，接続し直す。

③　受光素子の不良があるときは，交換する。

6)　受光部の配線を外しても遮光表示ランプが作動しない場合

①　増幅部内の受光系統の配線が外れ短絡しているときは，配線をし直す。

②　増幅回路の故障があるときは，増幅部のプリント基板の交換を行う。

7)　遮光表示ランプが正常な場合で，リレーの開離不良とチェック回路の故障が同時に生じているときは，原因を調べた後に交換する。

(オ)　**制御機能付き光線式安全装置**

1)　防護ガードの状態に異常が発生している場合

①　前面ガード，側面ガード等の防護の状態に問題がないか確認し，正しい位置に修正する。

②　外見上の異常の有無，取付位置と取付状態を調べる。

2)　光線式安全装置のセンサー部に異常がある場合

①　連続遮光幅が仕様と合っているか（30mm 以下であること）。

②　防護高さの範囲を調べ，正しく調整する。

③　光軸面と危険限界の距離（安全距離）が不足している場合には、取付位置を修正する。

3)　コントロールボックスに異常がある場合

①　切り替えスイッチの運転状態を調べる。

②　遮光回数を調べる。

③　再起動操作を調べる。

④　タイマーの機能を調べる。

(カ)　**プレスブレーキ用レーザー式安全装置**

1)　プレスブレーキが起動しない場合

①　レーザーの光軸がずれている。正しく位置調整する。

②　センサーの光軸面が汚れている場合は，清掃する。

③　安全装置のスイッチが ON になっていない。

第2章　プレス作業

④　コントロールボックス内のリレーを交換する。

⑤　取付ブラケットがしっかり固定されているか確認する。

2)　プレスブレーキが所定の位置で停止しない（オーバートラベル）。

①　プレスブレーキの慣性下降値がメーカー所定の範囲内であるか，確認する。

②　低閉じ速度の切替点が正常であるか確認する。

③　高速下降，低閉じ速度のそれぞれの速度に問題がないか確認する。

④　テスト治具を用いて，動作の確認をする。

3)　ミューティングポイントがずれている。

①　所定の位置から無効になることを確認する。

(キ)　**手引き式安全装置**

1)　スライドとの連動に異常がある場合

①　スライドが下降したときに手が危険限界に残っているときは，手引きひもおよび引き量を調整し確実に危険限界から引き戻すようにする。

2)　各部のネジ類の緩みがある場合

①　ワイヤクリップの緩みがあるときは，確実に締め付ける。

②　ワイヤロープ吊り金具取付けボルトの緩みがあるときは，確実に締め付ける。

3)　ワイヤロープ，手引きひも等に異常がある場合

①　ワイヤロープの素線が切れかかっているときは，交換する。

②　手引きひもが損傷しているときは，交換する。

③　ナスカンに損傷，摩耗があるときは，交換する。

④　リストバンドに損傷があるときは，交換する。

(ク)　**手払い式安全装置**

手払い式安全装置を単独で使用している場合は、必ず両手起動式と併用する。

1)　スライドとの連動に異常がある場合

①　スライドが下降したときに手払い棒が完全に手を払っていないときは，危険状態になる前に手を払うよう調整する。

②　手払い棒が通過した後に危険限界に手が入る可能性があるときは，手払い棒が通過した後も手が入らないように，払い棒のタイミングおよび防護板の大きさを金型に合わせる。

2)　各部のネジ類の緩みがある場合

①　ワイヤクリップの緩みがあるときは，確実に締め付ける。

6 安全囲いまたは安全装置の異常およびその処理

② 手払い棒の取付部に緩みがあるときは，確実に締め付ける。

③ 振幅調整ボルトの緩みがあるときは，確実に締め付ける。

3) ワイヤロープの損傷

① 素線が切れかかっているときは，交換する。

第3章

金型の点検，取付け，調整および取外し

■本章のポイント■
金型の取付け・取外し等の方法と異常時の対策を学びます。

1 プレス加工と金型

（1） プレス加工の区分（図3-1）

　プレス加工は，金型という製品の形状に合わせた一組の専用の工具の間に材料を

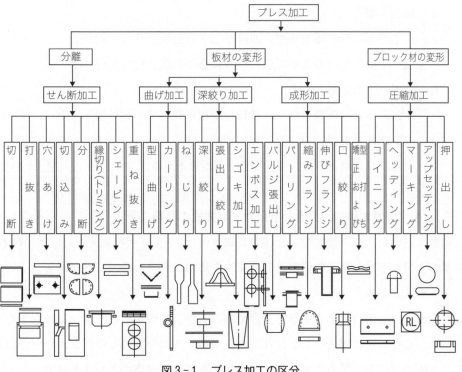

図3-1 プレス加工の区分

第3章　金型の点検，取付け，調整および取外し

入れ，機械（プレス機械）で大きな力を加えて押しつけて加工する。この時，材料は金型（パンチとダイ）の形状とほぼ同じ形状に変わり，これが製品になる。

　プレス加工用の材料の大部分は金属である。金属には大きな力を加えて変形させると元に戻らない塑性（そせい）という性質があり，その性質を利用した加工法である。プレス加工には，せん断加工，曲げ加工，絞り加工，成形加工そして圧縮加工があり，全てそれぞれの金型により加工される。

（2）　プレス金型の種類

　プレス加工で使われる金型は，製品の種類，プレス機械の種類，加工方法，加工行程，大きさ，生産数量を加味して決められる。大きく分けると次の3種類になる。

①　単行程型

　　抜き，曲げ，絞り，成形および圧縮などのうち，1種類の加工だけを行う金型であり，単発型とも呼ばれている。主として少量生産に用いられている。

②　複合型

　　2つ以上の行程を1回の加工で行う金型で，外形と穴を同時に抜く総抜き型，外形抜きと絞りを同時に行う抜き・絞り型などがある。

③　自動化用金型

　a　順送り型

　　抜き加工のみの順送り型，曲げ加工を含む順送り型，絞り加工を含む順送り型，1型の金型のなかで製品作りに必要な加工行程を行う。

　b　ロボット用金型

　　1台あるいは複数のプレス機械に金型を並べての搬送加工金型。

　c　トランスファ型

　　汎用プレス用トランスファ金型，専用のトランスファプレス金型，その他。

（3）　金型の基本構造，刃合わせ用ガイド方式の種類（図3-2）

　金型は上型をプレス機械のスライドに取り付け，下型をボルスターに取り付ける。金型の上型と下型の位置関係を正しく保つための，刃合わせガイドがある。

①　ガイドレス

　　刃合わせ用のガイドがない金型である。プレス機械に取り付けながら刃合わせ，心合わせの作業をしなければならない。その分段取り時間がかかり，段取りのたびに上下型のクリアランスが変わる可能性が高い。刃合わせガイドがな

110

1 プレス加工と金型

名　称	構　造	特　徴
ガイドレス	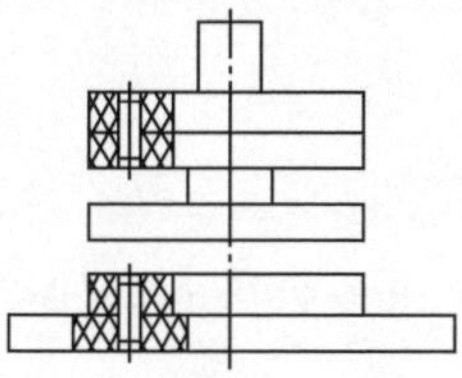	・段取りのたびにクリアランスが変わる可能性が高い
アウターガイド	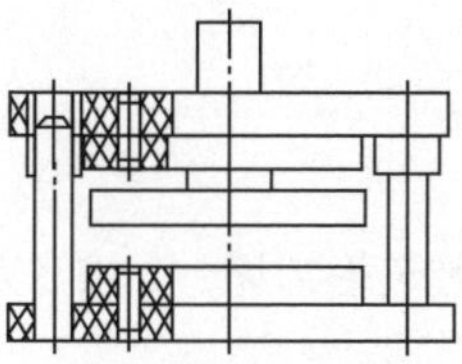	・一般にダイセット型とよばれる ・上型→プレート→ダウエルピン→プレート→下型の関係
インナーアウターガイド併用(1)	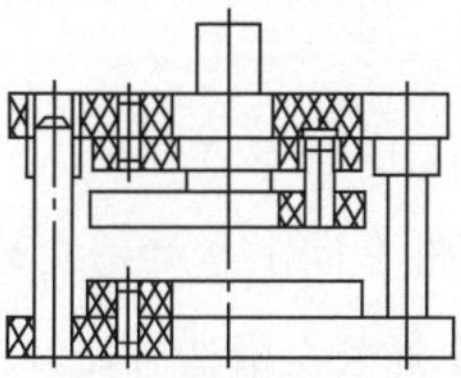	・パンチプレートとストリッパプレートの関係を保つ ・上型組立てが，インナーガイドの利用でできる
インナーアウターガイド併用(2)	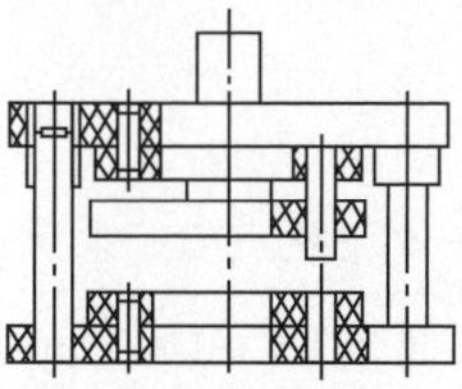	・上型・下型の水平方向のスレ防止効果が大きい ・アウターガイドは，金型の組立て，分解などの時に補助的な役割
インナーガイド	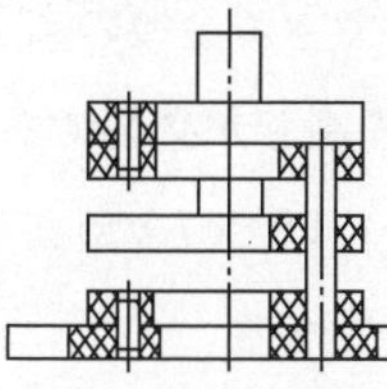	・比較的小さな金型に適している
ロケーションピンガイド	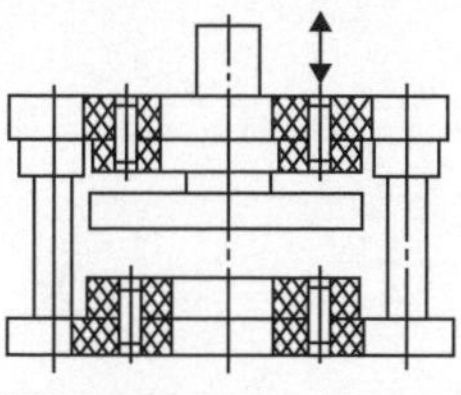	・QDC（クイック・ダイ・チェンジ）方式 ・段取りが容易になる
ロケーションピンインナーガイド併用	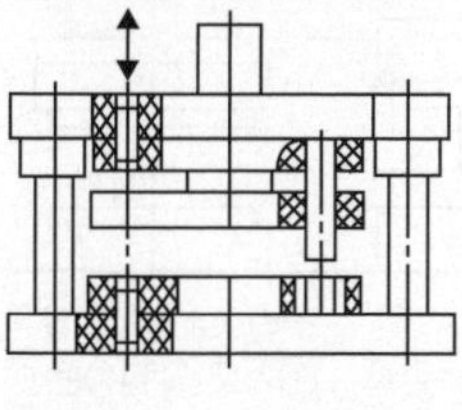	・機能的にはインナーガイドタイプに近い

図3-2　刃合わせ用ガイド方式の種類

いため扱いにくい。刃合わせガイドがあるのが，現在は一般的である。
② 刃合わせガイドあり　アウターガイド，インナーガイド
　a　アウターガイド（ダイセット型）
　　一般的にダイセット型とよばれ，ガイドブッシュとガイドポストによりパンチホルダー（ダイセット→上型）とダイホルダー（ダイセット→下型）の位置決めがされている。ガイドはプレートの外側にあり，パンチ・ダイはダウエルピンで位置決めされている。
　b　インナーガイド
　　パンチプレート・ストリッパプレート・ダイプレートの3枚あるいは2枚でガイドされているもの。
③ ロケーションピンガイド
　外部ユニットとしてロケーションガイド（QDC：クイック・ダイ・チェンジ）を使用する。段取りの短縮ができる。信頼性を向上させるために，パンチプレートからダイプレートにインナーガイドを通した構造も使われる。

（4）ダイハイトと金型高さ，スライド調節量

プレス機械の仕様でダイハイトとは，ストローク下死点で，スライドの調節が上限位置において，スライド下面からボルスター上面までの距離（mm）をいう。このダイハイトより高い金型は取付けできない。取付けできる金型の高さはダイハイト以下で，（ダイハイト）－（スライド調節量）以上の高さが必要である（図3-3）。

金型の高さが（ダイハイト）－（スライド調節量）以下の金型高さが低い場合は金型にスペーサを入れる。スペーサの厚みは，以下となる。

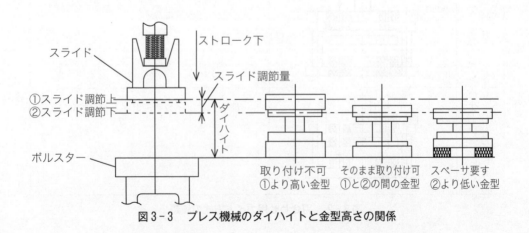

図3-3　プレス機械のダイハイトと金型高さの関係

もっとも薄いスペーサ：(ダイハイト) − (金型高さ) − (スライド調節量)

もっとも厚いスペーサ：(ダイハイト) − (金型高さ)

スライド調節のコネクチングスクリューはできるだけ深くかみ合わせて使用する。必要なスペーサの厚さ分をあらかじめ下型に取り付けて，スペーサを捜すムダをなくし，金型高さをそろえておくことが金型標準化の考え方である。

(5) 金型主要部品の名称と役割

金型のそれぞれの部品は役割と機能をもっている。

① プレス加工するための要素…………………パンチ・ダイ
② プレス機械に取り付けるための要素……シャンク・パンチホルダー・ダイホルダー (スライドとパンチホルダーが直接取付けできればシャンクは不要)
③ 作業上で必要なもの……………………ストップピン・ストリッパー
④ 部品の位置決め，固定に必要なもの…ボルト・ダウエルピン・ダイセット

各部品の名称と役割について説明する (図3-4)。

㋐ シャンク

　比較的小さな金型をプレス機械のスライドに固定するもの。シャンクをスライドのシャンクホール (シャンク穴) に差し込み，シャンク押えで締付けて固定する。通常はスライドとパンチホルダーを直接締付ける方法をとり，その場

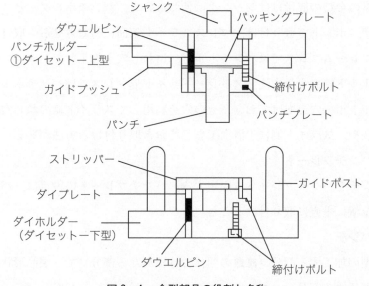

図3-4　金型部品の役割と名称

第3章 金型の点検，取付け，調整および取外し

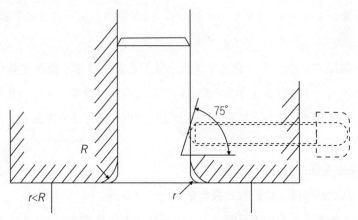

図3-5 スライドのシャンク穴とシャンク押さえボルトでの締付け

合シャンクは不要となる。シャンク取付けは上型をシャンク押さえのネジ1本で固定するので確実性が劣る。シャンクにはパンチホルダーにネジで取り付ける植込シャンクとフランジ付きシャンクがある。ネジ式の植込シャンクは上死点でガイドブッシュ，ガイドポストが外れている時に何かの力がかかると回転により緩み，心ずれの危険性があるので注意が必要である。

　金型の取付けの方法は，スライドのシャンク押さえを外し，金型をボルスター上に移動しシャンクの中心位置を決める。シャンク押さえを入れ，ナット固定し，シャンク押さえボルトで締付ける。

(イ) パンチホルダー（ダイセット上型）

　通常の金型の取付けはシャンクは使わないで，パンチホルダーとスライドとを直接，ボルトで取り付け，プレススライド下面に密着させる。取付け方法はＣ形フレームプレスではパンチホルダーにねじ穴を加工しておき，スライド側からボルト締めする方法，ストレートサイド形プレスではパンチホルダーに固定ボルト用の穴をあけておき，その穴を利用してスライド側のねじ穴に固定する方法や，スライド側にT溝加工をしておき取り付ける方法がある。

(ウ) パンチプレート

　パンチをパンチプレートに固定する。パンチプレートの役目は，パンチを正しい位置に垂直に取り付けること。

(エ) パンチ

　上型の加工する部分（雄雌の関係で雄にあたる部分）で，製品形状，精度に直接関係する部品。

㋔　ダイ

　下型の加工する部分（雌にあたる部分）で，パンチとダイにより製品を加工する。

㋕　ストリッパー

　パンチに密着した被加工材を外す目的がある。パンチのガイドを兼ねる場合もある。

㋖　ダイホルダー（ダイセット下型）

　下型全体をプレス機械のボルスターに固定する役目。

㋗　バッキングプレート

　パンチの加工による衝撃でパンチホルダーの凹みを防ぐために，パンチ頭部とパンチホルダーの間に挿入する板。

㋘　ダウエルピン

　金型の位置決め用のピン。通常，取付けボルトと同径かそれより太い2本のピン。

㋙　取付けボルト

　金型を取り付ける際にプレート・部品などを締め付けるボルト。六角穴付きボルトが一般に使われる。

㋚　ダイセット

　パンチホルダー・ダイホルダー・ガイドポストおよびガイドブッシュを一組としたもので，上型・下型はガイドポスト・ガイドブッシュで位置精度が出ている。プレス型用ダイセット JIS B 5060として，JIS に規格化されており，標準部品の一つとして注文を受けて販売する会社もある。

　現在，日本ではプレス金型用標準部品として，ダイセット・プレート・パンチ・ダイ・スプリングその他いろいろの部品が標準部品として敏速に入手できるようになった。これらの標準部品の活用，標準備品の寸法を参考にするなどにより，金型の標準化が進んでいる。また，スプリング等の補修部品で標準品を利用していると，部品の入手が速いため修理・交換も素早く処置することができる。

2　金型取付けの標準化

（1）金型高さと材料送給面高さの標準化

　金型高さを標準化しておくと，金型交換の時にプレス機械のスライドを上下させる調整をなくすことができる。同じく材料送り線高さ（フィードレベル）も決められた高さに標準化をする。材料送り線高さｈの標準化は，送り装置，自動装置の上下方向の調整をなくすために必要な条件である。調整をなくすことで，作業の効率アップとムダな作業をせずにすむことにより，事故防止となる。

　(ア)　新規製作の金型の型高さの標準化例（図3－6）

　(イ)　既存金型の型高さの標準化例

　　①　専用平行台を取り付ける方法（図3－7）

　　　標準の型高さになるようにする。

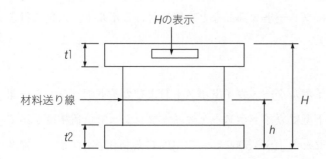

図3－6　金型の型高さの標準化

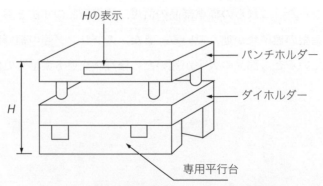

図3－7　専用平行台取付けによる型高さの標準化

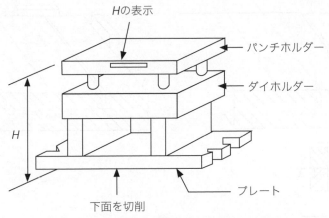

図3-8　プレートの切削による型高さの標準化

専用平行台は移動防止のため，ダイホルダーに締付けしておく。
② プレートを切削して薄くする方法（図3-8）

(2) ボルスター位置決めの標準化

　金型をボルスター上に取り付ける時には正しい位置に位置決めをする。標準化されていない場合，ボルスターの端面からの金型の距離を測りながら，ボルスターと金型が平行になるように，金型の位置を決める作業が必要である。
　ボルスターと金型の位置決めを標準化して，あらかじめ製作済みの位置決めストッパーや位置決めブロックに押し当てると金型とボルスターの中心および方向を合わせられる。位置決めの標準化例を以下に示す。

　㋐　位置決めブロック（図3-9）
　㋑　ストッパー（図3-10）
　㋒　切欠きと位置決めピン（図3-11）
　㋓　VマークとセンターラインV溝（図3-12）
　あらかじめボルスターと金型のセンターに目印のV溝加工をする。

(3) 金型締付け座の標準化

　金型締付け座が金型ごとにまちまちだと，金型締付けボルト，締め金が不揃いとなり，これらの締付け部品を揃える手間も必要となる。また，適切な締付け部品が揃わず，ありあわせの部品を使って危険な締付けをする場合がある。標準化の目的は，金型締付けボルトなどの不揃いによる危険と非能率を解消することである。

第3章 金型の点検，取付け，調整および取外し

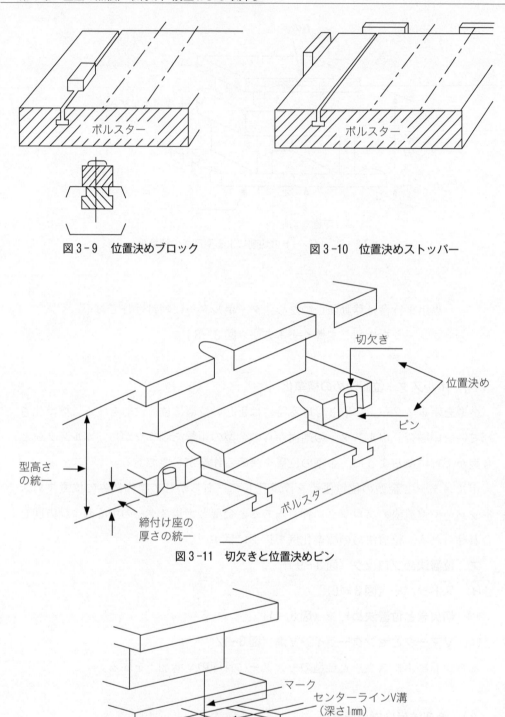

図3-9 位置決めブロック

図3-10 位置決めストッパー

図3-11 切欠きと位置決めピン

図3-12 Vマークとセンターラインv溝

次に金型締付け座の標準化例を以下に示す。

(ア)　鋳物製金型の締付け座の厚さと形状（図3-13）
(イ)　削り出し締付け座の厚さ（図3-14）
(ウ)　溶接締付け座の厚さ（図3-15）
(エ)　平行台付きプレート締付け座の厚さ（図3-16）
(オ)　締め金，締付けボルトでの正しい固定法

締付け座の寸法 t が標準化されることにより，取付けブロック，締付けボルト，締め金での金型の取付けがより安全に固定されることになる。図3-17に締め金，締付けボルトでの正しい固定法を示す。

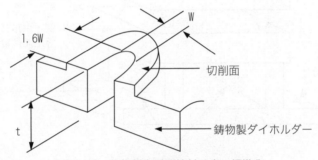

図3-13　鋳物製金型の締付け座の標準化

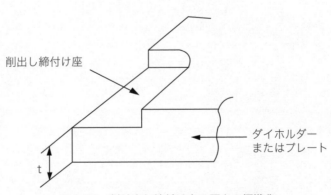

図3-14　削り出し締付け座の厚さの標準化

第3章 金型の点検，取付け，調整および取外し

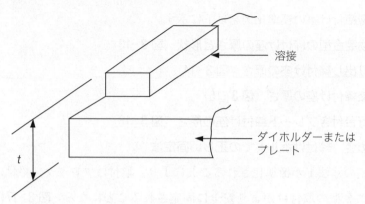

図3-15　溶接締付け座の標準化

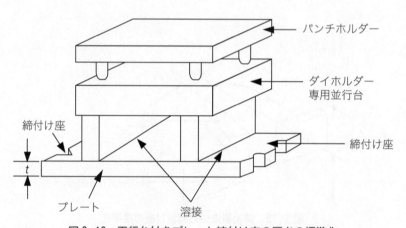

図3-16　平行台付きプレート締付け座の厚さの標準化

2 金型取付けの標準化

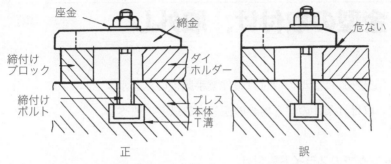

締金が型と接触する部分の面積は十分な広さをもつこと

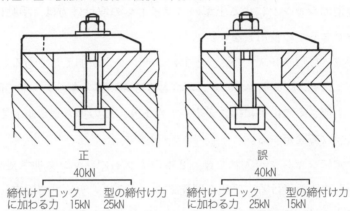

型の締付け力を大きくするため，ボルトの位置はできるだけ型に近づけること

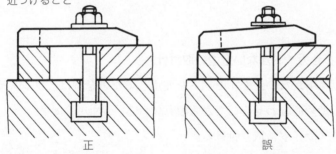

締金が水平になるように，型のホルダーと締付けブロックの高さをそろえること

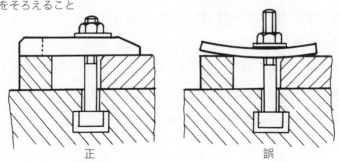

締金は十分な厚さがないと，曲がってしまう
締付けボルトが必要以上に長いと，ひっかかって危ない

図3-17 締め金，締付けボルトでの正しい固定法

第3章 金型の点検，取付け，調整および取外し

---

3 金型の取付け，取外し

表3-1（p.126）に金型の取付けの作業手順書の例を示す。

あわせて，取付け条件の違う場合の注意点を以下に述べる。

（1）シャンクでのスライド取付け

小型の金型でシャンクによる上型のスライドへの取付け方は，手動にて作業し，動力は危険であるため使用しない。

プレス機械（C形プレス）のスライドにシャンク穴が加工してある。ここにシャンク押さえ（シャンククランプ，カマボコとも呼ぶ）が2本のナットで固定される。このシャンク押さえの中央に押さえボルトがあり，この押さえボルトで金型のシャンクを押しつけて固定する。

シャンク穴にシャンクを入れた後，2本のナットでシャンク押さえを固定して，押さえボルトで締め付ける。手順を間違えないように，ナットで固定した後に押さえボルトで締め付ける。そして，スライド下面と金型上面が密着するように締め付ける。

（2）刃合わせガイドがない金型の取付け

刃合わせガイドがない，ダイセットを使用してない金型は，プレス機械に取り付ける時に，金型の心合わせをしながら取り付ける。

① 上型をスライドに取り付ける。

② 上型と下型の型部分を合わせる。

　曲げ型（図3-18），絞り型（図3-19）の場合はクリアランス相当分の材料を型の間に入れる。

③ フライホイールを手回しして，スライドを加工している状態まで下げる。

④ この状態で下型を固定する。

　抜き型の場合は薄紙を使って，切刃の状態を確認する。

（3）ノックアウトバー（かんざし）を使う場合

通常のプレス加工では抜かれたものは下に落ちるが，金型によっては上型に残るものがある。このような総抜き型や上向き絞り型の金型では上型に残った品物を

3 金型の取付け，取外し

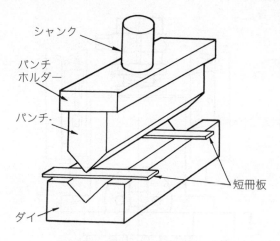

短冊板をダイの上面に平均に
配置して心出しする

図 3-18 曲げ型の心合わせ

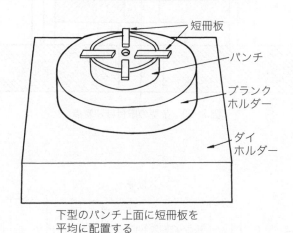

下型のパンチ上面に短冊板を
平均に配置する

図 3-19 絞り型の心合わせ

ノックアウトを使って金型から排出する。ノックアウトの調整は，プレス機械が上死点の時にノックアウト調節ねじを下げて，ノックアウトバーと 2 mm～5 mm 程度のがたを持たせてセットする。排出されたものは，圧縮空気で飛ばされるなどして金型の外へ出す。ここで，調節ねじを下げすぎると，ぶつかって型を壊す。

図 3-21 にノックアウトとプレス機械の上死点，下死点での関係を示す。

このノックアウトバーを使うときは，ノックアウトの調整前にはノックアウト調節ねじを上限まで上げておいて，ノックアウト調節ねじとノックアウトがぶつからないように注意する（つい忘れて，コネクチングスクリューを回して，動力で上死点まで動かして，調節ねじとぶつけて金型を破損することがある）。

第3章 金型の点検，取付け，調整および取外し

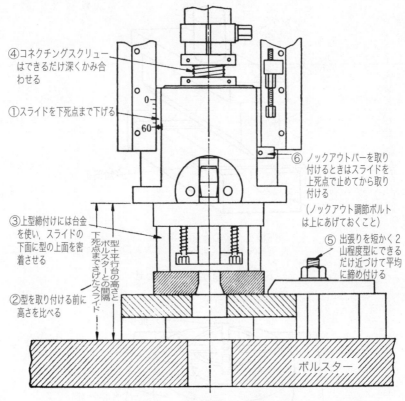

図3-20 金型の取付け注意点

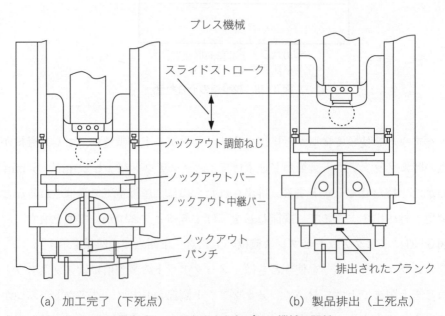

図3-21 ノックアウトとプレス機械の関係

3 金型の取付け，取外し

（4） 金型取外しの手順例

金型の取外しの手順例は

① 寸動でスライドを下死点を少し越えたところまで下げる。

② 上型とスライドの締付けボルトを外す。

③ スライドを上死点にして，電源を OFF にする。

④ 下型を固定しているクランプ類を取り外す。

⑤ プレス機械から金型を取り出す。

⑥ プレス機械の清掃。

⑦ 金型は清掃，点検して保管棚に置く。

第3章　金型の点検，取付け，調整および取外し

表3-1　金型の取付け，取外し例

作業手順書				
職種：プレス加工	作業手順書 No.880808		使用するもの	
	作成部署：生産技術部		プレス（型番），金型，取付け具，工具（具体的な名称）	
作業：金型の取付け	作成者：プレス機械作業主任者○○			
	作成日：□□□□年○○月△△日			

<table>
<tr><td rowspan="4">作業概要</td><td colspan="4">1．作業指示書（標準時間を明記）に従い，金型を所定のフリクションクラッチ付きプレス機械に（○分間で）取付ける。</td></tr>
<tr><td colspan="4">2．ダイセットタイプの金型でシャンクなし，上型はスライドと直接，ボルトで取付け</td></tr>
<tr><td colspan="4">3．ノックアウトバー，クッションピンは使わない</td></tr>
<tr><td colspan="4">★右から（理由⇒急所⇒手順）読むと一つの文章になるようにする。</td></tr>
</table>

	手　順		急　所		急所の理由
1	作業指示書と確認する	1-1)	図番，製品名，工程，QCDなどの内容を	1-1)	指示内容の理解のため
		1-2)	型の高さなどについて金型の仕様を	1-2)	作業中の不具合を防ぐために
		1-3)	ダイハイトなどについてプレス機械の仕様を	1-3)	作業中の不具合を防ぐために
2	プレス機械の始業点検を行う	2-1)	チェックリストを使って	2-1)	安全作業のため
		2-2)	ボルスター面とスライド面の清掃をして	2-2)	傷や汚れを取るために
		2-3)	凸部があれば油と石で除去してから	2-3)	正しい取付けができるように
*	補修の仕方（凸部除去）の手順書があればよい		傷の取り方＝特に油と石の使い方など		
3	金型の点検・準備をする	3-1)	角部のバリや傷などの有無を調べながら（どうやって＝目視，指で触って）	3-1)	安全作業のため
		3-2)	部品の緩みや欠けがないか	3-2)	安全作業のため
		3-3)	部品の摩耗，破損，欠落はないか	3-3)	品質精度維持のため
		3-4)	型の清掃と注油し	3-4)	傷や介在物があると取付け精度に影響するので
4	プレスのスライドを調整する	4-1)	ダイハイトを型高さ以上に調整する	4-1)	下死点で胴突きしないため
		4-2)	上死点の位置に	4-2)	金型がのせやすいので
5	金型をボルスターにのせる	5-1)	型の取付け中は電源は切ってから	5-1)	誤作動を防ぐため
		5-2)	運搬車で運び	5-2)	腰痛防止のため
		5-3)	落下防止のクランプを外してから	5-3)	うっかり忘れると無理に動かそうとして事故になるので
		5-4)	運搬車を固定して	5-4)	作業中に動くと事故につながるので
		5-5)	2人で	5-6)	落下や接触による事故を防ぐために
6	スライドを下げる	6-1)	手回しまたは寸動で	6-1)	上型の途中で止める微調整をするため
		6-2)	上型の上1mm近くまで	6-2)	後で金型を位置決めで動かすため
7	金型の位置を決める	7-1)	ボルスターと金型の平行出しをしながら	7-1)	加圧力中心をスライドに合わせるため
		7-2)	上型を取付けボルトで指で締まるところまで	7-2)	ボルトがせっていないかチェックのため
		7-3)	下型のボルトも同様に	7-3)	同上

8	上型をスライドに締付ける	8-1)	スライドを上型上面に当たるまで下げ	8-1)	締付けをやりやすくするため
		8-2)	指定の工具で	8-2)	部品の破損や事故を防ぐために
		8-3)	左右順番に締付け	8-3)	上型が傾かないように
9	スライドを下死点にする	9-1)	寸動で	9-1)	下死点で止める微調整が可能なので
		9-2)	数回，金型を上下させながら	9-2)	異音，異常がないか確認するため
		9-3)	金型を見ながら	9-3)	上下型のねじれをとり，下型をなじませるために
		9-4)	クランク角度表示計を見ながら	9-4)	確かな作業を行うために
10	下型を本締めする	10-1)	下死点の位置で	10-1)	型が仕事をする位置なので
		10-2)	指定の工具で	10-2)	部品の破損や事故を防ぐために
		10-3)	締付けボルトを左右対角線上を順番に締付けながら	10-3)	傾いたりせったりしないために
11	安全装置，付属装置の取付け	11-1)	決められたところに	11-1)	過去の不具合などを改善した結果なので
		11-2)	動作確認しながら	11-2)	正常に機能しないと不具合が発生するので
12	下死点を調整する	12-1)	下ろしすぎないように	12-1)	金型が破損したり，スライドが動かなくなることがあるので
		12-2)	試し加工の結果をみながら	12-2)	ねらいの製品を作るために
		12-3)	製品を作ってみて（何個ほど）	12-3)	安定状態を確認するために
13	生産を開始する	13-1)	試作品の外観，寸法を検査してから	13-1)	確実な生産を行うために
		13-2)	品質保証課にて検査・承認をもらってから	13-2)	品質の責任部署なので
		13-3)	担当職場長より生産開始の許可をもらってから	13-3)	会社の規則なので

<補足>
自社の設備（プレス機械・金型・取付け方法）に応じて，作業手順書を作成する。
QCDとは，Quality：品質，Cost：コスト，Delivery：納期，を略したもの。

下死点調整と試し加工について
　プレス機械に金型を取り付けた後，試し加工で製品を作る。そのための下死点調整には次の方法がある
　　①下死点調整を行わない金型の型高さを統一し，金型交換してもプレスのダイハイトを変えない。
　　②金型にストロークストッパーを付け，このストッパーの当たりをみて下死点調整をする。
　　③プレス機械のダイハイト計（デジタルでダイハイトを表示するもの）の読みで下死点を決める。
　　　（ダイハイト計が付いている場合）
　　④金型で胴突きするところがあれば，その胴突き具合を見て下死点を決める。
　　⑤ダイヤルゲージの読みでみる
　　　スライド調整は試し加工をしながら，ダイヤルスタンドにつけたダイヤルゲージをスライド下面にあて調整寸法を確認しながら下死点を決める。
　　⑥下死点調整する時は，コネクチングロットのねじのギャップに注意すること。
　　⑦下死点を下ろしすぎて，金型が破損したり，スライドが動かなくなることがあるので注意する。
　　⑧製品検査合格とプレスに対する負荷（当たりすぎてないか等）を判断して，生産開始を決める。

第3章　金型の点検，取付け，調整および取外し

4　プレス作業中における金型の異常とその対策

　プレス作業を開始する時にプレス機械の始業点検をする。その時に合わせて，金型に異常がないか，金型の取付け状態に緩みはないか，金型の可動部分の動きの確認，空打ち，寸動運転での音の異常はないか，加工品の品質は良いか等の確認作業をする。

　当初の金型に異常がなくても，プレス作業を進めていくと，よく整備された金型でも数多く加工しているうちに，金型の摩耗，異常やトラブルが発生する。これらのプレス作業中に発生する金型の異常を挙げると次のようになる。

（1）　シャンクの緩み

　シャンクは，スライドのシャンク穴にある1本のシャンク押さえボルトだけで締め付けている。小さい金型（両手で持てる程度）を除いてシャンクだけで上型をスライドに取り付けることは避けなければならない。この1本のボルトが緩むとシャンクが緩むことになる。スライドにシャンクを固定するシャンク押さえ（カマボコ）の両側のナットと中央の押さえボルトは，絶対に緩まないようによく監視する。

　シャンクが緩むことは上型全体がシャンクを中心に回転することになるから，ガイドポストがいつもガイドブッシュにはまって案内されるようなダイセットを使っている場合以外は，緩みにより上型と下型との中心が狂い，破損発生などのきわめて危険な状態になる。上型とスライドを複数の締付けボルトで取り付けるのが良い。

（2）　金型締付けボルトの緩み

　金型締付けボルトの緩みから，ダイホルダーの下に使用した平行台が動いて，金型破損事故があった。締付けボルトで正しく固定しているか，また，平行台は動いていないか，ダイホルダーに取付けして単独で動かないようにする。

（3）　焼付け

　金型の心ずれ（ミスアラインメント）や油切れが主な原因である。ガイドブッシュとガイドポストの潤滑にも注意する。もともと金型の材質が適当でなかったり，焼入れ硬度が低い場合にも起きる。普通，製品に傷がついたり金型にくっついて取り

128

出せなくなるので比較的早く発見できる。焼き付いた箇所を油と石やペーパーで滑らかに手直しした後，潤滑油を十分に塗って修理する。

（4） カス詰まり（穴詰まり）

ダイの穴（ダイホール）の抜きカスが外に落ちずにダイの中に残るもので，金型の構造や工作精度の不良が主な原因であるが，金型の取付不良や心ずれによっても起きる。抜きカス（スラグ）が詰まってくるとパンチが座屈し，ダイがパンクし，破壊することがある。ダイからスラグの落ちる穴の途中にせまい断面の部分があったり（図3-22），穴が急に曲がっているような構造（図3-23）の金型は危険で，図3-24のように金型取付けの際に誤って穴の出口をボルスター面や平行台（ヨーカン，拍子木）等で，ふさいでしまっていることがある。抜きカスが確実に金型から外に落ちることを目で確かめ防止する。抜き落としたものが製品となる場合も製品が詰まらないようにする。

（5） カス上がり

ダイの穴の抜きカスがパンチについて，ダイの上に上がって，金型表面について，傷つけたり，製品にダコン（打痕）傷をつける。パンチにキッカーピンをつけたり，ダイ内面を荒らして，浮き上がらないように対策する。

（6） パイロットピンの引込み・抜け・変形

パイロットピンはあらかじめ開けられた穴に挿入して，位置決めに使うピンだが，固定式とばねにより上下するものがある。材料の位置がずれたまま加工したり，二枚打ちをしたりするとパイロットピンが引っ込んだままになったり，変形したり，破損してなくなり，パイロットとして役目を果たさなくなることがあり，修理が必要となる。図3-25左のピンは穴に打ち込みであり，抜け落ちるおそれがあり，打ち込みでない固定法で取り付ける。

（7） パンチの抜け・座屈・欠け・折れ

穴を打ち抜くパンチで細いパンチで比較的厚い板に穴を抜くときに，二度打ちや半抜きをすると一発でパンチを曲げたり折ったりする。このほか正常な作業をしていても切刃として穴抜きパンチが欠けたりひどく摩耗して使えなくなることが多い。金型構造からパンチをガイドして剛性をもたせたり，市販品の標準パンチを

第3章　金型の点検，取付け，調整および取外し

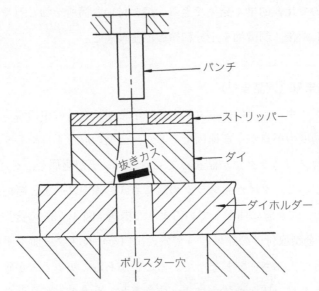

図3-22　抜きカスの落とし穴がせまい

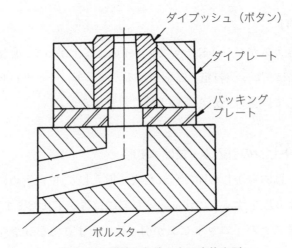

図3-23　構造に欠陥のある穴抜き型

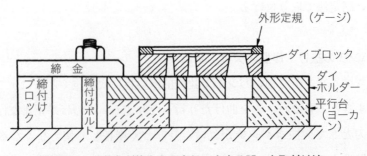

図3-24　平行台が抜きカスをじゃまする誤った取付け法

130

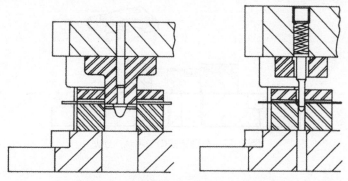

図3-25 パイロットピンの固定ピンとばね式ピン

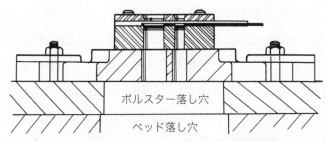

図3-26 金型に対して落し穴が大きく金型が割れる

使って簡単にパンチの交換ができるような構造にしておくと便利である。

(8) ダイの欠け・ひび割れ・つぶれ

ダイが欠けたり割れたりつぶれたりするのは，新しくつくった金型で熱処理が悪かったり，ダイとして強度が不足した場合，二枚打ちなどのプレス作業上のミスによる。また，ダイの取付けの際に図3-26示すように，底部の大部分を支えずに締付けた取付け方法の不良によるものもある。ダイに欠陥があると抜き落とされたものの形状や破断面が不良となる。

(9) 外形定規（ゲージ・あて）のつぶれ・がた・緩み

外形定規は送給した材料の位置決めを行うガイドとなるものである。材料または加工品が外形定規（図3-27）の中に，きっちりとはめられず位置ずれしたままで加工すると，材料または加工品の厚さとずれの程度によって外形定規がつぶれたり，がたが出たり緩んだりする。こうなると，製品が不良品になり，加工音も変化する。

131

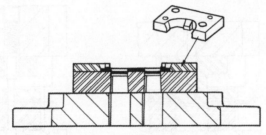

図3-27 外形定規のつぶれ，がた

(10) ストリッパー，ノックアウト用ばねのへたり・折れ

長時間使用すると使用回数によりばねのへたりや折れが起こる。これにより，製品のストリッピング（金型から製品を外すこと）やノックアウト（材料・製品をつき落として金型から除去する）がスムーズにいかなくなる。ばねの使用選定では，ばねの最大タワミ以上で使用すると荷重・耐久性が低下し，寿命も短くなり破損する場合もある。ある特定のところのばねが問題を起こすようであれば，長時間使用できるようにするための設計上の検討が必要となる。ばねの形状が似ているのが多いため，交換時はよく確認して交換する。

(11) ストリッパーボルトの緩み・傾き・折れ

ストリッパープレートを止めるボルトがストリッパーボルトであるが，ばねと同様に繰返し荷重を受けるため，緩み止め（図3-28）を確実にしておかないと，しだいにねじが緩んだり，ボルトの頭が飛んだり，ねじ山の付け根で折れて，ストリッパープレートが傾く原因になる。その時，加工音が変化することがある。金型点検ポイントの一つである。

(12) ダウエルピン（ノックピン）や締付けボルトの折れ・抜け

パンチやダイは1部品ごとに2本のダウエルピンと数本以上の締付けボルトによって固定されている。ダウエルピンは強く打ち込んであっても，何度も使用しているうちに緩くなる。振動などによって抜け出すことがある。締付けボルトは繰り返し荷重と振動を受けて回ったり，緩んだり，折れたりする可能性がある。

ダウエルピンや締付けボルトが緩んで締付け不良になったり，抜けて金型上に落ちてつぶされて，金型が破損することがある。緩んで落ちる危険性を考えて，場所，形状ならびに締付け方向を選定しておく。締付けボルトの強度不足の場合はボルトの本数を増やしたり一回り大きなサイズにするなどの変更が必要である。

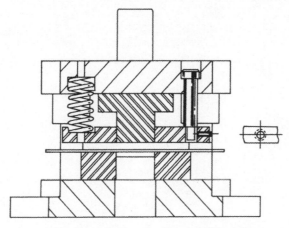

図3-28 ストリッパーボルトの緩み止め

(13) 金型のかじり・滑合型部品のせり

　金型のかじりは普通パンチとダイの心ずれが原因であるが，二枚打ちや半抜き，位置ずれ加工などでパンチがわずかに曲がったりダイが変形したときにも起こる。この場合パンチやダイにばねストリッパーやプレッシャーパッドが組み込まれていると滑合部でせって，動かなくなる型部品が出てくる。そのほか細かい抜きカスやゴミが滑合部にかみ込んで動きにくくなる型部品もある。故障の原因を確かめて清掃，修理することが必要である。

(14) 金型の異常処理の心がまえ

　以上，説明したように，プレス作業中に金型内に発生する異常は，作業者の経験不足や不注意によって発生するばかりでなく，金型構造の不備や保守整備の不良に原因がある場合も決して少なくない。金型にはそれぞれに作業の注意点とか不具合になりやすいポイントがある。これらの必要な情報をもって作業を行う。

　実際に災害をこうむるのは作業者自身であるから，プレス作業者は，次の心がまえで金型の異常処置をすること。

　①　視覚と聴覚を働かせて，金型異常の早期発見に努めること。
　②　異常発見の場合は，直ちにプレスを停止すること。
　③　異常の内容をプレス機械作業主任者に報告して，指示を受けること。

　チョコ停，それにともなうチョコ直しの連続を続けていくと良品ができない。そこで，異常発生の報告とさらに，原因を追及して安定して長期間，安全に作業できるように皆と協力して問題解決を進めていく。

第4章

安全囲いまたは安全装置の点検，取付け，調整および取外し

■本章のポイント■
安全囲い，安全装置の点検項目と，取付け等の要領を学びます。

1 安全囲いの点検，取付け，調整および取外し

（1） 安全囲いの点検

安全囲いは，毎日の作業開始前に，表4−1の安全囲い作業開始前点検基準に基づき，作成されたチェックリストにより，点検を実施しなければならない。

目視による外観の点検が大部分であるが，インターロック機構を有する安全囲いは，作動を点検し，開口部寸法はスケールまたはゲージで測定する。

（2） 安全囲いの取付け，調整および取外し

㋐ 型囲いの取付け，調整および取外し

型囲いの取付けの作業手順および要領の例を表4−2に示した。

型囲いは普通，調整できない設計になっている。

型囲いを取り外したときは，型囲いを変形させないような配慮が必要である。

㋑ ばね囲いの取付け，調整および取外し

ばね囲いの取付け例を表4−3に示した。

㋒ 固定式安全囲いの取付け，調整および取外し

1） 固定式安全囲いの取付け（表4−4）

2） 固定式安全囲いの調整

写真4−1の安全囲いでは調整は不要である。

135

第4章　安全囲いまたは安全装置の点検，取付け，調整および取外し

表4-1　安全囲い作業開始前点検基準

点 検 項 目	要　　　　　　領
1　開 口 部 寸 法	許容寸法以内であることをスケールまたはゲージで測定して確かめる。
2　丸 棒 材 の さ く	すきまが一様であって曲がりまたは折損がないことを目視により確かめる。
3　金　　　　　　網	網目が一様であって破損またはたるみがないことを目視により確かめる。
4　穴 あ き 板 等	曲がりがないことを目視により確かめる。
5　透明プラスチック板	有害な割れまたは汚れがないことを目視により確かめる。
6　支 持 部 材	曲がりまたは破損がないことを目視により確かめる。
7　溶 接 部	割れがないことを目視により確かめる。
8　リベット締結金具等	緩みまたは破損がないことを目視により確かめる。
9　ボルトナットおよび緩み止め	1．脱落がないことを目視により確かめる。 2．緩みがないことをスパナ等で締め付けて確かめる。
10　電気的インターロック機構	安全囲いの取付け，取外しまたは可動部分の開閉を数回行い確実にインターロック機構が作動することを確かめる。
11　機械的インターロック機構	同上
12　その他の部品	摩耗，破損または脱落がないことを目視により確かめる。

表4-2　型囲いの取付け例

作 業 手 順	要　　　　　　領
型囲いをダイホルダーにボルトで取り付ける。	型囲いを変形させないように注意する。パンチホルダーと型囲いのすきまは，ほぼ一様なこと。 ボルトは一般のスパナ等では外せない形状の頭のものを用いること。

表4-3　ばね囲いの取付け例

作 業 手 順	要　　　　　　領
ばねをストリッパーにボルトで取り付ける。	ボルトは平均に締めて，ばねをストリッパーに垂直に取り付ける。

表4-4　固定式安全囲いの取付け例（図4-1，写真4-1，写真4-2）

作 業 手 順	要　　　　　　領
1　支柱付き側面囲いをフレームの左側および右側に取り付ける。（図4-1）	この側面囲いは一度プレスに取り付けてしまうと，写真4-2に示すように左右に十分開くので，型の取付け作業には全く支障はなく，修理以外には取り外す必要はない。
2　インターロック用の配線を行う。	リミットスイッチは左右の側面囲いに取り付ける。
3　側面囲いを正面に向ける。	
4　前面囲いを左右の側面囲いに取り付ける。	前面囲いの4個の掛け金（図4-1中のB）の切り欠けにより左右の側面囲いの植込みボルトに引っ掛けて組付け，つば付きナットで固定する。

1 安全囲いの点検，取付け，調整および取外し

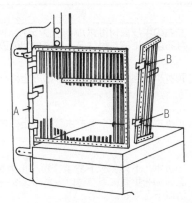

図4-1 ヒンジ付き側面囲いと支柱および前面囲い

写真4-1 前面囲いの組付け

写真4-2 開いた側面囲い

3) 固定式安全囲いの取外し

写真4-1では取付けと逆の手順で行えばよい。ただし，これは安全囲いあるいはプレスの修理などの場合のみ必要であって，通常の作業時には，前面囲いだけを取り外し，側面囲いは**写真4-2**のように左右に十分開いておけば，型の取替えには全く支障がない。

㈷ **調節式安全囲いの取付け，調整および取外し**

1) 調節式安全囲いの取付けおよび調整

取付けおよび調整例を**表4-5**に示した。

2) 調整式安全囲いの取外し

表4-5の手順の逆に行うが，型の交換時などは前面囲いおよび側面囲いを取り外すだけに止め，他は必要な箇所のボルト，ナットおよび緩み止めを緩めればよい。

137

第4章 安全囲いまたは安全装置の点検，取付け，調整および取外し

表4-5 調節式安全囲いの取付けおよび調整例（図4-2，写真4-3〜写真4-5）

作　業　手　順	要　　　　　領
1　ブラケット（図4-2）をプレスのギブに取り付ける。	左右のギブ締付けボルトとブラケットのスロットが同一平面上になるように取り付ける。すでに型の取付けは完了している。
2　サイドリンクをブラケットのスロットに仮締めする。	10φボルト，ナットおよび緩み止めを用いる。（写真4-3）
3　フロントサポートをサイドリンクに仮締めする。	10φボルト，ナットおよび緩み止めを用いる。
4　フロントサポートに前面囲いを取付け仮締めする。	10φボルト，ナットおよび緩み止めを用い写真4-4のように前面囲いを垂直に取り付け，ボルスターとのすきまは許容開口部寸法以下とする。
5　左右の側面囲いは前面囲いの左右端のスロットを用いて斜に取り付け，位置決めしたらすべての部品を本締めする。	前面囲いの左右の位置を調節してから，写真4-5のように，ストリップ材が左右の側面囲いの下方を支障なく通過でき，しかも，許容開口部寸法以下のすきまであればすべてのボルト，ナットおよび緩み止めを本締めする。

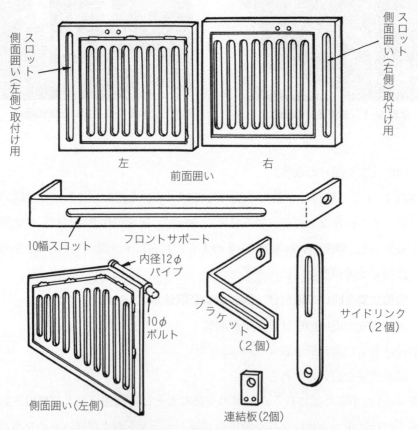

図4-2　調節式安全囲いの部品（右側の側面囲いの図は省略）

1 安全囲いの点検，取付け，調整および取外し

写真4-3 調節式安全囲いのブラケットとリンク

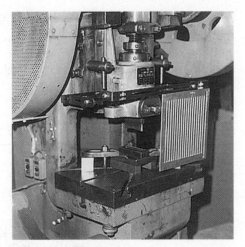

写真4-4 調節式安全囲いのフロントサポートと前面囲い

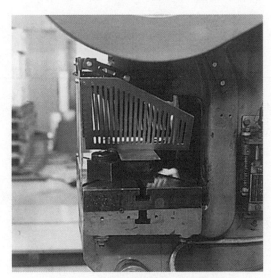

写真4-5 調節式安全囲いの側面囲い

第4章　安全囲いまたは安全装置の点検，取付け，調整および取外し

㋔　インターロック付き安全囲いの取付け，調整および取外し

1)　インターロック付き安全囲いの取付け

　　表4-6ではインターロック機構に関する取付けの手順と要領のみを記載した。その他の手順はインターロック付き固定式安全囲いおよびインターロック付き調節式安全囲いについては，前述の固定式安全囲いおよび調節式安全囲いの手順によること。

表4-6　インターロック付き安全囲いの取付け例

作　業　手　順	要　　　　　領
1　リミットスイッチを取り付けて配線する。	ギブに取り付け，あるいは側面囲いの前端に取り付けている例もあるが，いずれも通常は取り外さない箇所に取り付けて配線する。
2　安全囲い取付け検知用押しカムを取り付ける。	安全囲いを取り付ける支柱か，または前面囲いの内側に取り付ける。いずれも，押しカムは通常，取り外す囲いに取り付け，型交換時には必ず電源が切れているようにする。

2)　インターロック付き安全囲いの調整

　　調整例を表4-7に示した。

表4-7　インターロック付き安全囲いの調整例

作　業　手　順	要　　　　　領
1　安全囲いを取り付けたときに確実にリミットスイッチが作動するように調整する。	安全囲いの取付け，取外しによる摩耗を考慮し，リミットスイッチのプランジャーの押し込み量を加減する。

3)　インターロック付き安全囲いの取外し

　　前述の取付けの手順を逆に行う。

140

2　安全装置の点検，取付け，調整および取外し

2　安全装置の点検，取付け，調整および取外し

（1）　安全装置の点検表

種類	項　　目	摘　　　　要
1) インターロックガード式 （67頁第1章図1-33参照）	①　ガードとクラッチとの連動	1　ガードが危険部分を遮へいしてからスライドが作動すること。 2　スライドが作動しているとき，ガードが開かないこと。 3　切替キースイッチにがたおよびせりがないこと。切替え位置での動作が確実であること。
	②　各部の破損，摩耗	1　ガードに破損等がないこと。 2　ガード下降確認用，インターロック用のリミットスイッチの故障，カム，ピン等の破損，摩耗がないこと。 3　リレーその他電気部品の故障，異常音等がないこと。 4　ボルト，ピン等に緩み，抜けがないこと。 5　配線に破損，老化がないこと。 6　作動表示ランプに破損がないこと。
2) 両手操作式（70～71頁第1章図1-35・36参照）	①　一行程一停止機構	1　押しボタン等を押したままでも，一行程でスライドが停止すること。
	②　押しボタン等の操作部	1　押しボタン等の間隔（最短距離）が300mm以上あり，ボタンケースの表面から突き出ていないこと。 2　安全距離を確認。 3　押しボタン等に切りくず，汚物の付着，破損がないこと。 4　押しボタン等を両手で同時に操作しなければスライドが作動しないこと。 5　押しボタン等から両手を離さなければ次の起動操作をすることができないこと。 6　切替キースイッチにがたおよびせりがないこと。切替え位置での動作が確実であること。
	③　可動部分 （電磁ばね引き式）	1　掛合い金具の掛外しの具合をみる。 2　カムの摩耗，クラッチ掛けばねのへたり等，ワイヤロープの損傷がないこと。
	④　可動部分 （エアシリンダー式）	1　ピストンとクラッチの連結部に緩み，破損がないこと。 2　戻しスプリングの損傷，へたりがないこと。 3　Oリングの変形，オイル不足がないこと。 4　シリンダーにエア漏れがないこと。
	⑤　クラッチ復帰用ばね（両手起動式）	1　破損，へたりがないこと。
	⑥　空圧部	1　オイラーの油量が適量であること。 2　オイラーのオイル滴下量が適正であること。 3　フィルタ内の水等を排出すること。
	⑦　電気系統	1　押しボタン等の接続，コネクタ，ケーブルの損傷がないこと。 2　電磁弁，リレー等の故障，異常音がないこと。 3　作動表示ランプに破損がないこと。
	⑧　ボルトナット	1　緩みがないこと。

第4章　安全囲いまたは安全装置の点検，取付け，調整および取外し

3) （73〜74頁第1章図1-38・39参照） 光線式	①　光線の防護範囲	1　危険限界に身体の一部が入ったとき光線を遮っていることを確認。 2　防護範囲と最下光軸の位置を確認。 3　安全距離を確認。
	②　安全装置の作動	1　光軸ごとに、投光器側で光線を遮光して表示ランプが作動することを確認。 2　チェック回路の作動を確認。 3　リレー等の故障，異常音がないこと。 4　コネクタ，ケーブルの破損がないこと。 5　切替えキースイッチにがたおよびせりがないこと。切替え位置での動作が確実であること。
	③　プレス機械との連動	1　遮光したまま操作ボタンを押してスライドが作動しないことを確認。 2　スライドの作動中遮光して急停止することを確認。
	④　ボルト，ピン等	1　緩み，抜けがないこと。
4) 制御機能付き光線式（PSDI）	①　防護範囲	1　危険限界に身体の一部が入ったとき，光線を遮っていることを確認。 2　防護範囲と最下光軸の位置を確認。 3　安全距離と追加距離を確認。 4　側面ガード，下面ガード，後面ガードの取付状態を確認。 5　ガードのインターロックスイッチが取り付けられている場合には動作を確認。
	②　安全装置の作動	1　光軸ごとに、投光器側で光線を遮光して表示ランプが作動することを確認。 2　チェック回路の作動を確認。 3　リレー等の故障，異常音がないこと。 4　コネクタ，ケーブルの故障がないこと。 5　システム切替スイッチ，セットアップスイッチ，ブレーク切替スイッチ等のキーと動作を確認。
	③　プレス機械との連動	1　システムが有効な状態で，光線を遮光しなくなった時に，スライドが起動することを確認。 2　スライドが起動したら，光線を遮光してスライドが急停止することを確認。 3　上昇無効回路の開始点を確認。
	④　ボルト，ピン	1　緩み，抜けがないこと。
5) プレスブレーキ用レーザー式	①　防護範囲	1　スライドを下降させて低閉じ速度との切替点を確認。 2　高速下降時に，レーザービームを遮光し，急停止するか確認。 3　低閉じ速度に切り替わった時に，レーザービームが無効になることを確認する。 4　プレスブレーキの慣性下降値が所定の範囲であることを確認。 5　低閉じ速度の範囲では，3ポジションスイッチの動作を確認。 　（押している間だけ下降し，離したり，強く押すと急停止することを確認）
	②　安全装置の作動	1　レーザービームを投光側で遮光して表示ランプが作動することを確認。 2　リレー等の故障，異常音がないこと。 3　コネクタ，ケーブルの故障がないこと。 4　曲げ作業との連動スイッチがある場合には，それぞれの動作を確認（平曲げ，箱曲げなど）。
	③　プレス機械との連動	1　スライドが起動したら，レーザービームを遮光してスライドが急停止することを確認。 2　低閉じ速度との切替点の開始点を確認。
	④　ボルト，ピン	1　緩み，抜けがないこと。

2　安全装置の点検，取付け，調整および取外し

6) 手引き式（78頁第1章図1-41参照）	①　引き量	1　手引きひもの引き量は作業にあうように調整されていること。
	②　ロープ，引きひも，スプリング等	1　手引きひもの損傷がないこと。 2　ナスカンの損傷，摩耗がないこと。 3　リストバンドの損傷がないこと。また油等で伸びたものは交換する。 4　手引ひもの長さの調整が確実であること。
	③　ボルト・ナット	1　緩みがないこと。
	④　給油	1　指定油を指定箇所に給油する。
7) 手払い式	①　スライドとの連動	1　スライドが下降し型がかみ合う前に完全に手が払われているよう調整されているか確認。 2　手払い棒が通過した後，防護板が危険部分をカバーしていること。 3　衝撃緩和用ゴム等を確認。
	②　ボルト，ナットおよびスプリング等	1　取付部分，連結部分の緩み，摩耗，破損の有無の確認。
	③　適用プレス	1　両手起動式装置が併用されているポジティブクラッチプレスであること。

第4章　安全囲いまたは安全装置の点検，取付け，調整および取外し

（2）　安全装置の取付け，調整

①　インターロックガード式

区　　分	取　付　要　領	急所および留意事項
押しボタン等の操作部	押しボタン等は作業しやすく，金型の出し入れ，材料の出し入れの妨げにならない位置に取り付ける。	
操作盤	操作盤は見やすく，操作が容易で，できる限り油，ちり，振動の影響の少ない場所で内部の点検調整が容易なところに取り付ける。	電気配線が材料または器物により損傷を受けないよう保護すること。
エアフィルター，オイラーおよび減圧弁	これらの設置は，エアフィルターのドレンぬきを行う必要があるのでドレンを排水しても影響のない場所，またオイルを供給するのに取扱いが容易な場所を選んで取り付ける。	一定圧の清浄なエアと潤滑油をエアシリンダーに供給するよう調整すること。
クラッチ操作用エアシリンダー	プレスのクラッチとエアシリンダー間にせりが生じないように取り付け，エアシリンダーがスムーズに動くようにする。	クラッチ連結棒がその延長方向にひかれるようできるだけエアシリンダーを延長線に沿って取り付けること。
一行程一停止装置	プレスのクランクピンの位置が始動後30度ぐらいで，リミットスイッチが作動するようにする。	クラッチピンがクラッチ作動用カムを通過後はできるだけはやくクラッチ作動用カムを復帰させること。
ガード本体	プレスのフレームにガード本体を取り付ける。ガード本体設置によりプレスの調整がしにくくならないよう考慮する。	ガード板がボルスター面より15mm以内の位置で保持され，かつその位置においてガード下降確認用リミットスイッチが動作すること。
ガードインターロック用リミットスイッチ	クランクシャフトと連動し，スライドの始動直後から下死点にいたるまで，ガードが閉じているようにする。	接点は上死点から下死点までリミットスイッチが ON するように調整する。リミットスイッチは外部より破損されないよう注意する。

②　両手起動式

区　　分	取　付　要　領	急所および留意事項
押しボタン等の操作部	押しボタン等は作業しやすく金型の出し入れの妨げにならない位置に取り付ける。	安全距離をとること。（第 4 章 2（3）参照）
操作盤	操作盤は見やすく操作が容易でできる限り油，ちり，振動の影響の少ない場所で内部の点検調整が容易なところに取り付ける。	電気配線が材料または器物により損傷を受けないよう保護すること。
エアフィルター，オイラーおよび減圧弁	これらの設置は，エアフィルターのドレンぬきを行う必要があるので，ドレンを排水しても影響のない場所，またオイルを供給するのに容易な場所を選んで取り付ける。	一定圧の清浄なエアと潤滑油をエアシリンダーに供給するよう調整を行うこと。
クラッチ操作用エアシリンダー	プレスのクラッチとエアシリンダー間にせりが生じないように取り付け，エアシリンダーがスムーズに動くようにする。	クラッチ連結棒が，その延長方向にひかれるようできるだけエアシリンダーを延長線に沿って取付けをすること。
一行程一停止装置	プレスのクランクピンの位置が始動後30度ぐらいでリミットスイッチが作動するようにする。	クラッチピンがクラッチ作動用カムを通過後はできるだけはやくクラッチ作動用カムを復帰させること。

144

2　安全装置の点検，取付け，調整および取外し

③　光線式

区　　分	取　付　要　領	急所および留意事項
投光器，受光器	スライドの下に手を入れた場合，確実に光線が遮られる位置に調整する。	安全距離をとること。 (第4章2⑶参照)
制御盤	保守，点検，操作がしやすく見やすい位置とする。振動，油，ちりの付着の少ない場所を選ぶ。	電気配線は材料または器物により損傷を受けないよう保護すること。
その他		切替えキーは，プレス機械作業主任者が保管すること。

④　PSDI 式

区　　分	取　付　要　領	急所および留意事項
投光器，受光器 制御版 その他	光線式と同じ。	
側面ガード，下面ガード，後面ガード	有効な高さと幅を防護し，システム作動時にガードが緩まないようにしっかりと固定する。	作業者以外の第三者の手などが危険限界に入らないように取り付けること。

⑤　プレスブレーキ用レーザー式

区　　分	取　付　要　領	急所および留意事項
投光器，受光器	スライドの下降時に手や指が所定の危険限界に入った時に，急停止するようにセンサーを取り付ける。	スライドとセンサーの位置は，プレスブレーキの慣性下降値に応じて取り付ける。また，低閉じ速度の開始位置を確認すること。
制御部	作業者が操作をしやすい位置に制御箱を取り付ける。	プレスブレーキの操作用ペンダントが邪魔にならない位置に取り付けること。

⑥　手引き式

区　　分	取　付　要　領	急所および留意事項
レバー	プレスフレームの上部に支点軸受けを取り付ける。	平面上で取り付け，がたがないようにすること。
アームパイプ	プレスベッドの両側にアームパイプを取り付ける。	アームパイプの折りたたみや収納機構が妨げられないこと。
サイドホイル部	アームパイプやレバーからのワイヤーが無理なく張られる位置に取り付ける。	
手引き長さの調整	上型と下型が合う前に，手指が危険限界の外に出るようにレバーの比率をかえて調整する。調整はフライホイールを手で回しながら行う。	フライホイールを回すとき手指が回転部や金型にはさまれないよう注意すること。 クリップ，クランプは緩まないようしっかり締め付けること。
その他	締付ボルト類に緩みのないこと。ワイヤロープ，金具等がプレスフレームにふれないようにすること。各部のがたやのび，たわみのないようにする。	ワイヤロープは傷つけないよう注意すること。

145

第 4 章　安全囲いまたは安全装置の点検，取付け，調整および取外し

（3）　安全距離

　両手操作式安全装置の安全距離は，手の速度（1.6m/秒）に両手を押しボタン等の操作部から離してからスライドが急停止するまでの最大停止時間を乗じたもので，手が危険限界に到達できない理論的な距離のことである。押しボタン等の操作部は，危険限界から安全距離以上離して取り付けなければならない。実際に押しボタン等の操作部が取り付けられている位置は，実測距離といい，安全距離以上離れていなければならない。

　厚生労働省では，研究の結果，プレス作業者の手の基準速度を秒速1.6mとして次の計算式を決めた。なお。この式において Tl は安全装置の，Ts はプレス機械のそのぞれ固有の性能値とみなされるもので，急停止性能測定装置などで測定しないとわからないものである。

　①　安全一行程用両手操作式安全装置（急停止機構を備えるプレス）

　　$D = 1.6 (Tl + Ts)$

　　ただし，D：安全距離（単位 mm）

　　$Tl + Ts$：押しボタン等の操作部などから手が離れたときからスライドが停止するまでの時間（押しボタン等の操作部の最大停止時間）（単位 ms　ミリ秒）

　②　両手起動式両手操作式安全装置（急停止機構を備えていないプレス）

　　$Dm = 1.6 Tm$

　　$Tm = (\dfrac{1}{クラッチの掛け合い箇所の数} + \dfrac{1}{2}) \times \dfrac{60,000}{毎分ストローク数}$
　　（単位 ms　ミリ秒）

　　ただし，Dm：安全距離（ポジティブクラッチの場合）（単位 mm）

　　Tm：両手で押しボタン等の操作部を操作してからスライドが下死点に達するまでの所要最大時間（単位 ms　ミリ秒）

　このようにして計算された安全距離に対して，実際の押しボタン等の操作部の位置（実測距離）を計測し，押しボタン等の操作部の取付位置を決定しなければならない。

　実際の安全距離は，安全一行程用両手操作式安全装置（急停止機構を備えるプレス）では確保することは可能であるが，両手起動式両手操作式安全装置では毎分ストローク数が大きくないと確保することが難しい。つまりポジティブクラッチプレスでは両手起動式両手操作式安全装置だけを使用して安全装置として使うことは難しいので，手引き式などの安全装置を併用しなければならない。

2　安全装置の点検，取付け，調整および取外し

　また，光線式安全装置の場合の安全距離は，手の速度（1.6m/秒）に光線を遮光してからスライドが急停止するまでの最大停止時間（光線式安全装置の遅動時間＋プレスの急停止時間）を乗じたもので，手が危険限界に到達できない理論的な距離のことである。光線式安全装置は光軸の中心から危険限界まで安全距離以上離して取り付けなければならない。

$D = 1.6 \ (Tl + Ts) + C$

ただし，D：安全距離（単位 mm）

$Tl + Ts$：光線式安全装置を遮光してからスライドが停止するまでの時間（光線式安全装置の遅動時間＋プレスの急停止時間）（単位 ms　ミリ秒）

　光線式安全装置の連続遮光幅が大きい場合には，追加距離（C）が必要になる。

　追加距離とは，連続遮光幅によって検出機構の検出能力が異なるので，検出能力を加味した必要な安全距離の加算を行うものである。

連続遮光幅	30以下	30〜35	35〜45	45〜50
追加距離：C	0	200以上	300以上	400以上

＊30〜35とは，30mm を超え、35mm 以下を意味する。
＊平成23年7月1日以降に追加されたもの

　このようにして計算された安全距離に対して，光線式安全装置の位置（実測距離）を計測し，光線式安全装置の取付位置を決定しなければならない。

（4）　危険限界と材料送給位置の基準

　実測距離は，押しボタン等の操作部から危険限界までの距離を測定するので，危険限界の基準と材料の送給位置を確定しておかなければならない。危険限界としての金型の端面はプレスの形状や取り付ける状況により変化するが，C形フレームのプレスではスライドの前端位置とし，ストレートサイド形フレームのプレスではボルスター前面および後面からそれぞれ6分の1ずつ内部に入った位置を基準の危険限界とする。

　これは，C形フレームのプレスでは，金型の前端位置とスライドの前端位置が一致することになっているからであり（「プレス機械の金型の安全基準に関する技術上の指針」），またストレートサイド形フレームのプレスでは，取り付けられる最大の金型の設計標準として前後寸法はボルスターの奥行き（L_B）の3分の2となっているので，その半分の6分の1の位置を基準点とする。

第4章　安全囲いまたは安全装置の点検，取付け，調整および取外し

　　材料の送給位置は，機械プレスでは，ボルスター上面からダイハイトの3分の1の高さの平面とし，液圧プレスでは，ボルスター上面からデーライト－ストローク長さの4分の1の高さの平面を基準とする。

	C形フレーム	ストレートサイド形フレーム
危険限界	スライドの端面	ボルスターの奥行きの$\frac{1}{6}$

	機械プレス	液圧プレス
材料送給位置	ダイハイトの$\frac{1}{3}$	「デーライト－ストローク長さ」の$\frac{1}{4}$

　　また，光線式安全装置の実測距離は，光軸の中心から危険限界までの距離を測定するので，危険限界の基準を決めておかなければならない。危険限界としての金型の端面はプレスの形状や取り付ける状況により変化するが，C形フレームのプレスではスライドの前端位置とし，ストレートサイド形フレームのプレスではボルスター前面および後面からそれぞれ6分の1ずつ内部に入った位置を基準の危険限界とする。

　　これは，C形フレームのプレスでは，金型の前端位置とスライドの前端位置が一致することになっているからであり（「プレス機械の金型の安全基準に関する技術上の指針」），またストレートサイド形フレームのプレスでは，取り付けられる最大の金型の設計標準として前後寸法はボルスターの奥行き（L_B）の3分の2となっているので，その半分の6分の1の位置を基準点とする。

	C形フレーム	ストレートサイド形フレーム
危険限界	スライドの端面	ボルスターの奥行きの$\frac{1}{6}$

（5）　実測距離（危険限界から押しボタン等の操作部までの距離）

　　押しボタン等の操作部の位置は，危険限界と材料送給面の基準を考慮して実測しなければならない。実測距離は，機械プレスと液圧プレス，C形フレームとストレートサイド形フレームで異なる。

　①　機械プレスでC形フレームの場合（図4-3(a)）

$$D < a + b + \frac{1}{3}H_D$$

　②　機械プレスでストレートサイド形フレームの場合（図4-3(b)）

$$D < a + b + \frac{1}{3}H_D + \frac{1}{6}L_B$$

148

2 安全装置の点検，取付け，調整および取外し

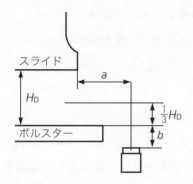

$D < a + b + \frac{1}{3}H_D$
D：安全距離
a：押しボタン等の操作部からスライド前面までの水平距離
b：押しボタン等の操作部からボルスター上面までの垂直距離
H_D：ダイハイト

(a) 機械プレスでC形フレームの場合

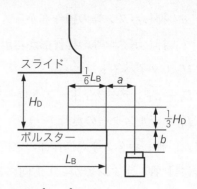

$D < a + b + \frac{1}{3}H_D + \frac{1}{6}L_B$
D：安全距離
a：押しボタン等の操作部からボルスター前面までの水平距離
b：押しボタン等の操作部からボルスター上面までの垂直距離
H_D：ダイハイト
L_B：ボルスターの奥行き

(b) 機械プレスでストレートサイド形フレームの場合

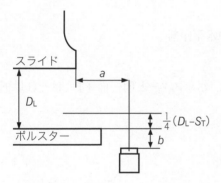

$D < a + b + \frac{1}{4}(D_L - S_T)$
D：安全距離
a：押しボタン等の操作部からスライド前面までの水平距離
b：押しボタン等の操作部からボルスター上面までの垂直距離
D_L：デーライト
S_T：ストローク長さ

(c) 液圧プレスでC形フレームの場合

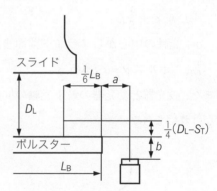

$D < a + b + \frac{1}{4}(D_L - S_T) + \frac{1}{6}L_B$
D：安全距離
a：押しボタン等の操作部からボルスター前面までの水平距離
b：押しボタン等の操作部からボルスター上面までの垂直距離
D_L：デーライト
S_T：ストローク長さ
L_B：ボルスタの奥行き

(d) 液圧プレスでストレートサイド形フレームの場合

図4-3　各プレス別の実測距離

③ 液圧プレスでC形フレームの場合（図4-3(c)）

$$D < a + b + \frac{1}{4}(D_L - S_T)$$

④ 液圧プレスでストレートサイド形フレームの場合（図4-3(d)）

$$D < a + b + \frac{1}{4}(D_L - S_T) + \frac{1}{6}L_B$$

a：押しボタン等の操作部からスライド前面までの水平距離

b：押しボタン等の操作部からボルスター上面までの垂直距離

H_D：ダイハイト

$D_L - S_T$：デーライト－ストローク長さ

L_B：ボルスターの奥行き

また，押しボタン等の操作部の位置がボルスターより上部に取り付けられている場合には，押しボタン等から下方向に3分の2の位置を材料送給面として実測する。

また，光線式安全装置の取付位置は，安全距離以上に離れていなければならないので，実際に設置されている距離を実測して確認しなければならない。実測距離はC形フレームとストレートサイド形フレームで異なっている。

① C形フレームの場合（**図4-4(a)**）

$D < a$

② ストレートサイド形フレームの場合（**図4-4(b)**）

$D < a + \dfrac{1}{6}L_B$

a：光軸の中心からスライド前面までの水平距離

L_B：ボルスターの奥行き

また、投光器と受光器の最下光軸の位置は，ボルスターと同一面（またはそれ以下）でなければならない。

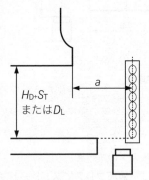

(a) C形フレームの場合

$D < a$
 D：安全距離
 a：光軸の中心からスライド前面までの水平距離
 機械プレスの防護すべき高さ（L）：ダイハイト（H_D）＋ストローク長さ（S_T）
 液圧プレスの防護すべき高さ（L）：デーライト（D_L）
 最下光軸＝ボルスターと同一面

(b) ストレートサイド形フレームの場合

$D < a + \dfrac{1}{6}L_B$
 D：安全距離
 a：光軸の中心からボルスター前面までの水平距離
 L_B：ボルスターの奥行き
 機械プレスの防護すべき高さ（L）：ダイハイト（H_D）＋ストローク長さ（S_T）
 液圧プレスの防護すべき高さ（L）：デーライト（D_L）
 最下光軸＝ボルスターと同一面

図4-4　光線式安全装置の実測距離

第5章
関 係 法 令

■本章のポイント■
労働安全衛生法，同法施行令，同規則など関係法令を学びます。

1 関係法令を学ぶ前に

1 関係法令を学ぶ重要性

「法令」とは，法律とそれに関係する命令（政令，省令など）の総称である。

「労働安全衛生法」等は，過去に発生した多くの労働災害の貴重な教訓のうえに成り立っているもので，どのようにすればその労働災害が防げるかを具体的に示している。そのため，労働安全衛生法等を理解し，守ることは，単に法令遵守のためだけではなく，労働災害の防止を具体的にどのようにしたらよいかを知り実効をあげるために重要といえる。

もちろん，講習会のカリキュラムの時間数では，関係法令すべての内容を詳細に説明することはできないし，受講者に内容すべての丸暗記を求めるものでもない。まずは関係法令のうちの重要な条項について内容を確認し，作業手順等，会社や現場でのルールを思い出し，それらが各種の関係法令を踏まえて作られているという関係をしっかり理解することが大切である。関係法令は，慣れるまでは難しいと感じられるかもしれないが，これを良い機会と捉えて，積極的に学習に取り組んでほしい。

2 関係法令を学ぶ上で知っておくこと

（1） 法律，政令，省令および告示

国が企業や国民にその履行，遵守を強制するものが「法律」である。しかし一般に，法律の条文だけでは，具体的に何をしなければならないかはよくわからない。法律に書かれているのは，何をしなければならないかの基本的，根本的なことのみであり，それが守られないときにどれだけの処罰を受けるかは明らかにされているが，その対象は何か，具体的に何を行うべきかについては，「政令」や「省令（規則）」等で明らかにされている。

これは，法律にすべてを書くと，その時々の状況や必要に応じて追加や修正を行おうとしたと

151

第5章 関 係 法 令

きに時間がかかるため，詳細は比較的容易に変更が可能な政令や省令に書くこととしているのである。つまり，法律を理解するには，政令，省令（規則）等を含めた「関係法令」として理解する必要がある。

◆法律…国会が定めるもの。国が企業や国民に履行・遵守を強制するもの
◆政令…内閣が制定する命令。○○法施行令という名称が一般的
◆省令…各省の大臣が制定する命令。○○法施行規則や○○規則との名称が多い
◆告示…一定の事項を法令に基づき広く知らせるためのもの

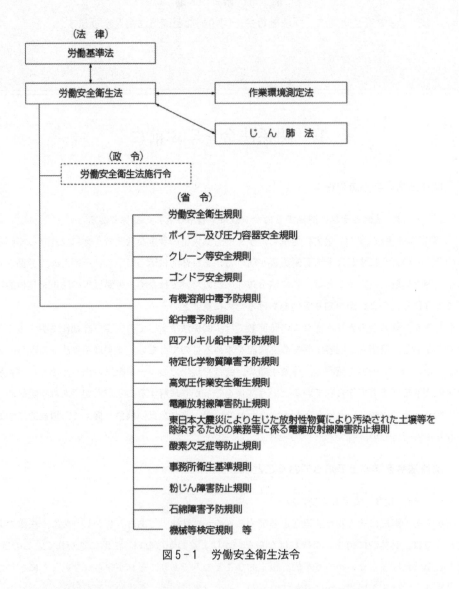

図5-1　労働安全衛生法令

(2) 労働安全衛生法，政令および省令

労働安全衛生法については，政令としては「労働安全衛生法施行令」があり，労働安全衛生法に定められた規定の適用範囲，用語の定義などを定めている。また，省令には，「労働安全衛生規則」のようにすべての事業場に適用される事項の詳細等を定めるものと，特定の設備や特定の業務等（粉じんの取扱い業務など）を行う事業場だけに適用される「特別規則」がある。労働安全衛生法と関係法令のうち，労働安全衛生にかかわる法令の関係を示すと図5-1のとおり。

また，労働安全衛生法に係る行政機関は，図5-2の労働基準監督機関になる。

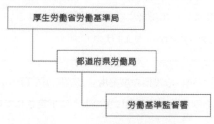

図5-2　労働基準監督機関

(3) 通達

「通達」は，法令の適正な運用のために行政内部で発出される文書で，「行政通達」とも呼ばれる。これには2つの種類があり，ひとつは「解釈例規」といわれるもので，行政として所管する法令の具体的判断や取扱基準を示すもの，もうひとつは法令の施行の際の留意点や考え方等を示したもので「施行通達」と呼ばれることもある。通達は，番号（基発〇〇〇〇第〇〇号など）と年月日で区別される。

省令・通達まで突き詰めて調べていくと，現場の作業で問題となっている細かな事項まで触れられていることが多いことがわかる。これら労働災害防止のための膨大な情報の上に，現場のルールや作業のマニュアル等が作られていることをしっかり理解してほしい。

3　労働安全衛生法令の読み方

例えば，労働安全衛生法上の「総括安全衛生管理者」については，労働安全衛生法第10条に次のように規定されている。

労働安全衛生法

（総括安全衛生管理者）
第10条　事業者は，(1)政令で定める規模の事業場ごとに，(2)厚生労働省令で定めるところにより，総括安全衛生管理者を選任し，その者に安全管理者，衛生管理者又は第25条の2第2項の規定により技術的事項を管理する者の指揮をさせるとともに，次の業務を統括管理させなければならない。
　1　労働者の危険又は健康障害を防止するための措置に関すること。

第5章 関 係 法 令

　2　労働者の安全又は衛生のための教育の実施に関すること。

　3　健康診断の実施その他健康の保持増進のための措置に関すること。

　4　労働災害の原因の調査及び再発防止対策に関すること。

　5　前各号に掲げるもののほか，労働災害を防止するため必要な業務で，厚生労働省令で定めるもの

②　総括安全衛生管理者は，当該事業場においてその事業の実施を統括管理する者をもつて充てなければならない。

③　都道府県労働局長は，労働災害を防止するため必要があると認めるときは，総括安全衛生管理者の業務の執行について事業者に勧告することができる。

（注）上記の下線は編者が附したものであり，原文にはない。

　　上記の下線(1)の「政令で定める規模の事業場」とは何かを調べる場合には，「政令」である労働安全衛生法施行令をみると，第2条に次のように規定されている。

労働安全衛生法施行令

（総括安全衛生管理者を選任すべき事業場）

第2条　労働安全衛生法（以下「法」という。）第10条第1項の政令で定める規模の事業場は，次の各号に掲げる業種の区分に応じ，常時当該各号に掲げる数以上の労働者を使用する事業場とする。

　1　林業，鉱業，建設業，運送業及び清掃業　100人

　2　製造業（物の加工業を含む。），電気業，ガス業，熱供給業，水道業，通信業，各種商品卸売業，家具・建具・じゆう器等卸売業，各種商品小売業，家具・建具・じゆう器小売業，燃料小売業，旅館業，ゴルフ場業，自動車整備業及び機械修理業　300人

　3　その他の業種　1,000人

　　また，下線(2)の「厚生労働省令で定めるところにより，総括安全衛生管理者を選任し」の部分については，労働安全衛生規則第2条から同則第3条にかけて，総括安全衛生管理者の選任等について詳細が規定されている。

労働安全衛生規則

（総括安全衛生管理者の選任）

第2条　法第10条第1項の規定による総括安全衛生管理者の選任は，総括安全衛生管理者を選任すべき事由が発生した日から14日以内に行なわなければならない。

　2　事業者は，総括安全衛生管理者を選任したときは，遅滞なく，様式第3号による報告書を，当該事業場の所在地を管轄する労働基準監督署長（以下「所轄労働基準監督署長」と

154

いう。）に提出しなければならない。

　以上のように，「法律」である「労働安全衛生法」で「総括安全衛生管理者」を定め，総括安全衛生管理者を選任すべき事業場を「政令」である「労働安全衛生法施行令」で，また，総括安全衛生管理者選任時の具体的な手続きについて，「省令」である「労働安全衛生規則」にて規定している。

　労働安全衛生法令は，このように構成されている。

第5章 関係法令

2 労働安全衛生法のあらまし
労働安全衛生法（抄）

昭和47年 6 月 8 日法律第57号

最終改正：平成30年 7 月25日法律第78号

第 1 章 総則（第 1 条〜第 5 条）

　労働安全衛生法（安衛法）の目的，法律に出てくる用語の定義，事業者の責務，労働者の協力，事業者に関する規定の適用について定めている。

（目的）

第 1 条　この法律は，労働基準法（昭和22年法律第49号）と相まつて，労働災害の防止のための危害防止基準の確立，責任体制の明確化及び自主的活動の促進の措置を講ずる等その防止に関する総合的計画的な対策を推進することにより職場における労働者の安全と健康を確保するとともに，快適な職場環境の形成を促進することを目的とする。

　安衛法は，昭和47年に従来の労働基準法（労基法）の第 5 章，すなわち労働条件のひとつである「安全及び衛生」を分離独立させて制定された。第 1 条は，労基法の賃金，労働時間，休日などの一般的労働条件が労働災害と密接な関係があるため，安衛法と労基法は一体的な運用が図られる必要があることを明確にしながら，労働災害防止の目的を宣言したものである。

【労働基準法】

第42条　労働者の安全及び衛生に関しては，労働安全衛生法（昭和47年法律第57号）の定めるところによる。

（定義）

第 2 条　この法律において，次の各号に掲げる用語の意義は，それぞれ当該各号に定めるところによる。

　1　労働災害　労働者の就業に係る建設物，設備，原材料，ガス，蒸気，粉じん等により，又は作業行動その他業務に起因して，労働者が負傷し，疾病にかかり，又は死亡することをいう。

　2　労働者　労働基準法第 9 条に規定する労働者（同居の親族のみを使用する事業又は事務所に使用される者及び家事使用人を除く。）をいう。

　3　事業者　事業を行う者で，労働者を使用するものをいう。

156

2　労働安全衛生法のあらまし

> 3の2～4　略

　安衛法の「労働者」の定義は，労基法と同じであり，職業の種類を問わず，事業または事業所に使用されるもので，賃金を支払われる者を指す。

　労基法では「使用者」を「事業主又は事業の経営担当者その他その事業の労働者に関する事項について，事業主のために行為をするすべての者をいう。」（第10条）と定義しているのに対し，安衛法の「事業者」は，「事業を行う者で，労働者を使用するものをいう。」とし，労働災害防止に関する企業経営者の責務をより明確にしている。

（事業者等の責務）

第3条　事業者は，単にこの法律で定める労働災害の防止のための最低基準を守るだけでなく，快適な職場環境の実現と労働条件の改善を通じて職場における労働者の安全と健康を確保するようにしなければならない。また，事業者は，国が実施する労働災害の防止に関する施策に協力するようにしなければならない。

② 　機械，器具その他の設備を設計し，製造し，若しくは輸入する者，原材料を製造し，若しくは輸入する者又は建設物を建設し，若しくは設計する者は，これらの物の設計，製造，輸入又は建設に際して，これらの物が使用されることによる労働災害の発生の防止に資するように努めなければならない。

③ 　建設工事の注文者等仕事を他人に請け負わせる者は，施工方法，工期等について，安全で衛生的な作業の遂行をそこなうおそれのある条件を附さないように配慮しなければならない。

　第1項は，第2条で定義された「事業者」，すなわち「事業を行う者で，労働者を使用するもの」の責務として，法定の最低基準を遵守するだけでなく，積極的に労働者の安全と健康を確保する施策を講ずべきことを規定し，第2項は，製造した機械，輸入した機械，建設物などについて，それぞれの者に，それらを使用することによる労働災害防止の努力義務を課している。さらに第3項は，建設工事の注文者などに施工方法や工期等で安全や衛生に配慮した条件で発注することを求めている。

第4条　労働者は，労働災害を防止するため必要な事項を守るほか，事業者その他の関係者が実施する労働災害の防止に関する措置に協力するように努めなければならない。

　第4条では，当然のこととして，労働者もそれぞれの立場で労働災害の発生の防止のために必要な事項を守るほか，作業主任者の指揮に従う，保護具の使用を命じられた場合には使用する，などを守らなければならないことを定めている。

第5章 関 係 法 令

第2章　労働災害防止計画（第6条〜第9条）

　労働災害の防止に関する総合的な対策を図るために，厚生労働大臣が策定する「労働災害防止
計画」の策定等について定めている。

第3章　安全衛生管理体制（第10条〜第19条の3）

（作業主任者）

第14条　事業者は，高圧室内作業その他の労働災害を防止するための管理を必要とする作業
　で，政令で定めるものについては，都道府県労働局長の免許を受けた者又は都道府県労働
　局長の登録を受けた者が行う技能講習を修了した者のうちから，厚生労働省令で定めると
　ころにより，当該作業の区分に応じて，作業主任者を選任し，その者に当該作業に従事す
　る労働者の指揮その他の厚生労働省令で定める事項を行わせなければならない。

　労働災害防止のための責任体制の明確化および自主的活動の促進のための管理体制として，①
総括安全衛生管理者，②安全管理者，③衛生管理者（衛生工学衛生管理者を含む），④安全衛生推
進者（衛生推進者を含む），⑤産業医，⑥作業主任者があり，安全衛生に関する調査審議機関とし
て，安全委員会および衛生委員会ならびに安全衛生委員会がある。

　また，建設業などの下請け混在作業関係の管理体制として①特定元方事業者，②統括安全衛生
責任者，③安全衛生責任者について定めている。

第4章　労働者の危険又は健康障害を防止するための措置（第20条〜第36条）

　労働災害防止の基礎となる，いわゆる危害防止基準を定めたもので，①事業者の講ずべき措置，
②厚生労働大臣による技術上の指針の公表，③元方事業者の講ずべき措置，④注文者の講ずべき
措置，⑤機械等貸与者等の講ずべき措置，⑥建築物貸与者の講ずべき措置，⑦重量物の重量表示
などが定められている。

（1）　事業者の講ずべき措置等

（事業者の講ずべき措置等）

第20条　事業者は，次の危険を防止するため必要な措置を講じなければならない。

　1　機械，器具その他の設備（以下「機械等」という。）による危険

　2　爆発性の物，発火性の物，引火性の物等による危険

　3　電気，熱その他のエネルギーによる危険

第21条　事業者は，掘削，採石，荷役，伐木等の業務における作業方法から生ずる危険を防
　止するため必要な措置を講じなければならない。

②　事業者は，労働者が墜落するおそれのある場所，土砂等が崩壊するおそれのある場所等
　に係る危険を防止するため必要な措置を講じなければならない。

158

2 労働安全衛生法のあらまし

第22条 事業者は，次の健康障害を防止するため必要な措置を講じなければならない。

　　1　原材料，ガス，蒸気，粉じん，酸素欠乏空気，病原体等による健康障害

　　2　放射線，高温，低温，超音波，騒音，振動，異常気圧等による健康障害

　　3　計器監視，精密工作等の作業による健康障害

　　4　排気，排液又は残さい物による健康障害

第23条 事業者は，労働者を就業させる建設物その他の作業場について，通路，床面，階段等の保全並びに換気，採光，照明，保温，防湿，休養，避難及び清潔に必要な措置その他労働者の健康，風紀及び生命の保持のため必要な措置を講じなければならない。

第24条 事業者は，労働者の作業行動から生ずる労働災害を防止するため必要な措置を講じなければならない。

第25条 事業者は，労働災害発生の急迫した危険があるときは，直ちに作業を中止し，労働者を作業場から退避させる等必要な措置を講じなければならない。

第25条の2　略

第26条 労働者は，事業者が第20条から第25条まで及び前条第1項の規定に基づき講ずる措置に応じて，必要な事項を守らなければならない。

労働災害を防止するための一般的規制として，事業者の講ずべき措置が定められている。

（2）　事業者の行うべき調査等（リスクアセスメント）

（事業者の行うべき調査等）

第28条の2 事業者は，厚生労働省令で定めるところにより，建設物，設備，原材料，ガス，蒸気，粉じん等による，又は作業行動その他業務に起因する危険性又は有害性等（第57条第1項の政令で定める物及び第57条の2第1項に規定する通知対象物による危険性又は有害性等を除く。）を調査し，その結果に基づいて，この法律又はこれに基づく命令の規定による措置を講ずるほか，労働者の危険又は健康障害を防止するため必要な措置を講ずるように努めなければならない。ただし，当該調査のうち，化学物質，化学物質を含有する製剤その他の物で労働者の危険又は健康障害を生ずるおそれのあるものに係るもの以外のものについては，製造業その他厚生労働省令で定める業種に属する事業者に限る。

②　厚生労働大臣は，前条第1項及び第3項に定めるもののほか，前項の措置に関して，その適切かつ有効な実施を図るため必要な指針を公表するものとする。

③　厚生労働大臣は，前項の指針に従い，事業者又はその団体に対し，必要な指導，援助等を行うことができる。

　事業者は，建設物，設備，原材料，ガス，蒸気，粉じん等による，または作業行動その他業務に起因する危険性または有害性等を調査し，その結果に基づいて，法令上の措置を講ずるほか，労働者の危険または健康障害を防止するため必要な措置を講ずるように努めなければならない。

　第28条の2に定められた作業の危険性または有害性の調査（リスクアセスメント）を実施し，

第5章　関　係　法　令

その結果に基づいて労働者の危険または健康障害を防止するために必要な措置を講ずることは，安全衛生管理を進める上で今日的な重要事項となっている。

（3）　特定元方事業者等の講ずべき措置等

（特定元方事業者等の講ずべき措置）

第30条　特定元方事業者は，その労働者及び関係請負人の労働者の作業が同一の場所において行われることによつて生ずる労働災害を防止するため，次の事項に関する必要な措置を講じなければならない。

1　協議組織の設置及び運営を行うこと。

2　作業間の連絡及び調整を行うこと。

3　作業場所を巡視すること。

4　関係請負人が行う労働者の安全又は衛生のための教育に対する指導及び援助を行うこと。

5　仕事を行う場所が仕事ごとに異なることを常態とする業種で，厚生労働省令で定めるものに属する事業を行う特定元方事業者にあつては，仕事の工程に関する計画及び作業場所における機械，設備等の配置に関する計画を作成するとともに，当該機械，設備等を使用する作業に関し関係請負人がこの法律又はこれに基づく命令の規定に基づき講ずべき措置についての指導を行うこと。

6　前各号に掲げるもののほか，当該労働災害を防止するため必要な事項

②　特定事業の仕事の発注者（注文者のうち，その仕事を他の者から請け負わないで注文している者をいう。以下同じ。）で，特定元方事業者以外のものは，一の場所において行なわれる特定事業の仕事を二以上の請負人に請け負わせている場合において，当該場所において当該仕事に係る二以上の請負人の労働者が作業を行なうときは，厚生労働省令で定めるところにより，請負人で当該仕事を自ら行なう事業者であるもののうちから，前項に規定する措置を講ずべき者として1人を指名しなければならない。一の場所において行なわれる特定事業の仕事の全部を請け負つた者で，特定元方事業者以外のもののうち，当該仕事を二以上の請負人に請け負わせている者についても，同様とする。

③　前項の規定による指名がされないときは，同項の指名は，労働基準監督署長がする。

④　第2項又は前項の規定による指名がされたときは，当該指名された事業者は，当該場所において当該仕事の作業に従事するすべての労働者に関し，第1項に規定する措置を講じなければならない。この場合においては，当該指名された事業者及び当該指名された事業者以外の事業者については，第1項の規定は，適用しない。

第30条の2　製造業その他政令で定める業種に属する事業（特定事業を除く。）の元方事業者は，その労働者及び関係請負人の労働者の作業が同一の場所において行われることによつて生ずる労働災害を防止するため，作業間の連絡及び調整を行うことに関する措置その他必要な措置を講じなければならない。

②　前条第2項の規定は，前項に規定する事業の仕事の発注者について準用する。この場合

において，同条第2項中「特定元方事業者」とあるのは「元方事業者」と，「特定事業の仕事を二以上」とあるのは「仕事を二以上」と，「前項」とあるのは「次条第1項」と，「特定事業の仕事の全部」とあるのは「仕事の全部」と読み替えるものとする。

③　前項において準用する前条第2項の規定による指名がされないときは，同項の指名は，労働基準監督署長がする。

④　第2項において準用する前条第2項又は前項の規定による指名がされたときは，当該指名された事業者は，当該場所において当該仕事の作業に従事するすべての労働者に関し，第1項に規定する措置を講じなければならない。この場合においては，当該指名された事業者及び当該指名された事業者以外の事業者については，同項の規定は，適用しない。

　建設業，造船業の特定元方事業者に対しては，元請労働者と下請け労働者の混在作業における労働災害を防止するため，下請事業者が参加する協議会の設置や作業間の連絡調整などの統括管理が義務付けられている。また製造業その他の元方事業者についても，作業間の連絡及び調整，その他必要な措置を講じなければならない。いずれも，これらの措置を講ずべき事業者が2以上あるときは，同措置を講ずべきもの1人を指名することとなる。

（4）　重量表示

（重量表示）

第35条　一の貨物で，重量が1トン以上のものを発送しようとする者は，見やすく，かつ，容易に消滅しない方法で，当該貨物にその重量を表示しなければならない。ただし，包装されていない貨物で，その重量が一見して明らかであるものを発送しようとするときは，この限りでない。

　重さの明らかでない荷物を取り扱って労働災害となる例が少なくないため，重量1トン以上の貨物の発送者には，重量の表示が義務付けられている。

第5章　機械等並びに危険物および有害物に関する規制（第37条〜第58条）

（1）　譲渡等の制限

（譲渡等の制限等）

第42条　特定機械等以外の機械等で，別表第2に掲げるものその他危険若しくは有害な作業を必要とするもの，危険な場所において使用するもの又は危険若しくは健康障害を防止するため使用するもののうち，政令で定めるものは，厚生労働大臣が定める規格又は安全装置を具備しなければ，譲渡し，貸与し，又は設置してはならない。

別表第2（第42条関係）

　1〜4　略

　5　プレス機械又はシャーの安全装置

第5章 関係法令

　　6～10　略

　　11　動力により駆動されるプレス機械

　　12～16　略

第43条　動力により駆動される機械等で，作動部分上の突起物又は動力伝導部分若しくは調速部分に厚生労働省令で定める防護のための措置が施されていないものは，譲渡し，貸与し，又は譲渡若しくは貸与の目的で展示してはならない。

　機械，器具その他の設備による危険から労働災害を防止するためには，製造，流通段階において一定の基準により規制することが重要となる。そこで安衛法では，危険もしくは有害な作業を必要とするもの，危険な場所において使用するものまたは危険または健康障害を防止するため使用するもののうち一定のものは，厚生労働大臣の定める規格または安全装置を具備しなければ譲渡し，貸与し，または設置してはならないこととなっている。

（2）　型式検定

　（型式検定）

第44条の2　第42条の機械等のうち，別表第4に掲げる機械等で政令で定めるものを製造し，又は輸入した者は，厚生労働省令で定めるところにより，厚生労働大臣の登録を受けた者（以下「登録型式検定機関」という。）が行う当該機械等の型式についての検定を受けなければならない。ただし，当該機械等のうち輸入された機械等で，その型式について次項の検定が行われた機械等に該当するものは，この限りでない。

②　以下略

別表第4　（第44条の2関係）

　　1　略

　　2　プレス機械又はシャーの安全装置

　　3～7　略

　　8　動力により駆動されるプレス機械のうちスライドによる危険を防止するための機構を有するもの

　　9～13　略

　別表第4の機械等のうち，さらに一定のものについては型式検定を受けなければならないこととされている。

（3）　定期自主検査

　（定期自主検査）

第45条　事業者は，ボイラーその他の機械等で，政令で定めるものについて，厚生労働省令で定めるところにより，定期に自主検査を行ない，及びその結果を記録しておかなければならない。

162

② 事業者は，前項の機械等で政令で定めるものについて同項の規定による自主検査のうち厚生労働省令で定める自主検査（以下「特定自主検査」という。）を行うときは，その使用する労働者で厚生労働省令で定める資格を有するもの又は第54条の3第1項に規定する登録を受け，他人の求めに応じて当該機械等について特定自主検査を行う者（以下「検査業者」という。）に実施させなければならない。

③ 厚生労働大臣は，第1項の規定による自主検査の適切かつ有効な実施を図るため必要な自主検査指針を公表するものとする。

④ 厚生労働大臣は，前項の自主検査指針を公表した場合において必要があると認めるときは，事業者若しくは検査業者又はこれらの団体に対し，当該自主検査指針に関し必要な指導等を行うことができる。

　一定の機械等について，使用開始後一定の期間ごとに定期的に，所定の機能を維持していることを確認するために検査を行わなければならないこととされている。

第6章　労働者の就業に当たっての措置（第59条～第63条）

（安全衛生教育）

第59条　事業者は，労働者を雇い入れたときは，当該労働者に対し，厚生労働省令で定めるところにより，その従事する業務に関する安全又は衛生のための教育を行なわなければならない。

② 前項の規定は，労働者の作業内容を変更したときについて準用する。

③ 事業者は，危険又は有害な業務で，厚生労働省令で定めるものに労働者をつかせるときは，厚生労働省令で定めるところにより，当該業務に関する安全又は衛生のための教育を行なわなければならない。

第60条　事業者は，その事業場の業種が政令で定めるものに該当するときは，新たに職務につくこととなつた職長その他の作業中の労働者を直接指導又は監督する者（作業主任者を除く。）に対し，次の事項について，厚生労働省令で定めるところにより，安全又は衛生のための教育を行なわなければならない。

1　作業方法の決定及び労働者の配置に関すること。

2　労働者に対する指導又は監督の方法に関すること。

3　前二号に掲げるもののほか，労働災害を防止するため必要な事項で，厚生労働省令で定めるもの

第60条の2　事業者は，前二条に定めるもののほか，その事業場における安全衛生の水準の向上を図るため，危険又は有害な業務に現に就いている者に対し，その従事する業務に関する安全又は衛生のための教育を行うように努めなければならない。

② 厚生労働大臣は，前項の教育の適切かつ有効な実施を図るため必要な指針を公表するものとする。

第5章 関 係 法 令

③ 厚生労働大臣は，前項の指針に従い，事業者又はその団体に対し，必要な指導等を行うことができる。

（就業制限）

第61条 事業者は，クレーンの運転その他の業務で，政令で定めるものについては，都道府県労働局長の当該業務に係る免許を受けた者又は都道府県労働局長の登録を受けた者が行う当該業務に係る技能講習を修了した者その他厚生労働省令で定める資格を有する者でなければ，当該業務に就かせてはならない。

② 前項の規定により当該業務につくことができる者以外の者は，当該業務を行なつてはならない。

③ 第1項の規定により当該業務につくことができる者は，当該業務に従事するときは，これに係る免許証その他その資格を証する書面を携帯していなければならない。

④ 略

労働災害を防止するためには，作業につく労働者に対する安全衛生教育の徹底等もきわめて重要である。このような観点から安衛法では，新規雇入れ時のほか，作業内容変更時においても安全衛生教育を行うべきことを定め，危険有害業務に従事する者に対する安全衛生特別教育や，職長その他の現場監督者に対する安全衛生教育についても規定している。また，特定の危険業務については，所定の資格を有する者しか就労できないなど，就業制限についても定めている。

第7章 健康の保持増進のための措置（第65条～第71条）

労働者の健康の保持増進のため，作業環境測定や健康診断，面接指導等の実施について定めている。

第7章の2 快適な職場環境の形成のための措置（第71条の2～第71条の4）

労働者がその生活時間の多くを過ごす職場は，疲労やストレスを感じることが少ない快適な職場環境を形成する必要がある。安衛法では，事業者が講ずる措置について規定するとともに，国は，快適な職場環境の形成のための指針を公表している。

第8章 免許等（第72条～第77条）

（技能講習）

第76条 第14条又は第61条第1項の技能講習（以下「技能講習」という。）は，別表第18に掲げる区分ごとに，学科講習又は実技講習によつて行う。

② 技能講習を行なつた者は，当該技能講習を修了した者に対し，厚生労働省令で定めるところにより，技能講習修了証を交付しなければならない。

③ 略

164

別表第18（第76条関係，抜粋）

　2　プレス機械作業主任者技能講習

　危険・有害業務であり労働災害を防止するために管理を必要とする作業について選任を義務付けられている作業主任者や特殊な業務に就く者に必要とされる資格，技能講習，試験等についての規定がなされている。

第9章　事業場の安全又は衛生に関する改善措置等（第78条～第87条）

　労働災害の防止を図るため，総合的な改善措置を講ずる必要がある事業場については，都道府県労働局長が安全衛生改善計画の作成を指示し，その自主的活動によって安全衛生状態の改善を進めることが制度化されており，そうした際に企業外の民間有識者の安全および労働衛生についての知識を活用し，企業における安全衛生についての診断や指導に対する需要に応じるため，労働安全・労働衛生コンサルタント制度が設けられている。

　なお，平成26年の安衛法改正で，一定期間内に重大な労働災害を複数の事業場で繰返し発生させた企業に対し，厚生労働大臣が特別安全衛生改善計画の策定を指示することができる制度が創設された。企業が計画の作成指示や変更指示に従わない場合や計画を実施しない場合には，厚生労働大臣が当該事業者に勧告を行い，勧告に従わない場合は企業名を公表する仕組みとなっている。

第10章～第12章　監督等，雑則および罰則（第88条～第123条）

（1）　計画の届出等

（計画の届出等）

第88条　事業者は，機械等で，危険若しくは有害な作業を必要とするもの，危険な場所において使用するもの又は危険若しくは健康障害を防止するため使用するもののうち，厚生労働省令で定めるものを設置し，若しくは移転し，又はこれらの主要構造部分を変更しようとするときは，その計画を当該工事の開始の日の30日前までに，厚生労働省令で定めるところにより，労働基準監督署長に届け出なければならない。ただし，第28条の2第1項に規定する措置その他の厚生労働省令で定める措置を講じているものとして，厚生労働省令で定めるところにより労働基準監督署長が認定した事業者については，この限りでない。

②～⑦　略

　一定の機械等を設置し，もしくは移転し，またはこれらの主要構造部分を変更しようとする事業者には，当該計画を事前に労働基準監督署長に届け出る義務を課し，事前に法令違反がないかどうかの審査が行われることになっている。

　この計画の届出について，事業者の自主的安全衛生活動の取組みを促進するため，労働安全衛生マネジメントシステムを踏まえて事業場における危険性・有害性の調査ならびに安全衛生計画

第5章 関 係 法 令

の策定および当該計画の実施・評価・改善等の措置を適切に行っており，その水準が高いと所轄
労働基準監督署長が認めた事業者に対しては，計画の届出の義務が免除されることとされている。

（2） 罰則

> **第122条** 法人の代表者又は法人若しくは人の代理人，使用人その他の従業者が，その法人又
> は人の業務に関して，第116条，第117条，第119条又は第120条の違反行為をしたときは，
> 行為者を罰するほか，その法人又は人に対しても，各本条の罰金刑を科する。

安衛法は，その厳正な運用を担保するため，違反に対する罰則について12カ条の規定を置いて
いる（第115条の2，第115条の3，第115条の4，第116条，第117条，第118条，第119条，第120条，
第121条，第122条，第122条の2，第123条）。

また，同法は事業者責任主義を採用し，その第122条で「両罰規定」を設けて，各条が定めた措
置義務者（事業者）のほかに，法人の代表者，法人または人の代理人，使用人その他の従事者が
その法人または人の業務に関して，それぞれの違反行為をしたときの従事者が実行行為者として
罰されるほか，その法人または人に対しても，各本条に定める罰金刑を科すこととされている。

なお，安衛法第20条から第25条に規定される事業者の講じた危害防止措置または救護措置等に
関しては，第26条により労働者は遵守義務を負っており，これに違反した場合も罰金刑が科せら
るので，心しておくべきである。

3 労働安全衛生法施行令（抄）

昭和47年8月19日政令第318号

最終改正：平成31年4月10日政令第149号

（作業主任者を選任すべき作業）

第6条 法第14条の政令で定める作業は，次のとおりとする。

1～6 略

7 動力により駆動されるプレス機械を5台以上有する事業場において行う当該機械による作業

8～23 略

解 説

① 第7号の「5台以上有する事業場」の台数の計算については，使用を休止中のものは含まれるが，倉庫に保管されているもの等のように直ちには使用できない状態にあるものは含まれないこと。
② 第7号の「プレス機械」とは，曲げ，打抜き，絞り等の金型を介して原材料を曲げ，せん断，その他の成形をする機械のうち，労働安全衛生規則第147条の適用を受ける次のような機械を除いたものをいうこと。
　イ 印刷用平圧印刷機，筋つけ機，折目つけ機，紙型取り機およびこれに類する機械
　ロ ゴム，皮革又は紙製品用の型付け機および型打ち機
　ハ 鍛造プレス，ハンマー，ブルドーザー（重圧曲げ機械）およびアプセッター（横型ボルト・ナット鍛造機械）
　ニ 鋳型造形機および鋳型用の中子を作るために砂を加圧する機械
　ホ 圧縮空気，水圧又は蒸気を利用し，特殊

なダイスを通して軟質金属，陶磁器，黒鉛，プラスチック，ゴム，マカロニ等の物質を押し出す押し出し機
　ヘ れんが，建築用ブロック，排水管，下水管，タイルその他の陶磁器製品の製造に使用する金型を有しない加圧成型機械
　ト 梱包プレス
　チ 衣服プレス
　リ 搾り出し機
　ヌ 射出成型機，圧縮成型機及びダイ鋳造機
　ル ダイスポッティングプレス
　ヲ 反転式ダイスポッティングプレス
　ワ スクラッププレス
　カ 矯正プレス
　ヨ FRPプレス
　タ スウェージングマシン
　レ 粉末成形プレス
（昭47.9.18基発第602号，昭53.9.6基収第473号を一部修正）

（型式検定を受けるべき機械等）

第14条の2 法第44条の2第1項の政令で定める機械等は，次に掲げる機械等（本邦の地域内で使用されないことが明らかな場合を除く。）とする。

1 略

2 プレス機械又はシャーの安全装置

3～7 略

8 動力により駆動されるプレス機械のうちスライドによる危険を防止するための機構を有するもの

9～13 略

第5章 関 係 法 令

―――解 説―――

① 第2号の「シャー」とは,受け刃等に対して垂直に動く真直な又は角度をもった刃物を備え,原材料をせん断又は断さいするために使用する機械をいうこと。
　なお,スライサー,スリッター及び回転切断機は,本号の「シャー」には該当しないこと。
（昭47.9.18基発第602号を一部修正）
② 第8号の「スライドによる危険を防止するための機構」とは,下記のものをいうものであること。
（ⅰ）起動スイッチから,プレス作業者（当該プレス機械を使用して作業する者をいう。以下同じ。）が手を離し,危険限界に手が達するまでにスライドの作動が停止することを目的としたもの（例えば,両手操作,安全一行程方式のもの）
（ⅱ）スライドの作動中に,危険限界にプレス作業者の身体の一部が入らないことを目的としたもの（例えば,開閉ガード方式,シヤッター方式のもの）
（ⅲ）スライドの作動中にプレス作業者の身体の一部が危険限界に近接した場合に,スライドが停止することを目的としたもの（例えば,光線方式のもの）
（ⅳ）上記のほか,スライドが作動することによりプレス作業者に危険を生ずることを防止することを目的としたもの
（昭52.2.12基発第74号を一部修正）

（定期に自主検査を行うべき機械等）

第15条　法第45条第1項の政令で定める機械等は,次のとおりとする。

1　略

2　動力により駆動されるプレス機械

3　動力により駆動されるシヤー

4〜11　略

②　法第45条第2項の政令で定める機械等は,第13条第3項第8号,第9号,第33号及び第34号に掲げる機械等並びに前項第2号に掲げる機械等とする。

4　労働安全衛生規則（抄）

昭和47年9月30日労働省令第32号

最終改正：平成31年4月10日厚生労働省令第67号

第1編　通則

第2章　安全衛生管理体制

第5節　作業主任者

（作業主任者の選任）

第16条　法第14条の規定による作業主任者の選任は，別表第1の上欄（編注・左欄）に掲げる作業の区分に応じて，同表の中欄に掲げる資格を有する者のうちから行なうものとし，その作業主任者の名称は，同表の下欄（編注・右欄）に掲げるとおりとする。

②　略

別表第1　（第16条，第17条関係）（抄）

作　業　の　区　分	資格を有する者	名　　　　称
令第6条第7号の作業	プレス機械作業主任者技能講習を修了した者	プレス機械作業主任者

第2章の4　危険性又は有害性等の調査等

（危険性又は有害性等の調査）

第24条の11　法第28条の2第1項の危険性又は有害性等の調査は，次に掲げる時期に行うものとする。

1　建設物を設置し，移転し，変更し，又は解体するとき。

2　設備，原材料等を新規に採用し，又は変更するとき。

3　作業方法又は作業手順を新規に採用し，又は変更するとき。

4　前三号に掲げるもののほか，建設物，設備，原材料，ガス，蒸気，粉じん等による，又は作業行動その他業務に起因する危険性又は有害性等について変化が生じ，又は生ずるおそれがあるとき。

②　法第28条の2第1項ただし書の厚生労働省令で定める業種は，令第2条第1号に掲げる業種及び同条第2号に掲げる業種（製造業を除く。）とする。

解　説

① 　調査の実施時期

　　第1項第2号の「設備」には機械，器具が含まれ，「設備，原材料等を新規に採用」することには設備等を設置することが含まれ，「変更」には設備の配置換えが含まれること。

　　第1項第3号の「作業方法若しくは作業手順を新規に採用するとき」には，建設業等の仕事を開始しようとするとき，新たな作業標準又は作業手順書等を定めるときが含まれること。

　　第1項第4号には，地震等の影響により，建設物等が損傷する等危険性又は有害性等に変化が生じているおそれがある場合が含

まれること。このような場合には，当該建設物等に係る作業を再開する前に調査を実施する必要があること。

　　調査については，第1号から第3号までに掲げる時期の前に十分な時間的余裕をもって実施する必要があること。また，これら変更等に係る計画等を策定する場合は，その段階において実施することが望ましいこと。

② 　対象業種

　　法第28条の2第1項ただし書の業種として，安全管理者の選任義務のある業種を定めたものであること。

　　　　　　（平18.2.24基発第0224003号）

第5章 関係法令

（機械に関する危険性等の通知）

第24条の13 労働者に危険を及ぼし，又は労働者の健康障害をその使用により生ずるおそれのある機械（以下単に「機械」という。）を譲渡し，又は貸与する者（次項において「機械譲渡者等」という。）は，文書の交付等により当該機械に関する次に掲げる事項を，当該機械の譲渡又は貸与を受ける相手方の事業者（次項において「相手方事業者」という。）に通知するよう努めなければならない。

1　型式，製造番号その他の機械を特定するために必要な事項

2　機械のうち，労働者に危険を及ぼし，又は労働者の健康障害をその使用により生ずるおそれのある箇所に関する事項

3　機械に係る作業のうち，前号の箇所に起因する危険又は健康障害を生ずるおそれのある作業に関する事項

4　前号の作業ごとに生ずるおそれのある危険又は健康障害のうち最も重大なものに関する事項

5　前各号に掲げるもののほか，その他参考となる事項

② 略

解 説

① 本条第1項第2号から第5号の事項は，機械包括安全指針に基づき機械の危険性等の調査を実施し，保護方策を講じた後に残る残留リスク情報及びその他の必要な情報に関するものであること。

② 機械単独ではなく，複数の機械が一つの機械システムとして使用される場合には，当該機械システムの取りまとめを行う機械譲渡者等は，個々の機械の危険性等の情報を入手し，機械を組み合わせることにより新たに出現する危険性等に対して調査し，その結果に基づく保護方策を実施した上で，残留リスク情報等について通知する必要が

あること。

③ 中古の機械について，それまで機械を使用していた者等が機械を改造している場合は，機械譲渡者等はその内容も調査し，通知する必要があること。

④ 本条第1項第5号の「その他参考となる事項」には，次の事項が含まれること。

ア　保護方策が必要となる機械の運用段階

イ　作業に必要な資格・教育（ただし，必要な場合に限る。）

ウ　機械の使用者が実施すべき保護方策

エ　取扱説明書の参照部分

（平24.3.29基発0329第7号）

第3章　機械等並びに危険物及び有害物に関する規制

第1節　機械等に関する規制

（作動部分上の突起物等の防護措置）

第25条 法第43条の厚生労働省令で定める防護のための措置は，次のとおりとする。

1　作動部分上の突起物については，埋頭型とし，又は覆いを設けること。

2　動力伝導部分又は調速部分については，覆い又は囲いを設けること。

（規格に適合した機械等の使用）

第27条 事業者は，法別表第2に掲げる機械等及び令第13条第3項各号に掲げる機械等については，法第42条の厚生労働大臣が定める規格又は安全装置を具備したものでなければ，使用してはならない。

（安全装置等の有効保持）

第28条 事業者は，法及びこれに基づく命令により設けた安全装置，覆い，囲い等（以下「安全装置等」という。）が有効な状態で使用されるようそれらの点検及び整備を行なわなければならない。

第29条 労働者は，安全装置等について，次の事項を守らなければならない。

1 安全装置等を取りはずし，又はその機能を失わせないこと。

2 臨時に安全装置等を取りはずし，又はその機能を失わせる必要があるときは，あらかじめ，事業者の許可を受けること。

3 前号の許可を受けて安全装置等を取りはずし，又はその機能を失わせたときは，その必要がなくなつた後，直ちにこれを原状に復しておくこと。

4 安全装置等が取りはずされ，又はその機能を失つたことを発見したときは，すみやかに，その旨を事業者に申し出ること。

② 事業者は，労働者から前項第4号の規定による申出があつたときは，すみやかに，適当な措置を講じなければならない。

第4章　安全衛生教育

（雇入れ時等の教育）

第35条 事業者は，労働者を雇い入れ，又は労働者の作業内容を変更したときは，当該労働者に対し，遅滞なく，次の事項のうち当該労働者が従事する業務に関する安全又は衛生のため必要な事項について，教育を行なわなければならない。ただし，令第2条第3号に掲げる業種の事業場の労働者については，第1号から第4号までの事項についての教育を省略することができる。

1 機械等，原材料等の危険性又は有害性及びこれらの取扱い方法に関すること。

2 安全装置，有害物抑制装置又は保護具の性能及びこれらの取扱い方法に関すること。

3 作業手順に関すること。

4 作業開始時の点検に関すること。

5 当該業務に関して発生するおそれのある疾病の原因及び予防に関すること。

6 整理，整頓及び清潔の保持に関すること。

7 事故時等における応急措置及び退避に関すること。

8 前各号に掲げるもののほか，当該業務に関する安全又は衛生のために必要な事項

② 事業者は，前項各号に掲げる事項の全部又は一部に関し十分な知識及び技能を有していると認められる労働者については，当該事項についての教育を省略することができる。

第5章 関 係 法 令

─── 解 説 ───

① 第1項の教育は，当該労働者が従事する業務に関する安全または衛生を確保するために必要な内容および時間をもって行なうものとすること。
② 第1項第3号の事項は，現場に配属後，作業見習の過程において教えることを原則とするものであること。
③ 第2項は，職業訓練を受けた者等教育すべき事項について十分な知識および技能を有していると認められる労働者に対し，教育事項の全部または一部の省略を認める趣旨であること。 （昭47.9.18基発第601号の1）

（編注）
第1項の「令第2条第3号に掲げる業種」は以下に掲げる業種以外の業種をいう。
林業，鉱業，建設業，運送業及び清掃業，製造業（物の加工業を含む。），電気業，ガス業，熱供給業，水道業，通信業，各種商品卸売業，家具・建具・じゅう器等卸売業，各種商品小売業，家具・建具・じゅう器小売業，燃料小売業，旅館業，ゴルフ場業，自動車整備業及び機械修理業

（特別教育を必要とする業務）

第36条 法第59条第3項の厚生労働省令で定める危険又は有害な業務は，次のとおりとする。

1 略

2 動力により駆動されるプレス機械（以下「動力プレス」という。）の金型，シヤーの刃部又はプレス機械若しくはシヤーの安全装置若しくは安全囲いの取付け，取外し又は調整の業務

3～41 略

（特別教育の科目の省略）

第37条 事業者は，法第59条第3項の特別の教育（以下「特別教育」という。）の科目の全部又は一部について十分な知識及び技能を有していると認められる労働者については，当該科目についての特別教育を省略することができる。

─── 解 説 ───

問 安衛則第37条により特別教育の科目の省略が認められる者は，具体的にどのような者か。
答 当該業務に関連し上級の資格（技能免許または技能講習修了）を有する者，他の事業場において当該業務に関し，すでに特別の教育を受けた者，当該業務に関し，職業訓練を受けた者等がこれに該当する。
（昭48.3.19基発第145号）

（特別教育の記録の保存）

第38条 事業者は，特別教育を行なつたときは，当該特別教育の受講者，科目等の記録を作成して，これを3年間保存しておかなければならない。

（特別教育の細目）

第39条 前二条及び第592条の7に定めるもののほか，第36条第1号から第13号まで，第27号，第30号から第36号まで，第39号から第41号までに掲げる業務に係る特別教育の実施について必要な事項は，厚生労働大臣が定める。

第2編 安全基準

第1章 機械による危険の防止

第1節 一般基準

4　労働安全衛生規則（抄）

（原動機，回転軸等による危険の防止）

第101条　事業者は，機械の原動機，回転軸，歯車，プーリー，ベルト等の労働者に危険を及ぼす
おそれのある部分には，覆い，囲い，スリーブ，踏切橋等を設けなければならない。

②　事業者は，回転軸，歯車，プーリー，フライホイール等に附属する止め具については，埋頭
型のものを使用し，又は覆いを設けなければならない。

③　事業者は，ベルトの継目には，突出した止め具を使用してはならない。

④　事業者は，第1項の踏切橋には，高さが90センチメートル以上の手すりを設けなければならない。

⑤　労働者は，踏切橋の設備があるときは，踏切橋を使用しなければならない。

解　説

①　第1項の「ベルト等」の「等」には，チェーンが含まれること。

②　第1項の「労働者に危険を及ぼすおそれのある部分」とは，労働者が通常の作業（日々行われる掃除，給油，検査等を含む。）又は通行の際に接触することにより巻き込まれ，又は引き込まれる等の危険がある部分をいうこと。

③　第1項の「踏切橋等」の「等」には，柵が含まれること。

④　第2項の「フライホイール等」の「等」には，スプロケットホイールが含まれること。

⑤　第2項の「止め具」とは，回転軸に歯車，プーリ等を固定するためのキー，セットボルト等をいい，非金属のものを含むこと。

⑥　第3項の「突出した止め具」には，突出部を削って安全にした止め具は含まれないこと。

⑦　第4項の「手すり」については，中さんを設けるように指導すること。

（昭45.10.16基発第753号）

（動力しや断装置）

第103条　事業者は，機械ごとにスイッチ，クラッチ，ベルトシフター等の動力しや断装置を設け
なければならない。ただし，連続した一団の機械で，共通の動力しや断装置を有し，かつ，工
程の途中で人力による原材料の送給，取出し等の必要のないものは，この限りでない。

②　事業者は，前項の機械が切断，引抜き，圧縮，打抜き，曲げ又は絞りの加工をするものであ
るときは，同項の動力しや断装置を当該加工の作業に従事する者がその作業位置を離れること
なく操作できる位置に設けなければならない。

③　事業者は，第1項の動力しや断装置については，容易に操作ができるもので，かつ，接触，
振動等のため不意に機械が起動するおそれのないものとしなければならない。

解　説

①　第2項の「切断，引抜き，圧縮，打抜き，曲げ又は絞りの加工をするもの」とは，プレス機械，シャー，射出成形機等緊急の際に当該加工の作業に従事する労働者が直ちに動力をしゃ断しなければならない必要度の高い機械をいうこと。

②　第2項の「その作業位置を離れることなく操作できる位置」とは，通常の作業範囲において操作できる位置をいい，材料の取扱い位置と機械の操作位置とが同一でない機械にあっては，動力しゃ断装置が通常の作業範囲（材料の取扱い及び機械の操作の範囲）において操作できる位置に設けられていれば足り，また，遠隔操作の機械，自動化されている機械又は2台以上の機械で一人の労働者により操作されるもの等にあっては，当該機械を操作する者が通常の作業範囲において容易にしゃ断操作ができれば足りること。

③　第3項の「接触，振動等のために不意に機械が起動するおそれのないもの」とは，クラッチのレバーでノッチ付きになっているもの，ペダルで覆いを設けたもの等をいうこと。

（昭45.10.16基発第753号）

173

第5章 関 係 法 令

（運転開始の合図）

第104条 事業者は，機械の運転を開始する場合において，労働者に危険を及ぼすおそれのあると
きは，一定の合図を定め，合図をする者を指名して，関係労働者に対し合図を行なわせなけれ
ばならない。

② 労働者は，前項の合図に従わなければならない。

─── 解 説 ───

① 第1項の「機械の運転を開始する場合に
おいて，労働者に危険を及ぼすおそれのあ
るとき」とは，総合運転方式にあっては原動
機にスイッチを入れる場合，連続した一団
の機械にあっては共通のスイッチを入れる

場合等をいうこと。
② 第1項の「関係労働者」とは，動力源に関
係のある作業範囲におけるすべての労働者
をいうこと。

（昭45.10.16基発第753号）

（加工物等の飛来による危険の防止）

第105条 事業者は，加工物等が切断し，又は欠損して飛来することにより労働者に危険を及ぼす
おそれのあるときは，当該加工物等を飛散させる機械に覆い又は囲いを設けなければならない。
ただし，覆い又は囲いを設けることが作業の性質上困難な場合において，労働者に保護具を使
用させたときは，この限りでない。

② 労働者は，前項ただし書の場合において，保護具の使用を命じられたときは，これを使用し
なければならない。

（掃除等の場合の運転停止等）

第107条 事業者は，機械（刃部を除く。）の掃除，給油，検査，修理又は調整の作業を行う場合
において，労働者に危険を及ぼすおそれのあるときは，機械の運転を停止しなければならない。
ただし，機械の運転中に作業を行わなければならない場合において，危険な箇所に覆いを設け
る等の措置を講じたときは，この限りでない。

② 事業者は，前項の規定により機械の運転を停止したときは，当該機械の起動装置に錠を掛け，
当該機械の起動装置に表示板を取り付ける等同項の作業に従事する労働者以外の者が当該機械
を運転することを防止するための措置を講じなければならない。

─── 解 説 ───

① 第1項の「調整」の作業には，原材料が目
詰まりした場合の原材料の除去や異物の除
去等，機械の運転中に発生する不具合を解
消するための一時的な作業や機械の設定の
ための作業が含まれること。
② 第1項の機械の運転停止に関して，機械
の運転を停止する操作を行った後，速やか
に機械の可動部分を停止させるためのブ
レーキを備えることが望ましいこと。
③ 第1項ただし書の「覆いを設ける等」の
「等」には，次の全ての機能を備えたモード
を使用することが含まれること。なお，こ
のモードは「機械の包括的な安全基準に関
する指針」（平成19年7月31日付け基発第
0731001号）の別表第2の14(3)イに示され
たものであること。
ア 選択したモード以外の運転モードが作

動しないこと。
イ 危険性のある運動部分は，イネーブル
装置，ホールド・ツゥ・ラン制御装置又は
両手操作式制御装置の操作を続けること
によってのみ動作できること。
ウ 動作を連続して行う必要がある場合，
危険性のある運動部分の動作は，低速度
動作，低駆動力動作，寸動動作又は段階的
操作による動作とすること。
④ 第1項の「調整」の作業を行うときは，作
業手順を定め，労働者に適切な安全教育を
行うこと。
⑤ 第2項の「当該機械の起動装置に表示板
を取り付ける」措置を講じる場合には，表示
板の脱落や見落としのおそれがあることか
ら，施錠装置を併用することが望ましいこ
と。 （平25.4.12基発0412第13号）

174

4 労働安全衛生規則（抄）

> ⑥ 「当該機械の起動装置に表示板を取り付ける等」の「等」には次の措置が含まれること。
> ア 作業者に安全プラグを携帯させること。
> イ 監視人を配置し，作業を行っている間当該機械の起動装置を操作させないように措置を講ずること。
> ウ 当該機械の起動装置の操作盤全体に錠をかけること。 （昭58.6.28基発第339号）

（刃部のそうじ等の場合の運転停止等）

第108条 事業者は，機械の刃部のそうじ，検査，修理，取替え又は調整の作業を行なうときは，機械の運転を停止しなければならない。ただし，機械の構造上労働者に危険を及ぼすおそれのないときは，この限りでない。

② 事業者は，前項の規定により機械の運転を停止したときは，当該機械の起動装置に錠をかけ，当該機械の起動装置に表示板を取り付ける等同項の作業に従事する労働者以外の者が当該機械を運転することを防止するための措置を講じなければならない。

③ 事業者は，運転中の機械の刃部において切粉払いをし，又は切削剤を使用するときは，労働者にブラシその他の適当な用具を使用させなければならない。

④ 労働者は，前項の用具の使用を命じられたときは，これを使用しなければならない。

（ストローク端の覆い等）

第108条の2 事業者は，研削盤又はプレーナーのテーブル，シエーパーのラム等のストローク端が労働者に危険を及ぼすおそれのあるときは，覆い，囲い又は柵を設ける等当該危険を防止する措置を講じなければならない。

　　　第4節　プレス機械及びシヤー

（プレス等による危険の防止）

第131条 事業者は，プレス機械及びシヤー（以下「プレス等」という。）については，安全囲いを設ける等当該プレス等を用いて作業を行う労働者の身体の一部が危険限界に入らないような措置を講じなければならない。ただし，スライド又は刃物による危険を防止するための機構を有するプレス等については，この限りでない。

② 事業者は，作業の性質上，前項の規定によることが困難なときは，当該プレス等を用いて作業を行う労働者の安全を確保するため，次に定めるところに適合する安全装置（手払い式安全装置を除く。）を取り付ける等必要な措置を講じなければならない。

1 プレス等の種類，圧力能力，毎分ストローク数及びストローク長さ並びに作業の方法に応じた性能を有するものであること。

2 両手操作式の安全装置及び感応式の安全装置にあつては，プレス等の停止性能に応じた性能を有するものであること。

3 プレスブレーキ用レーザー式安全装置にあつては，プレスブレーキのスライドの速度を毎秒10ミリメートル以下とすることができ，かつ，当該速度でスライドを作動させるときはスライドを作動させるための操作部を操作している間のみスライドを作動させる性能を有するものであること。

③ 前二項の措置は，行程の切替えスイッチ，操作の切替えスイッチ若しくは操作ステーシヨン

175

第5章 関 係 法 令

の切替えスイッチ又は安全装置の切替えスイッチを備えるプレス等については，当該切替えスイッチが切り替えられたいかなる状態においても講じられているものでなければならない。

解 説

① 第1項の「危険限界」とは，スライド又は刃物が作動する範囲をいうこと。

② 第2項の「前項によることが作業の性質上困難な場合」とは，多品種少量生産の場合，形状の複雑な材料を加工する場合等をいうこと。

(昭45.10.16基発第753号)

③ 第1項ただし書には，昭和53年1月1日以降型式検定の対象となるスライドによる危険を防止するための機構を有する動力プレス機械（安全プレス）が含まれているものであること。

④ 第1項の「身体の一部が危険限界に入らないような措置」とは，次のいずれかに該当する措置をいうこと。

ア 安全囲い（プレス作業者の指が安全囲いを通して，又はその外側から危険限界に届かないもの）を設けること。

イ 安全型（上死点における上型と下型（ストリッパーを用いる場合にあっては上死点における上型及び下型とストリッパー）とのすき間及びガイドポストとブッシュとのすき間が8mm以下のもの等指が金型の間に入らないもの）を使用すること。

ウ 専用プレス（特定の用途に限り使用でき，かつ，身体の一部が危険限界に入らない構造の動力プレス）を使用すること。

エ 自動プレス（自動的に材料の送給及び加工並びに製品等の排出を行う構造の動力プレス）を使用し，当該プレスが加工等を行う際には，プレス作業者等を危険限界に立ち入らせない等の措置が講じられていること。

⑤ 第2項の「安全装置を取り付ける等必要な措置」には，次のいずれかに該当する措置が含まれること。

ア 片手では専用の手工具が使用され，かつ，他方の手に対して囲い等が設けられていること。

イ 専用の手工具が両手で保持され，材料の送給又は製品の取出しが行われること。

⑥ 第2項第1号の「作業の方法に応じた性能を有するもの」とは，プレス作業においては，一行程，連続行程等の行程の区分，抜き，絞り等の加工の区分等により作業方法が異なることから作業方法に適応した性能を有する安全装置等をいうこと。

⑦ 第2項第2号の「両手操作式の安全装置」とは，次のものをいうこと。

ア 安全一行程用のもの

イ 両手起動式のもの（起動用の押しボタン等からプレス作業者が手を離し，危険限界に手が達するまでにスライドが下死点に達するもの）

⑧ 第2項第2号の「感応式の安全装置」には，光線式の安全装置が含まれること。

⑨ 第2項第2号の「プレス等の停止性能」とは，プレス等の固有の停止性能をいうものであり，次式のTsによって示されるものであること。

第2項第2号の「プレス等の停止性能に応じた性能」とは，両手操作式の安全装置及び感応式の安全装置の固有の遅動時間等によって表されるものであり，次式のTl又はTmによって示されるものであること。

（i） $D > 1.6(Tl + Ts)$

この式においてD，Tl及びTsはそれぞれ次の値を表す。

D：安全一行程用の両手操作式の安全装置にあっては，押しボタン等と危険限界との距離（単位 mm）
感応式の安全装置にあっては，感応域と危険限界との距離（単位 mm）

Tl：安全一行程用の両手操作式の安全装置にあっては，押しボタン等から手が離れた時から急停止機構が作動を開始するまでの時間（単位 msec）
感応式の安全装置にあっては，手が感応域に入った時から急停止機構が作動を開始する時までの時間（単位 msec）

Ts：急停止機構が作動を開始した時からスライドが停止する時までの時間（単位 msec）

プレス機械又はシャーの安全装置構造規格の一部を改正する件（平成23年厚生労働省告示第5号）に基づく光線式安全装置を設置するものについては，当該安全装置に表示がなされたとおり，光線式安全装置の連続遮光幅に応じた追加距離を含めた安全距離が必要なものもあることに留意すること。

（ii） $D > 1.6Tm$

この式においてD及びTmはそれぞれ次の値を示す。

D：両手起動式の安全装置にあっては，押しボタン等から危険限界との距離（単位 mm）

Tm：押しボタン等から手が離れた時からスライドが下死点に達する時までの所要最大時間（単位 msec）で，次の式による。

Tm=(1/2+1/クラッチの掛合い箇所の数)×クランク軸が1回転するに要する時間

具体的には，安全装置に表示されている使用できるプレス等の範囲によって判断すれば，足りるものであること。

⑨の2 第2項第2号の感応式の安全装置を

4　労働安全衛生規則（抄）

使用する場合であって，光線式安全装置の光軸とプレス機械のボルスターの前端との間に身体の一部が入り込む隙間がある場合は，当該隙間に安全囲いを設ける等の措置を講じる必要があること。
⑩　第3項は，切替えスイッチを切り替えることによって，プレス等が稼動状態において無防護とならないように規定したものであること。
⑪　第3項の「行程の切替え」とは，連続行程，一行程，安全一行程，寸動行程などの行程の切替えをいうこと。
⑫　第3項の「操作の切替え」とは，両手操作を片手操作に切り替える場合，両手操作をフートスイッチ又はフートペダル操作方式に切り替える場合等の操作の切替えをいうこと。
⑬　第3項の「操作ステーションの切替え」とは，複数の操作ステーションを単数の操作ステーションに切り替えるなど操作ステーションの数を切り替えることをいうこと。
⑭　第3項の「安全装置の切替え」とは，安全装置の作動をオン又はオフにするための切替えをいうこと。
（昭53.2.10基発第78号，平23.2.18基発0218第2号）

（スライドの下降による危険の防止）

第131条の2　事業者は，動力プレスの金型の取付け，取外し又は調整の作業を行う場合において，当該作業に従事する労働者の身体の一部が危険限界に入るときは，スライドが不意に下降することによる労働者の危険を防止するため，当該作業に従事する労働者に安全ブロックを使用させる等の措置を講じさせなければならない。

②　前項の作業に従事する労働者は，同項の安全ブロックを使用する等の措置を講じなければならない。

───解　説───
①　第1項の「調整」には，試し打ちに伴う調整が含まれること。
②　「安全ブロックを使用させる等の措置」の「等」には，安全プラグ及びキーロックによる措置が含まれること。　（昭53.2.10基発第78号）

（金型の調整）

第131条の3　事業者は，プレス機械の金型の調整のためスライドを作動させるときは，寸動機構を有するものにあつては寸動により，寸動機構を有するもの以外のものにあつては手回しにより行わなければならない。

───解　説───
①　「寸動機構」には，スライド調節装置が含まれること。
②　「手回し」とは，動力プレスの操作電源を切り，フライホール等の回転が停止した後フライホール等を手を用いて回してスライドを作動させることをいうこと。　（昭53.2.10基発第78号）

（クラッチ等の機能の保持）

第132条　事業者は，プレス等のクラッチ，ブレーキその他制御のために必要な部分の機能を常に有効な状態に保持しなければならない。

177

第5章 関 係 法 令

解 説

「その他制御のために必要な部分」とは，次
の部分をいうこと。
ア　クラッチ及びブレーキに附属するピン，
　　ボルト及びスプリング
イ　クラッチ及びブレーキに連結する連結機

構部分
ウ　第135条第2号から第5号までに掲げる部
　　分

（昭45.10.16基発第753号を一部修正）

（プレス機械作業主任者の選任）

第133条　事業者は，令第6条第7号の作業については，プレス機械作業主任者技能講習を修了し
た者のうちから，プレス機械作業主任者を選任しなければならない。

（プレス機械作業主任者の職務）

第134条　事業者は，プレス機械作業主任者に，次の事項を行なわせなければならない。

1　プレス機械及びその安全装置を点検すること。

2　プレス機械及びその安全装置に異常を認めたときは，直ちに必要な措置をとること。

3　プレス機械及びその安全装置に切替えキースイッチを設けたときは，当該キーを保管する
こと。

4　金型の取付け，取りはずし及び調整の作業を直接指揮すること。

解 説

第2号の「必要な措置」とは，その緊急度に応じ，プレス機械の使用を停止すること，使用者に
報告すること等をいうこと。　　　　　　　　　　　　　　　　　　　（昭45.10.16基発第753号）

（切替えキースイッチのキーの保管等）

第134条の2　事業者は，動力プレスによる作業のうち令第6条第7号の作業以外の作業を行う
場合において，動力プレス及びその安全装置に切替えキースイッチを設けたときは，当該キー
を保管する者を定め，その者に当該キーを保管させなければならない。

解 説

本条は，プレス作業主任者の選任を必要としないような規模の事業場における切替えスイッチの
キーの管理について規定したものであること。　　　　　　　　　　　（昭53.2.10基発第78号）

（定期自主検査）

第134条の3　事業者は，動力プレスについては，1年以内ごとに1回，定期に，次の事項につい
て自主検査を行わなければならない。ただし，1年を超える期間使用しない動力プレスの当該
使用しない期間においては，この限りでない。

1　クランクシヤフト，フライホイールその他動力伝達装置の異常の有無

2　クラッチ，ブレーキその他制御系統の異常の有無

3　一行程一停止機構，急停止機構及び非常停止装置の異常の有無

4　スライド，コネクチングロッドその他スライド関係の異常の有無

5　電磁弁，圧力調整弁その他空圧系統の異常の有無

6　電磁弁，油圧ポンプその他油圧系統の異常の有無

7　リミットスイッチ，リレーその他電気系統の異常の有無

8　ダイクッション及びその附属機器の異常の有無

9　スライドによる危険を防止するための機構の異常の有無

②　事業者は，前項ただし書の動力プレスについては，その使用を再び開始する際に，同項各号に掲げる事項について自主検査を行わなければならない。

---解　説---

①　第1項第3号の「一行程一停止機構」とは，押しボタン等を押し続けても，スライドが1行程で停止し再起動しない機構をいうこと。またこれは，ノンリピート機構とも，アンチリピート機構ともいうこと。

②　第1項第3号の「急停止機構」とは，危険その他の異常な状態を検出してプレス作業者等の意思にかかわらず自動的にスライドの動きを停止する機構をいうこと。急停止機構には，スライドを急上昇させる装置が含まれること。

③　第1項第3号の「非常停止装置」とは，危険限界に身体の一部が入っている場合，金型が破損した場合その他異常な状態を発見した場合等においてプレス作業者等が意識してスライドの作動を停止させることを目的とした装置をいうこと。

④　第1項第8号の「ダイクッション」とは，プレス機械のベッドに内蔵又は取り付けられた圧力保持装置をいうこと。

(昭53.2.10基発第78号)

（定期自主検査の記録）

第135条の2　事業者は，前二条の自主検査を行つたときは，次の事項を記録し，これを3年間保存しなければならない。

1　検査年月日

2　検査方法

3　検査箇所

4　検査の結果

5　検査を実施した者の氏名

6　検査の結果に基づいて補修等の措置を講じたときは，その内容

---解　説---

①　第1項第2号の「検査方法」には，検査機器を使用したときの検査機器の名称等が含まれること。

②　第1項第6号の「その内容」には，補修箇所，補修日時，補修の方法及び部品取替えの状況等が含まれること。

(昭53.2.10基発第78号)

（特定自主検査）

第135条の3　動力プレスに係る法第45条第2項の厚生労働省令で定める自主検査（以下「特定自主検査」という。）は，第134条の3に規定する自主検査とする。

②　動力プレスに係る法第45条第2項の厚生労働省令で定める資格を有する労働者は，次の各号のいずれかに該当する者とする。

1　次のいずれかに該当する者で，厚生労働大臣が定める研修を修了したもの

イ　学校教育法による大学又は高等専門学校において工学に関する学科を専攻して卒業した者（大学改革支援・学位授与機構により学士の学位を授与された者（当該学科を専攻した者に限る。）若しくはこれと同等以上の学力を有すると認められる者又は当該学科を専攻して専門職大学前期課程を修了した者を含む。第151条の24第2項第1号イにおいて同じ。）で，動力プレスの点検若しくは整備の業務に2年以上従事し，又は動力プレスの設計

第 5 章 関 係 法 令

　　　若しくは工作の業務に 5 年以上従事した経験を有するもの

　　ロ　学校教育法による高等学校又は中等教育学校において工学に関する学科を専攻して卒業
　　　した者で，動力プレスの点検若しくは整備の業務に 4 年以上従事し，又は動力プレスの設
　　　計若しくは工作の業務に 7 年以上従事した経験を有するもの

　　ハ　動力プレスの点検若しくは整備の業務に 7 年以上従事し，又は動力プレスの設計若しく
　　　は工作の業務に10年以上従事した経験を有する者

　　ニ　法別表第18第 2 号に掲げるプレス機械作業主任者技能講習を修了した者で，動力プレス
　　　による作業に10年以上従事した経験を有するもの

　2　その他厚生労働大臣が定める者

③　動力プレスに係る特定自主検査を法第45条第 2 項の検査業者（以下「検査業者」という。）に
　実施させた場合における前条の規定の適用については，同条第 5 号中「検査を実施した者の氏
　名」とあるのは，「検査業者の名称」とする。

④　事業者は，動力プレスに係る特定自主検査を行つたときは，当該動力プレスの見やすい箇所
　に，特定自主検査を行つた年月を明らかにすることができる検査標章をはり付けなければなら
　ない。

解　説

①　第 2 項第 1 号イ，ロ，ハの「動力プレスの点検若しくは整備の業務」には，これらの業務に直接従事する者を管理監督する検査係長，整備係長等の業務を含むものであること。
②　第 2 項第 1 号のイ，ロ，ハの「動力プレスの設計若しくは工作の業務」には，これらの

業務に直接従事する者を管理監督する設計係長等の業務を含むものであること。
③　第 4 項の趣旨は，事業者及び労働者が特定自主検査が実施済であること及び次の検査時期を容易に確認できるように検査標章をはり付けることとしたものであること。

（昭53.2.10基発第78号）

（作業開始前の点検）

第136条　事業者は，プレス等を用いて作業を行うときは，その日の作業を開始する前に，次の事
　項について点検を行わなければならない。

　1　クラッチ及びブレーキの機能

　2　クランクシヤフト，フライホイール，スライド，コネクチングロッド及びコネクチングス
　　クリユーのボルトのゆるみの有無

　3　一行程一停止機構，急停止機構及び非常停止装置の機能

　4　スライド又は刃物による危険を防止するための機構の機能

　5　プレス機械にあつては，金型及びボルスターの状態

　6　シヤーにあつては，刃物及びテーブルの状態

（プレス等の補修）

第137条　事業者は，第134条の 3 若しくは第135条の自主検査又は前条の点検を行つた場合にお
　いて，異常を認めたときは，補修その他の必要な措置を講じなければならない。

　　第 9 節　産業用ロボツト

　（教示等）

4　労働安全衛生規則（抄）

第150条の3　事業者は，産業用ロボットの可動範囲内において当該産業用ロボットについて教示等の作業を行うときは，当該産業用ロボットの不意の作動による危険又は当該産業用ロボットの誤操作による危険を防止するため，次の措置を講じなければならない。ただし，第1号及び第2号の措置については，産業用ロボットの駆動源を遮断して作業を行うときは，この限りでない。

1　次の事項について規程を定め，これにより作業を行わせること。

　イ　産業用ロボットの操作の方法及び手順

　ロ　作業中のマニプレータの速度

　ハ　複数の労働者に作業を行わせる場合における合図の方法

　ニ　異常時における措置

　ホ　異常時に産業用ロボットの運転を停止した後，これを再起動させるときの措置

　ヘ　その他産業用ロボットの不意の作動による危険又は産業用ロボットの誤操作による危険を防止するために必要な措置

2　作業に従事している労働者又は当該労働者を監視する者が異常時に直ちに産業用ロボットの運転を停止することができるようにするための措置を講ずること。

3　作業を行つている間産業用ロボットの起動スイッチ等に作業中である旨を表示する等作業に従事している労働者以外の者が当該起動スイッチ等を操作することを防止するための措置を講ずること。

―――――――――――――― 解　説 ――――――――――――――

① 第1号は，同号に掲げる事項について，産業用ロボットの種類，関連する機械等との連動の状況，教示等の内容等の実態に即して，産業用ロボットの不意の作動による危険又は産業用ロボットの誤操作による危険を防止するために必要な内容を定めた規程を作成し，それに従って作業を行わなければならないことを規定したものであること。そのため，関係労働者の意見を取り入れる等により，できるだけ実効のあるものを作成するように努めるべきであること。

　なお，同号の「規程」に定めるべき内容が同一であれば，複数の産業用ロボットについて共通の「規程」を定めても差し支えないこと。

② 第1号イの「操作の方法及び手順」には，起動の方法，操作スイッチの取扱い，教示の方法，確認の方法及びこれらの手順が含まれること。

③ 第1号ロの「作業中のマニプレータの速度」は，不意の作動等による危険を防止する上で，できるだけ遅くすることが望ましいものであり，速度の切替えができるものにあっては教示等の内容等の実態に即して適切な速度を定める必要があること。

④ 第1号ニの「異常時における措置」には次の事項が含まれること。

　イ　非常停止を行うための方法

　ロ　産業用ロボットの非常停止を行ったと

き，併せて，関連する機械等を停止させる方法

　ハ　電圧，空気圧，油圧等が変動したときの措置

　ニ　非常停止装置が機能しなかった場合の措置

⑤ 第1号ホの措置には可動範囲内において教示作業を行う者の安全の確認及び異常事態の解除の確認が含まれること。

　なお，関連機械等が産業用ロボットのスイッチ等と連動されている場合には，当該機械等による危険についても配慮すること。

　イ　第3号の措置

　ロ　教示等の作業を行う場合の位置，姿勢等

　ハ　ノイズの防止方法

　ニ　関連機械等の操作者との合図の方法

⑥ 第2号の措置には次の措置があること。

　イ　作業に従事している労働者に，異常時に直ちに産業用ロボットの運転を停止することができる構造のスイッチを保持させること。

　ロ　作業に従事している労働者がスイッチを押している間だけ産業用ロボットが作動し，手を離すと直ちに停止する機能を有する可搬式操作盤により作業を行わせること。

　ハ　教示等の作業に従事している労働者を監視する者に，常に当該労働者を監視さ

181

第5章 関係法令

せるとともに，異常時に直ちに産業用ロボットの運転を停止することができる構造のスイッチを当該監視する者がその場で操作できる位置に備えること。
⑦　第3号の「産業用ロボットの起動スイッチ等」の「等」には，産業用ロボットの運転状態を切り替えるためのスイッチが含まれること。
⑧　第3号の「作業中である旨を表示する」には表示板に表示すること又はランプを点燈させることにより作業中であることが明ら

かにすることがあること。
⑨　第3号の「作業中である旨を表示する等」の「等」には，次の措置が含まれること。
イ　監視人を配置し，作業を行っている間産業用ロボットの起動スイッチ等を操作させないようにすること。
ロ　産業用ロボットの起動スイッチ等の操作盤全体に錠をかけること。
（昭58.6.28基発第339号）

（運転中の危険の防止）

第150条の4　事業者は，産業用ロボットを運転する場合（教示等のために産業用ロボットを運転する場合及び産業用ロボットの運転中に次条に規定する作業を行わなければならない場合において産業用ロボットを運転するときを除く。）において，当該産業用ロボットに接触することにより労働者に危険が生ずるおそれのあるときは，さく又は囲いを設ける等当該危険を防止するために必要な措置を講じなければならない。

解　説

「さく又は囲いを設ける等」の「等」には，次の措置が含まれること。
①　産業用ロボットの可動範囲に労働者が接近したことを検知し，検知後直ちに産業用ロボットの作動を停止させ，かつ，再起動の操作をしなければ当該産業用ロボットが作動しない機能を有する光線式安全装置，超音波センサー等を利用した安全装置，安全マット（マットスイッチ）等を備えること。
②　産業用ロボットの可動範囲の外側にロープ，鎖等を張り，見やすい位置に「運転中立入禁止」の表示を行い，かつ，労働者にその趣旨の徹底を図ること。
③　監視人を配置し，産業用ロボットの可動範囲内に労働者を立ち入らせないようにすること。
④　視野が産業用ロボットの可動範囲の全域に及び，画像が鮮明であり，かつ，労働者が産業用ロボットの可動範囲に接近したことを容易に判断できる機能を有する監視装置（モニターTV）を設置し，当該監視装置を通じて監視するものを配置するとともに，

次のいずれかの措置を講ずること。
イ　マイク等で警告を発すること等により産業用ロボットの可動範囲内に労働者を立ち入らせないようにすること。
ロ　労働者が産業用ロボットの可動範囲内に接近したときは，当該監視する者が直ちに産業用ロボットの運転を停止することができるようにすること。
⑤　国際標準化機構（ISO）による産業用ロボットの規格（ISO 10218-1：2011及びISO10218-2：2011）によりそれぞれ設計，製造及び設置された産業用ロボット（産業用ロボットの設計者，製造者及び設置者がそれぞれ別紙に定める技術ファイル及び適合宣言書を作成しているものに限る。）を，その使用条件に基づき適切に使用すること。なお，ここでいう「設置者」とは，事業者（ユーザー），設置業者，製造者（メーカー）などの者のうち，設置の安全条件に責任を持つ者が該当すること。
（昭58.6.28基発第339号）

（検査等）

第150条の5　事業者は，産業用ロボットの可動範囲内において当該産業用ロボットの検査，修理，調整（教示等に該当するものを除く。），掃除若しくは給油又はこれらの結果の確認の作業を行うときは，当該産業用ロボットの運転を停止するとともに，当該作業を行っている間当該産業用ロボットの起動スイッチに錠をかけ，当該産業用ロボットの起動スイッチに作業中である旨を表示する等当該作業に従事している労働者以外の者が当該起動スイッチを操作することを防

4　労働安全衛生規則（抄）

止するための措置を講じなければならない。ただし，産業用ロボットの運転中に作業を行わな
ければならない場合において，当該産業用ロボットの不意の作動による危険又は当該産業用ロ
ボットの誤操作による危険を防止するため，次の措置を講じたときは，この限りでない。

1　次の事項について規程を定め，これにより作業を行わせること。

　　イ　産業用ロボットの操作の方法及び手順

　　ロ　複数の労働者に作業を行わせる場合における合図の方法

　　ハ　異常時における措置

　　ニ　異常時に産業用ロボットの運転を停止した後，これを再起動させるときの措置

　　ホ　その他産業用ロボットの不意の作動による危険又は産業用ロボットの誤操作による危険
　　　　を防止するために必要な措置

2　作業に従事している労働者又は当該労働者を監視する者が異常時に直ちに産業用ロボット
　の運転を停止することができるようにするための措置を講ずること。

3　作業を行つている間産業用ロボットの運転状態を切り替えるためのスイッチ等に作業中で
　ある旨を表示する等作業に従事している労働者以外の者が当該スイッチ等を操作することを
　防止するための措置を講ずること。

解　説

① 本文の「運転を停止する」とは，一次電源を切ること，起動スイッチを切ること等人が起動操作を行わない限り，産業用ロボットが静止し続ける状態にすることをいうこと。

　なお，産業用ロボットがプログラムにより静止の維持が命令されている状態，関連する機械等からの信号待ちの状態においては，産業用ロボットは，静止してはいるが「運転を停止」しているとはいえないこと。

② 本文の「作業中である旨を表示する等」の「等」の範囲は，第107条第2項の「当該機械の起動装置に表示板を取り付ける等」の「等」の範囲と同様であること。

③ 第1号の趣旨等，第1号イの趣旨及び内容，第1号ロの趣旨，第1号ハの「異常時に

おける措置」の内容，第1号ニの内容並びに第1号ホの「措置」の内容は，それぞれ第150条の3第1号への趣旨等，第150条の3第1号イの趣旨及び内容，第150条の3第1号ハの趣旨，第150条の3第1号のニの「異常時における措置」の内容，第150条の3第1号のホの内容並びに第150条の3第1号への「措置」の内容と同様であること。

④ 第2号の措置の内容は第150条の3第2号の措置の内容と同様であること。

⑤ 第3号の「産業用ロボットの運転状態を切り替えるためのスイッチ等」の「等」には，産業用ロボットの停止スイッチが含まれること。

（昭58.6.28基発第339号）

（点検）

第151条　事業者は，産業用ロボットの可動範囲内において当該産業用ロボットについて教示等
（産業用ロボットの駆動源を遮断して行うものを除く。）の作業を行うときは，その作業を開始
する前に，次の事項について点検し，異常を認めたときは，直ちに補修その他必要な措置を講
じなければならない。

1　外部電線の被覆又は外装の損傷の有無

2　マニプレータの作動の異常の有無

3　制動装置及び非常停止装置の機能

183

第 5 章　関　係　法　令

解　説

本条の規定による点検は，第36条第32号及び第150条の 5 の「検査」に該当すること。

(昭58.6.28基発第339号)

附　則（抄）

附　則（平成23年厚生労働省令第 3 号）

（手払い式安全装置に係る経過措置）

第25条の 2　当分の間，第131条第 2 項の規定の適用については，同項各号列記以外の部分中「手払い式安全装置」とあるのは，「手払い式安全装置（ストローク長さが40ミリメートル以上であつて防護板（スライドの作動中に手の安全を確保するためのものをいう。）の長さ（当該防護板の長さが300ミリメートル以上のものにあつては，300ミリメートル）以下のものであり，かつ，毎分ストローク数が120以下である両手操作式のプレス機械に使用する場合を除く。）」とする。

5 安全衛生特別教育規程（抄）
（昭和47年 9 月30日労働省告示第92号）

（最終改正　平成30年 6 月19日厚生労働省告示第249号）

（動力プレスの金型等の取付け，取外し又は調整の業務に係る特別教育）

第 3 条　安衛則（編注：労働安全衛生規則）第36条第 2 号に掲げる業務に係る特別教育は，学科教育及び実技教育により行うものとする。

②　前項の学科教育は，次の表の上欄（編注：左欄）に掲げる科目に応じ，それぞれ，同表の中欄に掲げる範囲について同表の下欄（編注：右欄）に掲げる時間以上行なうものとする。

科　　目	範　　囲	時間
プレス機械又はシヤー及びこれらの安全装置又は安全囲いに関する知識	プレス機械又はシヤー及びこれらの安全装置又は安全囲いの種類，構造及び点検	2 時間
プレス機械又はシヤーによる作業に関する知識	材料の送給及び製品の取出し　プレス機械の金型，シヤーの刃部又はプレス機械若しくはシヤーの安全装置若しくは安全囲いの異常及びその処理	2 時間
プレス機械の金型，シヤーの刃部又はプレス機械若しくはシヤーの安全装置若しくは安全囲いの点検，取付け，調整等に関する知識	プレス機械の金型，シヤーの刃部又はプレス機械若しくはシヤーの安全装置若しくは安全囲いの点検，取付け，取外し及び調整	3 時間
関係法令	法，令及び安衛則中の関係条項	1 時間

③　第 1 項の実技教育は，プレス機械の金型，シヤーの刃部又はプレス機械若しくはシヤーの安全装置若しくは安全囲いの点検，取付け，取外し及び調整について，2 時間以上行うものとする。

第5章 関 係 法 令

6 動力プレス機械構造規格
（昭和52年12月26日労働省告示第116号）

（最終改正 平成23年1月12日厚生労働省告示第4号）

目次

第1章 構造及び機能（第1条―第8条）

第2章 電気系統（第9条―第15条）

第3章 機械系統（第16条―第32条）

第4章 液圧系統（第33条―第35条）

第5章 安全プレス（第36条―第45条）

第6章 雑則（第46条・第47条）

附則

第1章 構造及び機能

（一行程一停止機構）

第1条 労働安全衛生法別表第2第11号の動力により駆動されるプレス機械（以下「動力プレス」という。）は，一行程一停止機構を有するものでなければならない。ただし，身体の一部が危険限界に入らない構造の動力プレスにあっては，この限りでない。

（急停止機構）

第2条 動力プレスは，急停止機構を有するものでなければならない。ただし，次の各号に掲げる動力プレスにあっては，この限りでない。

1 身体の一部が危険限界に入らない構造の動力プレス

2 第37条のインターロックガード式の安全プレス（同条第2号ただし書の構造のものを除く。）

② 急停止機構を有する動力プレスは，当該急停止機構が作動した場合は再起動操作をしなければスライドが作動しない構造のものでなければならない。

（非常停止装置）

第3条 急停止機構を有する動力プレスは，非常時に即時にスライドの作動を停止することができる装置（以下「非常停止装置」という。）を備え，かつ，当該非常停止装置が作動した場合はスライドを始動の状態にもどした後でなければスライドが作動しない構造のものでなければならない。

（非常停止装置の操作部）

第4条 非常停止装置の操作部は，次の各号に定めるところに適合するものでなければならない。

1 赤色で，かつ，容易に操作できるものであること。

2 操作ステーションごとに備えられ，かつ，アプライトがある場合にあっては当該アプライ

トの前面及び後面に備えられているものであること。

（寸動機構）

第5条　急停止機構を有する動力プレスは，寸動機構を有するものでなければならない。

（安全ブロック等）

第6条　動力プレスは，スライドが不意に下降することを防止することができる安全ブロック又はスライドを固定する装置（以下「安全ブロック等」という。）を備え，かつ，当該安全ブロック等の使用中はスライドを作動させることができないようにするためのインターロック機構を有するものでなければならない。

②　安全ブロック等は，スライド及び上型の自重を支えることができるものでなければならない。

（プレスの起動時等の危険防止）

第7条　動力プレスは，その電源を入れた後，当該動力プレスのスライドを作動させるための操作部を操作しなければスライドが作動しない構造のものでなければならない。

②　動力プレスのスライドを作動させるための操作部は，接触等によりスライドが不意に作動することを防止することができる構造のものでなければならない。

③　連続行程を備える動力プレスは，行程の切替えスイッチの誤操作によって意図に反した連続行程によるスライドの作動を防止することができる機能を有するものでなければならない。ただし，身体の一部が危険限界に入らない構造の動力プレスにあっては，この限りでない。

（切替えスイッチ）

第8条　動力プレスに備える行程の切替えスイッチ及び操作の切替えスイッチは，次の各号に定めるところに適合するものでなければならない。ただし，第1号の規定は，第36条第2項に規定する切替えスイッチについては，適用しない。

1　キーにより切り替える方式のもので，当該キーをそれぞれの切替え位置で抜き取ることができるものであること。

2　それぞれの切替え位置で確実に保持されるものであること。

3　行程の種類及び操作の方法が明示されているものであること。

第2章　電気系統

（表示ランプ等）

第9条　動力プレスは，運転可能の状態を示すランプ等を備えているものでなければならない。

（防振装置）

第10条　動力プレスのリレー，トランジスター等の電気部品の取付け部又は制御盤及び操作盤と動力プレスの本体との取付け部は，防振措置が講じられているものでなければならない。

（電気回路）

第11条　動力プレスの主電動機の駆動用電気回路は，停電後通電が開始されたときには再起動操作をしなければ主電動機が駆動しないものでなければならない。ただし，身体の一部が危険限界に入らない構造の動力プレスにあっては，この限りでない。

②　動力プレスの制御用電気回路及び操作用電気回路は，リレー，リミットスイッチ等の電気部

第5章 関 係 法 令

品の故障, 停電等によりスライドが誤作動するおそれのないものでなければならない。ただし, 身体の一部が危険限界に入らない構造の動力プレスにあっては, この限りでない。

（操作用電気回路の電圧）

第12条 動力プレスの操作用電気回路の電圧は, 150ボルト以下でなければならない。

（外部電線）

第13条 動力プレスに使用する外部電線は, 日本工業規格 C3312（600V ビニル絶縁ビニルキャブタイヤケーブル）に定める規格に適合するビニルキャブタイヤケーブル又はこれと同等以上の絶縁効力, 耐油性, 強度及び耐久性を有するものでなければならない。

（主要な電気部品）

第14条 動力プレスの制御用電気回路及び操作用電気回路のリレー, リミットスイッチその他の主要な電気部品は, 当該動力プレスの機能を確保するための十分な強度及び寿命を有するものでなければならない。

② 動力プレスに設けるリミットスイッチ等は, 不意の接触等を防止し, かつ, 容易にその位置を変更できない措置が講じられているものでなければならない。

（電気回路の収納箱等）

第15条 動力プレスの制御用電気回路及び操作用電気回路が収納されている箱は, 水, 油若しくは粉じんの侵入又は外力によりこれらの電気回路の機能に障害を生ずるおそれのない構造のものでなければならない。

② 前項の箱から露出している充電部分は, 絶縁覆いが設けられているものでなければならない。

第3章　機械系統

（ばね）

第16条 動力プレスに使用するばねであってその破損, 脱落等によってスライドが誤作動するおそれのあるものは, 次の各号に定めるところに適合するものでなければならない。

1　圧縮型のものであること。

2　ロッド, パイプ等に案内されるものであること。

（ボルト等）

第17条 動力プレスに使用するボルト, ナット等であってその緩みによってスライドの誤作動, 部品の脱落等のおそれのあるものは, 緩み止めが施されているものでなければならない。

② 動力プレスに使用するピンであってその抜けによってスライドの誤作動, 部品の脱落等のおそれのあるものは, 抜け止めが施されているものでなければならない。

（ストローク数）

第18条 機械プレスのストローク数は, 次の表の上欄（編注：左欄）に掲げる機械プレスの種類及び同表の中欄に掲げる圧力能力に応じて, それぞれ同表の下欄（編注：右欄）に掲げるストローク数以下でなければならない。

機械プレスの種類	圧力能力 （単位　キロニュートン）	ストローク数 （単位　毎分ストローク数）
スライディングピンクラッチ付きプレス （以下「ピンクラッチプレス」という。）	200以下 200を超え300以下 300を超え500以下 500を超えるもの	150 120 100 50
ローリングキークラッチ付きプレス （以下「キークラッチプレス」という。）	200以下 200を超え300以下 300を超え500以下 500を超えるもの	300 220 150 100

（クラッチの材料）

第19条　クラッチの材料は，次の表の上欄（編注：左欄）に掲げる機械プレスの種類及び同表の中欄に掲げるクラッチの構成部分に応じて，それぞれ同表の下欄（編注：右欄）に掲げる鋼材でなければならない。

機械プレスの種類	クラッチの構成部分	鋼　　　　　材
ピンクラッチプレス	クラッチピン	日本工業規格 G4102（ニッケルクロム鋼鋼材）に定める2種の規格に適合する鋼材
	クラッチ作動用カム	日本工業規格 G4401（炭素工具鋼鋼材）に定める4種若しくは5種の規格に適合する鋼材又は日本工業規格 G4105（クロムモリブデン鋼鋼材）に定める3種の規格に適合する鋼材
	クラッチピン当て金	日本工業規格 G4404（合金工具鋼鋼材）に定める S44種の規格に適合する鋼材又は日本工業規格 G4105（クロムモリブデン鋼鋼材）に定める3種の規格に適合する鋼材
キークラッチプレス	内側のクラッチリング	日本工業規格 G4102（ニッケルクロム鋼鋼材）に定める21種の規格に適合する鋼材又は日本工業規格 G4051（機械構造用炭素鋼鋼材）に定める S40C、S43C 若しくは S45C の規格に適合する鋼材
	中央のクラッチリング	日本工業規格 G4102（ニッケルクロム鋼鋼材）に定める21種の規格に適合する鋼材
	外側のクラッチリング	日本工業規格 G4051（機械構造用炭素鋼鋼材）に定める S40C、S43C 又は S45C の規格に適合する鋼材
	ローリングキー、クラッチ作動用カム及びクラッチ掛け外し金具	日本工業規格 G4404（合金工具鋼鋼材）に定める S44種の規格に適合する鋼材

（クラッチの処理及び硬さ）

第20条　クラッチは，次の表の第1欄に掲げる機械プレスの種類及び同表の第2欄に掲げるクラッチの構成部分に応じて，それぞれ同表の第3欄に掲げる処理がなされ，及び同表の第4欄に掲げる表面硬さ値を有するものでなければならない。

第5章 関係法令

機械プレスの種類	クラッチの構成部分	処　　　　理	表面硬さ値
ピンクラッチ プレス	クラッチピン	焼入れ焼もどし	52以上 56以下
	クラッチ作動用カム	炭素工具鋼にあっては接触部のみ焼入れ 焼もどし クロムモリブデン鋼にあっては浸炭後焼 入れ焼もどし	52以上 56以下
	クラッチピン当て金	合金工具鋼にあっては焼入れ焼もどし クロムモリブデン鋼にあっては浸炭後焼 入れ焼もどし	54以上 58以下
キークラッチ プレス	内側のクラッチリング	焼入れ焼もどし	22以上 25以下
	中央のクラッチリング	浸炭後焼入れ焼もどし	52以上 56以下
	外側のクラッチリング	焼入れ焼もどし	22以上 25以下
	ローリングキー	焼入れ焼もどし	54以上 58以下
	クラッチ作動用カム	焼入れ焼もどし	42以上 45以下
	クラッチ掛け外し金具の うちクラッチ作動用カム に接触する部分	焼入れ焼もどし	42以上 45以下

備考　表面硬さ値は、ロックウエルC硬さの値をいう。

（クラッチの構造等）

第21条　機械プレスのクラッチで空気圧によって作動するものは，ばね緩め型の構造のもの又は これと同等以上の機能を有する構造のものでなければならない。

第22条　機械プレスのクラッチは，フリクションクラッチ式のものでなければならない。ただし， 機械プレス（機械プレスブレーキを除く。）であって，第2条第1項各号に掲げるものに該当す るものにあっては，この限りでない。

第23条　ピンクラッチプレスのクラッチは，クラッチ作動用カムがクラッチピンを戻す範囲を超 えない状態でクランク軸の回転を停止させることができるストッパーを備えているものでなけ ればならない。

②　前項のクラッチに使用するブラケットは，その位置を固定するための位置決めピンを備えて いるものでなければならない。

③　クラッチ作動用カムは，作動させなければ押し戻されない構造のものでなければならない。

④　クラッチ作動用カムの取付け部は，当該カムが受ける衝撃に耐えることができる強度を有す るものでなければならない。

（ブレーキ）

第24条　機械プレスのブレーキは，次の各号に定めるところに適合するものでなければならない。 ただし，第2号の規定は，湿式ブレーキについては，適用しない。

1　バンドブレーキ以外のものであること。

2　ブレーキ面に油脂類が侵入しない構造のものであること。

②　クランク軸等の偏心機構を有する動力プレス（以下「クランクプレス等」という。）で空気圧

6　動力プレス機械構造規格

によってクラッチを作動するもののブレーキは，ばね締め型の構造のもの又はこれと同等以上の機能を有する構造のものでなければならない。

（回転角度の表示計）

第25条　クランクプレス等は，見やすい箇所にクランク軸等の回転角度を示す表示計を備えているものでなければならない。ただし，身体の一部が危険限界に入らない構造の動力プレス及び自動プレス（自動的に材料の送給及び加工並びに製品等の排出を行う構造の動力プレスをいう。）にあっては，この限りでない。

（オーバーラン監視装置）

第26条　クランク軸等の回転数が毎分300回転以下のクランクプレス等は，オーバーラン監視装置（クランクピン等がクランクピン等の設定の停止点で停止することができない場合に急停止機構に対しクランク軸等の回転の停止の指示を行うことができる装置をいう。）を備えているものでなければならない。ただし，急停止機構を有することを要しないクランクプレス等又は自動プレスにあっては，この限りでない。

②　前項のオーバーラン監視装置を備えるクランクプレス等は，オーバーラン監視装置により急停止機構が作動した場合は，スライドを始動の状態に戻した後でなければスライドが作動しない構造のものでなければならない。

（クラッチ又はブレーキ用の電磁弁）

第27条　空気圧又は油圧によってクラッチ又はブレーキを制御する機械プレスは，次の各号に適合する電磁弁を備えるものでなければならない。ただし，第1号の規定は，身体の一部が危険限界に入らない構造の動力プレスについては，適用しない。

1　複式のものであること。

2　ノルマリクローズド型であること。

3　空気圧により制御するものにあっては，プレッシャーリターン型であること。

4　油圧により制御するものにあっては，ばねリターン型であること。

（過度の圧力上昇防止装置等）

第28条　前条の機械プレスは，クラッチ又はブレーキを制御するための空気圧又は油圧が過度に上昇することを防止することができる安全装置を備え，かつ，当該空気圧又は油圧が所要圧力以下に低下した場合に自動的にスライドの作動を停止することができる機構を有するものでなければならない。

（スライドの調節装置）

第29条　スライドの調節を電動機で行う機械プレスは，スライドがその上限及び下限を超えることを防止することができる装置を備えているものでなければならない。

（カウンターバランス）

第30条　機械プレスのスライドのカウンターバランスは，次の各号に適合するものでなければならない。

1　スプリング式のカウンターバランスにあっては，スプリング等の部品が破損した場合に当該部品の飛散を防止することができる構造のものであること。

第5章　関係法令

2　空気圧式のカウンターバランスにあっては，次の要件を満たす構造のものであること。

イ　ピストン等の部品が破損した場合に当該部品の飛散を防止することができるものであること。

ロ　ブレーキをかけることなくスライド及びその附属品をストロークのいかなる位置においても保持できるものであり，かつ，空気圧が所要圧力以下に低下した場合に自動的にスライドの作動を停止することができるものであること。

（安全プラグ等）

第31条　機械プレスブレーキ以外の機械プレスでボルスターの各辺の長さが1500ミリメートル未満のもの又はダイハイトが700ミリメートル未満のもの及びプレスブレーキにあっては，第6条の規定にかかわらず，安全ブロック等に代えて安全プラグ又はキーロックとすることができる。

②　前項の安全プラグは，操作ステーションごとに備えられているものでなければならない。

③　第1項のキーロックは，主電動機への通電を遮断することができるものでなければならない。

（サーボプレスの停止機能）

第32条　サーボプレスは，スライドを減速及び停止させることができるサーボシステムの機能に故障があった場合に，スライドの作動を停止することができるブレーキを有するものでなければならない。

②　サーボプレスは，前項のブレーキに異常が生じた場合は，スライドの作動を停止し，かつ，再起動操作をしても作動しない構造のものでなければならない。

③　スライドの作動をベルト又はチェーンを介して行うサーボプレスにあっては，ベルト又はチェーンの破損による危険を防止するための措置が講じられているものでなければならない。

第4章　液圧系統

（スライド落下防止装置）

第33条　液圧プレスは，スライド落下防止装置を備えていなければならない。ただし，身体の一部が危険限界に入らない構造の液圧プレスにあっては，この限りでない。

（電磁弁）

第34条　液圧プレスに備える電磁弁は，ノルマリクローズド型で，かつ，ばねリターン型の構造のものでなければならない。

（過度の液圧上昇防止装置）

第35条　液圧プレスは，液圧が過度に上昇することを防止することができる安全装置を備えているものでなければならない。

第5章　安全プレス

（危険防止機能）

第36条　動力プレスで，スライドによる危険を防止するための機構を有するもの（以下「安全プレス」という。）は，次の各号のいずれかに該当する機能を有するものでなければならない。

6　動力プレス機械構造規格

1　スライドの上型と下型との間隔が小さくなる方向への作動中（スライドが身体の一部に危険を及ぼすおそれのない位置にあるときを除く。以下「スライドの閉じ行程の作動中」という。）に身体の一部が危険限界に入るおそれが生じないこと。

2　スライドの閉じ行程の作動中にスライドを作動させるための操作部から離れた手が危険限界に達するまでの間にスライドの作動を停止することができること。

3　スライドの閉じ行程の作動中に身体の一部が危険限界に接近したときにスライドの作動を停止することができること。

② 行程の切替えスイッチ，操作の切替えスイッチ又は操作ステーションの切替えスイッチを備える安全プレスは，当該切替えスイッチが切り替えられたいかなる状態においても前項各号のいずれかに該当する機能を有するものでなければならない。

③ 安全プレスの構造は，第1項の機能が損なわれることがないよう，その構造を容易に変更できないものでなければならない。

（インターロックガード式の安全プレス）

第37条　インターロックガード式の安全プレス（スライドによる危険を防止するための機構として前条第1項第1号の機能を利用する場合における当該安全プレスをいう。）は，寸動の場合を除き，次の各号に定めるところに適合するものでなければならない。

1　ガードを閉じなければスライドが作動しない構造のものであること。

2　スライドの閉じ行程の作動中（フリクションクラッチ式以外のクラッチを有する機械プレスにあっては，スライドの作動中）は，ガードを開くことができない構造のものであること。ただし，ガードを開けてから身体の一部が危険限界に達するまでの間にスライドの作動を停止することができるものにあっては，この限りでない。

（両手操作式の安全プレス）

第38条　両手操作式の安全プレス（スライドによる危険を防止するための機構として第36条第1項第2号の機能を利用する場合における当該安全プレスをいう。以下同じ。）は，次の各号に定めるところに適合するものでなければならない。

1　スライドを作動させるための操作部を操作する場合には，左右の操作の時間差が0.5秒以内でなければスライドが作動しない構造のものであること。

2　スライドの閉じ行程の作動中にスライドを作動させるための操作部から手が離れたときはその都度，及び一行程ごとにスライドの作動が停止する構造のものであること。

3　一行程ごとにスライドを作動させるための操作部から両手を離さなければ再起動操作をすることができない構造のものであること。

（両手操作式の安全プレスのスライドを作動させるための操作部）

第39条　スライドを作動させるための操作部は，両手によらない操作を防止するための措置が講じられているものでなければならない。

（両手操作式の安全プレスの安全距離）

第40条　両手操作式の安全プレスのスライドを作動させるための操作部と危険限界との距離（以下この条において「安全距離」という。）は，スライドの閉じ行程の作動中の速度が最大となる

193

第5章 関係法令

位置で，次の式により計算して得た値以上の値でなければならない。

$$D = 1.6 (Tl + Ts)$$

（この式において，D，Tl 及び Ts は，それぞれ次の値を表すものとする。

D　安全距離（単位　ミリメートル）

Tl　スライドを作動させるための操作部から手が離れた時から急停止機構が作動を開始する時までの時間（単位　ミリセカンド）

Ts　急停止機構が作動を開始した時からスライドが停止する時までの時間（単位　ミリセカンド）

（光線式の安全プレス）

第41条　光線式の安全プレス（スライドによる危険を防止するための機構として第36条第1項第3号の機能を利用する場合における当該安全プレスをいい，第45条第1項の制御機能付き光線式の安全プレスを除く。以下同じ。）は，身体の一部が光線を遮断した場合に，当該光線を遮断したことを検出することができる機構（以下「検出機構」という。）を有し，かつ，検出機構が身体の一部が光線を遮断したことを検出した場合に，スライドの作動を停止することができる構造のものでなければならない。

（投光器及び受光器）

第42条　光線式の安全プレスの検出機構の投光器及び受光器は，次の各号に定めるところに適合するものでなければならない。

1　スライドの作動による危険を防止するために必要な長さにわたり有効に作動するものであること。

2　投光器及び受光器の光軸の数は，2以上とし，かつ，前号の必要な長さの範囲内の任意の位置に遮光棒を置いたときに，検出機構が検出することができる当該遮光棒の最小直径（以下「連続遮光幅」という。）が50ミリメートル以下であること。

3　投光器は，投光器から照射される光線が，その対となる受光器以外の受光器又はその対となる反射器以外の反射器に到達しない構造のものであること。

4　受光器は，その対となる投光器から照射される光線以外の光線に感応しない構造のものであること。ただし，感応した場合に，スライドの作動を停止させる構造のものにあっては，この限りでない。

（光線式の安全プレスの安全距離）

第43条　光線式の安全プレスに備える検出機構の光軸と危険限界との距離（以下この条において「安全距離」という。）は，スライドの閉じ行程の作動中の速度が最大となる位置で，次の式により計算して得た値以上の値でなければならない。

$$D = 1.6 (Tl + Ts) + C$$

（この式において，D，Tl，Ts 及び C は，それぞれ次の値を表すものとする。

D　安全距離（単位　ミリメートル）

Tl　手が光線を遮断した時から急停止機構が作動を開始する時までの時間（単位　ミリセカンド）

T_s 急停止機構が作動を開始した時からスライドが停止する時までの時間（単位 ミリセカンド）

C 次の表の上欄（編注：左欄）に掲げる連続遮光幅に応じて，それぞれ同表の下欄（編注：右欄）に掲げる追加距離）

連続遮光幅（ミリメートル）	追加距離（ミリメートル）
30以下	0
30を超え35以下	200
35を超え45以下	300
45を超え50以下	400

（安全囲い等）

第44条 光線式の安全プレスに備える検出機構の光軸とボルスターの前端との間に身体の一部が入り込む隙間がある場合は，当該隙間に安全囲い等を設けなければならない。

（制御機能付き光線式の安全プレス）

第45条 制御機能付き光線式の安全プレス（スライドによる危険を防止するための機構として第36条第1項第3号の機能を利用する場合における安全プレスであって，検出機構を有し，かつ，身体の一部による光線の遮断の検出がなくなったときに，スライドを作動させる機能を有するものをいう。以下同じ。）は，次の各号に定めるところに適合するものでなければならない。

1 検出機構が光線の遮断を検出した場合に，スライドの作動を停止することができる構造のものであること。

2 ボルスター上面の高さが床面から750ミリメートル以上であること。ただし，ボルスター上面から検出機構の下端までに安全囲い等を設け，当該下端の高さが床面から750ミリメートル以上であるものを除く。

3 ボルスターの奥行きが1,000ミリメートル以下であること。

4 ストローク長さが600ミリメートル以下であること。ただし，安全囲い等を設け，かつ，検出機構を設ける開口部の上端と下端との距離が600ミリメートル以下であるものを除く。

5 クランクプレス等にあっては，オーバーラン監視装置の設定の停止点が15度以内であること。

② 制御機能付き光線式の安全プレスは，検出機構の検出範囲以外から身体の一部が危険限界に達することができない構造のものでなければならない。

③ 制御機能付き光線式の安全プレスのスライドを作動させるための機構は，スライドの不意の作動を防止することができるよう，次の各号に定める構造のものでなければならない。

1 キースイッチにより制御機能付き光線式の安全プレスの危険防止機能を選択する構造のものであること。

2 当該機構を用いてスライドを作動させる前に，起動準備を行うための操作を行うことが必要な構造のものであること。

3 30秒以内に当該機構を用いてスライドを作動させなかった場合には，改めて前号の操作を行うことが必要な構造のものであること。

4 第41条から第43条までの規定は，制御機能付き光線式の安全プレスについて準用する。こ

第5章　関係法令

の場合において，第42条第2号中「50ミリメートル」とあるのは「30ミリメートル」と，第43条の表は，次のとおり読み替えるものとする。

連続遮光幅（ミリメートル）	追加距離（ミリメートル）
14以下	0
14を超え20以下	80
20を超え30以下	130

第6章　雑則

（表示）

第46条　動力プレスは，見やすい箇所に次の事項が表示されているものでなければならない。

1　動力プレスの種類及び当該動力プレスが安全プレスである場合にあっては，その種類

2　次の表の上欄（編注：左欄）に掲げる動力プレスの種類に応じてそれぞれ同表の下欄（編注：右欄）に掲げる機械仕様

動力プレスの種類	機械仕様
機械プレスブレーキ以外の機械プレス	圧力能力（単位　キロニュートン） ストローク数（単位　毎分ストローク数) ストローク長さ（単位　ミリメートル） ダイハイト（単位　ミリメートル） スライド調節量（単位　ミリメートル） 急停止時間（Tsをいう。以下同じ。）（単位　ミリ秒） 最大停止時間（TlとTsとの合計の時間をいう。以下同じ。）（単位　ミリ秒） オーバーラン監視装置の設定位置（クランクピン等の上死点と設定の停止点との間の角度をいう。以下同じ。）
機械プレスブレーキ	圧力能力（単位　キロニュートン） ストローク数（単位　毎分ストローク数) ストローク長さ（単位　ミリメートル） テーブル長さ（単位　ミリメートル） ギャップ深さ（単位　ミリメートル） 急停止時間（単位　ミリ秒） 最大停止時間（単位　ミリ秒） オーバーラン監視装置の設定位置
液圧プレスブレーキ以外の液圧プレス	圧力能力（単位　キロニュートン） ストローク長さ（単位　ミリメートル） スライドの最大下降速度（単位　ミリメートル毎秒） 慣性下降値（単位　ミリメートル） 急停止時間（単位　ミリ秒） 最大停止時間（単位　ミリ秒）
液圧プレスブレーキ	圧力能力（単位　キロニュートン） ストローク長さ（単位　ミリメートル） テーブル長さ（単位　ミリメートル） ギャップ深さ（単位　ミリメートル） スライドの最大下降速度（単位　ミリメートル毎秒） 慣性下降値（単位　ミリメートル） 急停止時間（単位　ミリ秒） 最大停止時間（単位　ミリ秒）
備考　この表において、Tl及びTsはそれぞれ次の値を表すものとする。 Tl　両手操作式の安全プレスにあっては、スライドを作動させるための操作部から手が離れた時から急停止機構が作動を開始する時までの時間（単位　ミリ秒） 　　　光線式の安全プレス及び制御機能付き光線式の安全プレスにあっては、手が光線を遮断した時から急停止機構が作動を開始する時までの時間（単位　ミリ秒） Ts　急停止機構が作動を開始した時からスライドが停止する時までの時間（単位　ミリ秒）	

3 製造番号

4 製造者名

5 製造年月

（適用除外）

第47条 動力プレスで前各章の規定を適用することが困難なものについて，厚生労働省労働基準局長が前各章の規定に適合するものと同等以上の性能があると認めた場合は，この告示の関係規定は，適用しない。

附　則（平成23年1月12日厚生労働省告示第4号）

1　この告示は，平成23年7月1日から適用する。

2　この告示の適用の日において，現に製造している動力プレス若しくは現に存する動力プレス又は現に労働安全衛生法第44条の2第1項の規定による検定若しくは同法第44条の3第2項の規定による型式検定に合格している型式の安全プレス（当該型式に係る型式検定合格証の有効期間内に製造し，又は輸入するものに限る。）の規格については，なお従前の例による。

第5章 関 係 法 令

7 プレス機械又はシャーの安全装置構造規格
（昭和53年9月21日労働省告示第102号）

（最終改正 平成23年1月12日厚生労働省告示第5号）

目次

第1章 総則（第1条—第13条）

第2章 インターロックガード式安全装置（第14条）

第3章 両手操作式安全装置（第15条—第18条）

第4章 光線式安全装置（第19条—第21条）

第4章の2 制御機能付き光線式安全装置（第22条）

第4章の3 プレスブレーキ用レーザー式安全装置（第22条の2）

第5章 手引き式安全装置（第23条—第25条）

第6章 雑則（第26条・第27条）

附則

第1章 総則

（機能）

第1条 プレス機械又はシャー（以下「プレス等」という。）の安全装置は，次の各号のいずれか
に該当する機能を有するものでなければならない。

1 スライド又は刃物若しくは押さえ（以下「スライド等」という。）が上型と下型又は上刃と
下刃若しくは押さえとテーブルとの間隔が小さくなる方向への作動中（スライド等が身体の
一部に危険を及ぼすおそれのない位置にあるときを除く。以下「閉じ行程の作動中」という。）
に身体の一部が危険限界に入るおそれが生じないこと。

2 スライド等を作動させるための操作部から離れた手が危険限界に達するまでの間にスライ
ド等の作動を停止することができ，又はスライド等を作動させるための操作部を両手で操作
することによって，スライド等の閉じ行程の作動中にスライド等を作動させるための操作部
から離れた手が危険限界に達しないこと。

3 スライド等の閉じ行程の作動中に身体の一部が危険限界に接近したときにスライド等の作
動を停止することができること。

4 スライドの閉じ行程の作動中に危険限界内にある身体の一部に危険を及ぼすおそれがある
ときにスライドの作動を停止することができること。

5 危険限界内にある身体の一部をスライドの作動等に伴って危険限界から排除することがで
きること。

（主要な機械部品の強度）

第2条 プレス等の安全装置の本体，リンク機構材，レバーその他の主要な機械部品は，当該安

198

全装置の機能を確保するための十分な強度を有するものでなければならない。

（掛け合い金具）

第3条 プレス等の安全装置の掛け合い金具は，次の各号に定めるところに適合するものでなければならない。

1　材料は，日本工業規格 G4051（機械構造用炭素鋼鋼材）に定める S45C の規格に適合する鋼材又はこれと同等以上の機械的性質を有する鋼材であること。

2　掛け合い部の表面は，焼入れ焼もどしが施され，かつ，その硬さの値は，ロックウェル C 硬さの値で45以上50以下であること。

（ワイヤロープ）

第4条 プレス等の安全装置に使用するワイヤロープは，次の各号に定めるところに適合するものでなければならない。

1　日本工業規格 G3540（操作用ワイヤロープ）に定める規格に適合するもの又はこれと同等以上の機械的性質を有するものであること。

2　クリップ，クランプ等の緊結具を使用してスライド，レバー等に確実に取り付けられていること。

（ボルト等）

第5条 プレス等の安全装置に使用するボルト，ナット等であって，その緩みによって当該安全装置の誤作動，部品の脱落等のおそれのあるものは，緩み止めが施されているものでなければならない。

②　プレス等の安全装置のヒンジ部に使用するピン等は，抜け止めが施されているものでなければならない。

（主要な電気部品）

第6条 プレス等の安全装置のリレー，リミットスイッチその他の主要な電気部品は，当該安全装置の機能を確保するための十分な強度及び寿命を有するものでなければならない。

②　スライド等の位置を検出するためのリミットスイッチ等は，不意の接触等を防止し，かつ，容易にその位置を変更できない措置が講じられているものでなければならない。

（表示ランプ等）

第7条 プレス等の安全装置で電気回路を有するものは，当該安全装置の作動可能の状態を示すランプ等及びリレーの開離不良その他電気回路の故障を示すランプ等を備えているものでなければならない。

（防振措置）

第8条 プレス等の安全装置のリレー，トランジスター等の電気部品の取付け部は，防振措置が講じられているものでなければならない。

（電気回路）

第9条 プレス等の安全装置の電気回路は，当該安全装置のリレー，リミットスイッチ等の電気部品の故障，停電等によりスライド等が誤作動するおそれのないものでなければならない。

第5章 関 係 法 令

（操作用電気回路の電圧）

第10条 プレス等の安全装置の操作用電気回路の電圧は，150ボルト以下でなければならない。

（外部電線）

第11条 プレス等の安全装置の外部電線は，日本工業規格 G3312（600V ビニル絶縁ビニルキャブタイヤケーブル）に定める規格に適合するビニルキャブタイヤケーブル又はこれと同等以上の絶縁効力，耐油性，強度及び耐久性を有するものでなければならない。

（切替えスイッチ）

第12条 プレス等の安全装置に備える切替えスイッチは，次の各号に定めるところに適合するものでなければならない。

1 キーにより切り替える方式のもので，当該キーをそれぞれの切替え位置で抜き取ることができるものであること。

2 それぞれの切替え位置で確実に保持されるものであること。

3 それぞれの切替え位置における安全装置の状態が明示されているものであること。

（電気回路の収納箱等）

第13条 プレス等の安全装置の電気回路が収納されている箱は，水，油若しくは粉じんの侵入又は外力によりこれらの電気回路の機能に障害を生ずるおそれのない構造のものでなければならない。

② 前項の箱から露出している充電部分は，絶縁覆いが設けられているものでなければならない。

第2章 インターロックガード式安全装置

（インターロックガード式安全装置）

第14条 第1条第1号の機能を有するプレス等の安全装置（以下「インターロックガード式安全装置」という。）は，寸動の場合を除き，次の各号に定めるところに適合するものでなければならない。

1 ガードを閉じなければスライド等を作動させることができない構造のものであること。

2 スライド等の閉じ行程の作動中（フリクションクラッチ式以外のクラッチを有する機械プレスにあっては，スライドの作動中）は，ガードを開くことができない構造のものであること。ただし，ガードを開けてから身体の一部が危険限界に達するまでの間にスライド等の閉じ行程の作動を停止させることができるもの（以下「開放停止型インターロックガード式安全装置」という。）にあっては，この限りでない。

第3章 両手操作式安全装置

（一行程一停止機構）

第15条 第1条第2号の機能を有するプレス等の安全装置（以下「両手操作式安全装置」という。）は，一行程一停止機構を有するものでなければならない。ただし，一行程一停止機構を有するプレス等に使用される両手操作式安全装置については，この限りでない。

200

7　プレス機械又はシャーの安全装置構造規格

（スライド等を作動させるための操作部の操作）

第16条　両手操作式安全装置は，次の各号に定めるところに適合するものでなければならない。

1　スライド等を作動させるための操作部を両手で左右の操作の時間差が0.5秒以内に操作しなければスライド等を作動させることができない構造のものであること。ただし，当該機能を有するプレス等に使用される両手操作式安全装置にあっては，この限りでない。

2　スライド等の閉じ行程の作動中にスライド等を作動させるための操作部から離れた手が危険限界に達するおそれが生ずる場合にあっては，スライドの作動を停止させることができる構造のものであること。

3　一行程ごとにスライド等を作動させるための操作部から両手を離さなければ再起動操作をすることができない構造のものであること。

第17条　両手操作式安全装置のスライド等を作動させるための操作部は，両手によらない操作を防止するための措置が講じられているものでなければならない。

第18条　両手操作式安全装置のスライド等を作動させるための操作部は，接触等によりスライド等が不意に作動することを防止することができる構造のものでなければならない。

第4章　光線式安全装置

（光線式安全装置）

第19条　光線式安全装置（スライド等による危険を防止するための機構として第1条第3号の機能を利用する場合におけるプレス等の安全装置をいい，第22条第1項の制御機能付き光線式安全装置を除く。以下同じ。）は，身体の一部が光線を遮断した場合に，当該光線を遮断したことを検出することができる機構（以下「検出機構」という。）を有し，かつ，検出機構が，身体の一部が光線を遮断したことを検出することによりスライド等の作動を停止させることができる構造のものでなければならない。

（投光器及び受光器）

第20条　プレス機械に係る光線式安全装置の検出機構の投光器及び受光器は，次の各号に定めるところに適合するものでなければならない。

1　スライドの作動による危険を防止するために必要な長さにわたり有効に作動するものであること。

2　投光器及び受光器の光軸の数は，2以上とし，かつ，前号の必要な長さの範囲内の任意の位置に遮光棒を置いたときに，検出機構が検出することができる当該遮光棒の最小直径が50ミリメートル以下であること。

3　投光器は，投光器から照射される光線が，その対となる受光器以外の受光器又はその対となる反射器以外の反射器に到達しない構造のものであること。

4　受光器は，その対となる投光器から照射される光線以外の光線に感応しない構造のものであること。ただし，感応した場合に，スライドの作動を停止させる構造のものにあっては，この限りでない。

第20条の2　材料の送給装置等を備えたプレス機械に取り付ける光線式安全装置の検出機構の投

201

光器及び受光器は，次の各号に定めるところに適合するものである場合は，前条第1号の規定にかかわらず，当該送給装置等に係る検出を無効にできる構造とすることができる。

1　検出を無効とするための切替えは，キースイッチにより1光軸ごとに設定を行うものであること。

2　検出を無効にする送給装置等に変更があったときには，再び前号の設定を行わなければスライドを作動させることができない構造のものであること。

3　検出を無効にする送給装置等が取り外されたときには，スライドの作動による危険を防止するために投光器及び受光器が必要な長さにわたり有効に作動するものであること。

第21条　シャーに係る光線式安全装置の投光器及び受光器の光軸は，シャーのテーブル面からの高さが当該光軸を含む鉛直面と危険限界との水平距離の0.67倍（それが180ミリメートルを超えるときは，180ミリメートル）以下となるものでなければならない。

②　前項の投光器及び受光器で，その光軸を含む鉛直面と危険限界との水平距離が270ミリメートルを超えるものは，当該光軸と刃物との間に1以上の光軸を有するものでなければならない。

第4章の2　制御機能付き光線式安全装置

（制御機能付き光線式安全装置）

第22条　制御機能付き光線式安全装置（スライドによる危険を防止するための機構として第1条第3号の機能を利用する場合における安全装置であって，検出機構を有し，かつ，身体の一部による光線の遮断の検出がなくなったときに，スライドを作動させる機能を有するものをいう。以下同じ。）は，検出機構が，身体の一部が光線を遮断したことを検出することによりスライドの作動を停止させることができる構造のものでなければならない。

②　制御機能付き光線式安全装置は，次の各号に定めるところに適合するプレス機械に使用できるものでなければならない。

1　ボルスター上面の高さが床面から750ミリメートル以上であること。ただし，ボルスター上面から検出機構の下端までに安全囲い等が設けられている場合を除く。

2　ボルスターの奥行きが1000ミリメートル以下であること。

3　ストローク長さが600ミリメートル以下であること。ただし，プレス機械に安全囲い等が設けられ，かつ，検出機構を設ける開口部の上端と下端との距離が600ミリメートル以下である場合を除く。

4　クランクプレス等にあっては，オーバーラン監視装置の設定の停止点が15度以内であること。

③　制御機能付き光線式安全装置の投光器及び受光器は，容易に取り外し及び取付け位置の変更ができない構造のものでなければならない。

④　制御機能付き光線式安全装置のスライドを作動させるための機構は，スライドの不意の作動を防止することができるよう，次の各号に定めるところに適合するものでなければならない。

1　キースイッチにより制御機能付き光線式安全装置の危険防止機能を選択する構造のものであること。

2　当該機構を用いてスライドを作動させる前に，起動準備を行うための操作を行うことが必

要な構造のものであること。

　3　30秒以内に当該機構を用いてスライドを作動させなかった場合には，改めて前号の操作を行うことが必要な構造のものであること。

　⑤　第20条の規定は，制御機能付き光線式安全装置について準用する。この場合において，同条第2号中「50ミリメートル」とあるのは「30ミリメートル」と読み替えるものとする。

第4章の3　プレスブレーキ用レーザー式安全装置

（プレスブレーキ用レーザー式安全装置）

第22条の2　プレスブレーキ用レーザー式安全装置（第1条第4号の機能を有し，プレスブレーキに使用する安全装置をいう。以下同じ。）は，次の各号に定めるところに適合するものでなければならない。

　1　検出機構を有し，身体の一部がスライドに挟まれるおそれのある場合に，当該身体の一部が光線を遮断したことを検出することによりスライドの作動を停止させることができる構造のものであること。

　2　スライドの閉じ行程の作動中に身体の一部若しくは加工物が光線を遮断したことを検出し，又はスライドが設定した位置に達した後，引き続きスライドを作動させる場合は，その速度を毎秒10ミリメートル以下（以下「低閉じ速度」という。）とする構造のものであること。

　②　プレスブレーキ用レーザー式安全装置は，次の各号に適合するプレスブレーキに使用できるものでなければならない。

　1　閉じ行程におけるスライドの速度を低閉じ速度とすることができる構造のものであること。

　2　低閉じ速度でスライドを作動するときは，スライドを作動させるための操作部を操作している間のみスライドが作動する構造のものであること。

　③　プレスブレーキ用レーザー式安全装置の検出機構は，次の各号に定めるところに適合するものでなければならない。

　1　投光器及び受光器は身体の一部がスライドに挟まれるおそれのある場合に機能するよう設置でき，スライドが下降するプレスブレーキに用いるものにあっては，スライドの作動と連動して移動させることができる構造のものであること。

　2　スライドの閉じ行程の作動中（低閉じ速度による作動中に限る。）に検出を無効とすることができる構造のものであること。

第5章　手引き式安全装置

（手引き式安全装置）

第23条　第1条第5号の機能を有するプレス機械の安全装置は，手引き式のもの（以下「手引き式安全装置」という。）でなければならない。

（手引きひもの調節）

第23条の2　手引き式安全装置は，手引きひもの引き量が調節できる構造のものでなければなら

203

ない。

② 手引きひもの引き量は，ボルスターの奥行きの２分の１以上でなければならない。

（手引きひも）

第24条 手引き式安全装置の手引きひもは，次の各号に定めるところに適合するものでなければならない。

1 材料は，合成繊維であること。

2 直径は，４ミリメートル以上であること。

3 切断荷重は，調節金具を取り付けた状態で1.5キロニュートン以上であること。

（リストバンド）

第25条 手引き式安全装置のリストバンドは，次の各号に定めるところに適合するものでなければならない。

1 材料は，皮革等であること。

2 手引きひもとの連結部は，0.49キロニュートン以上の静荷重に耐えるものであること。

第6章　雑則

（表示）

第26条 プレス機械の安全装置は，次の事項が表示されているものでなければならない。

1 製造番号

2 製造者名

3 製造年月

4 安全装置の種類

5 使用できるプレス機械の種類，圧力能力，ストローク長さ（両手操作式安全装置の場合を除く。），毎分ストローク数（インターロックガード式安全装置及び手引き式安全装置の場合に限る。）及び金型の大きさの範囲

6 開放停止型インターロックガード式安全装置，両手操作式安全装置，光線式安全装置及び制御機能付き光線式安全装置にあっては，次に定める事項

イ 開放停止型インターロックガード式安全装置にあっては，ガードを開いた時から急停止機構が作動を開始する時までの時間（単位　ミリ秒）

ロ 両手操作式安全装置（第16条第２号に定めるところに適合するものに限る。以下「安全一行程式安全装置」という。）にあっては，スライドを作動させるための操作部から手が離れた時から急停止機構が作動を開始する時までの時間（単位　ミリ秒）

ハ 両手操作式安全装置（第16条第２号に定めるところに適合するものを除く。以下「両手起動式安全装置」という。）にあっては，スライドを作動させるための操作部を操作した時から使用できるプレス機械のスライドが下死点に達する時までの所要最大時間（単位　ミリ秒）

ニ 光線式安全装置及び制御機能付き光線式安全装置にあっては，身体の一部が光線を遮断した時から急停止機構が作動を開始する時までの時間（単位　ミリ秒）

7 プレス機械又はシャーの安全装置構造規格

　　ホ　使用できるプレス機械の停止時間（急停止機構が作動を開始した時からスライドが停止する時までの時間をいう。）（単位　ミリ秒）

　　ヘ　開放停止型インターロックガード式安全装置，安全一行程式安全装置，光線式安全装置及び制御機能付き光線式安全装置にあってはホの停止時間に，両手起動式安全装置にあってはハに規定する所要最大時間に応じた安全距離（両手操作式安全装置にあってはスライドを作動させるための操作部と危険限界との距離を，光線式安全装置及び制御機能付き光線式安全装置にあっては光軸と危険限界との距離をいう。）（単位　ミリメートル）

　7　光線式安全装置及び制御機能付き光線式安全装置にあっては，次に定める事項

　　イ　有効距離（その機能が有効に作用する投光器と受光器との距離の限度をいう。）（単位　ミリメートル）

　　ロ　使用できるプレス機械の防護高さ（単位　ミリメートル）

　8　プレスブレーキ用レーザー式安全装置にあっては，次に定める事項

　　イ　レーザー光線を遮光した時から急停止機構が作動し，スライドが停止するまでの時間（単位　ミリ秒）

　　ロ　使用できるプレスブレーキの急停止距離（イの時間に応じスライドが停止するまでの距離をいう。）（単位　ミリメートル）

　　ハ　有効距離（単位　ミリメートル）

　9　手引き式安全装置にあっては，最大手引き量（単位　ミリメートル）

②　シャーの安全装置は，次の事項が表示されているものでなければならない。

　1　製造番号

　2　製造者名

　3　製造年月

　4　安全装置の種類

　5　使用できるシャーの種類

　6　使用できるシャーの裁断厚さ（単位　ミリメートル）

　7　使用できるシャーの刃物の長さ（単位　ミリメートル）

　8　開放停止型インターロックガード式安全装置，両手操作式安全装置及び光線式安全装置にあっては，前項第6号の事項

　9　光線式安全装置にあっては，前項第7号イの事項

　（適用除外）

第27条　プレス等の安全装置で前各章の規定を適用することが困難なものについて，厚生労働省労働基準局長が前各章の規定に適合するものと同等以上の性能があると認めた場合は，この告示の関係規定は，適用しない。

附　則

①，②　（略）

③　第23条の規定にかかわらず，第1条第5号の機能を有するプレス機械の安全装置であって手

払い式のものについては，当分の間，次の各号に適合するものに限り，使用することができる。

1　次に掲げる規格に適合するプレス機械に使用するものであること。

　イ　スライドを作動させるための操作部を両手で操作することにより起動する構造を有するポジティブクラッチ式のものであること。

　ロ　ストローク長さが40ミリメートル以上であって防護板（スライドの作動中に手の安全を確保するためのものをいう。以下同じ。）の長さ（当該防護板の長さが300ミリメートル以上のものにあっては，300ミリメートル）以下のものであること。

　ハ　毎分ストローク数が120以下のものであること。

2　手払い棒の長さ及び振幅を調節することができる構造のものであること。

3　幅が金型の幅の2分の1（金型の幅が200ミリメートル以下のプレス機械に使用するものにあっては，100ミリメートル）以上，かつ，高さがストローク長さ（ストローク長さが300ミリメートルを超えるプレス機械に使用するものにあっては，300ミリメートル）以上の防護板が手払い棒に取り付けられているものであること。

4　手払い棒の振幅は，金型の幅以上であること。

5　次の事項が表示されているものであること。

　イ　製造番号

　ロ　製造者名

　ハ　製造年月

　ニ　安全装置の種類

　ホ　使用できるプレス機械の種類，圧力能力，ストローク長さ，毎分ストローク数及び金型の大きさの範囲

　ヘ　手払い棒の最大振り幅（単位　ミリメートル）

附　則（平成23年厚生労働省告示第5号）

1　この告示は，平成23年7月1日から適用する。

2　この告示の適用の日において，現に製造しているプレス等の安全装置若しくは現に存するプレス等の安全装置又は現に労働安全衛生法第44条の2第1項の規定による検定若しくは同法第44条の3第2項の規定による型式検定に合格している型式のプレス等の安全装置（当該型式に係る型式検定合格証の有効期間内に製造し，又は輸入するものに限る。）の規格については，なお従前の例による。

本書における新旧規則・構造規格等の対照表

　本書の記述は、現行法令に即した記述となっているが、構造規格[※注1]については、プレス機械の製造・設計段階での規程が適用となる。よって、平成23年7月1日の構造規格改正に基づく対応の違いを理解する必要があるため、本書における新旧構造規格の改訂箇所を、同じく、平成23年7月1日の規則[※注2]改正点とあわせて、下記に示す。

[※注1]　構造規格：「動力プレス機械構造規格」（以下、「構造規格」）
　　　　　　　　　：「プレス機械又はシャーの安全装置構造規格」（以下、安全装置構造規格）
　　　　　　←プレス機械または安全装置を設計・製造した当時の構造規格が適用される。
[※注2]　規則：「労働安全衛生規則」
　　　　　　←平成平成23年7月1日から既に設置している機械及び新規製作の機械等に適用される。

No	頁・行	新規格等（H23.7.1から適用）	旧規格	備　考
1	16頁	図1-2(d) 機械式サーボプレス		新設
2	26頁(ア)	機械プレスのクラッチは、原則として、フリクションクラッチ式のものでなければならない。ポジティブクラッチは原則製造が禁止。安全プレスのみ例外的にポジティブクラッチ使用可。 (構造規格第22条)	規定なし	新設
3	29頁(イ)	機械プレスでは、エアバンドブレーキ、カムバンドブレーキの原則禁止。 (構造規格第24条第1項第1号)	バンドブレーキ使用可	
4	34頁(4)	オーバーラン監視装置 急停止後、スライドを始動の状態に戻した後でなければ、スライドが起動できない構造。 (構造規格第26条)	急停止後の起動について規定なし	
5	34頁(6)	安全ブロックなど (構造規格第6条,第31条)	液圧プレスブレーキは安全ブロック必要	
6	34頁(7) 56頁d	液圧プレスのスライド落下防止装置 (構造規格第33条)	規定なし	新設
7	35頁(8)	主要な電気部品と電気回路収納箱 (構造規格第14条,第15条)	規定なし	新設
8	35頁(9) 56頁4.3	サーボプレスの停止機構 (構造規格第32条)	規定なし	新設
9	38頁(1)	インターロックガード式安全プレス 安全距離を設定したものはガード開放可 (構造規格第37条)	ガード式安全プレス	
10	38頁(2)	両手操作式安全プレス 両手によらない操作を防止するための措置を規定。 (構造規格第38条,第39,第40条)		

11	40頁(3) 41頁図1-24, 42頁表1-7	光線式安全プレス ・防護範囲を拡大 ・連続遮光幅に応じた追加距離を加算 ・光軸とボルスター前端との隙間 **(構造規格第41条,第42,第43条,第44条)**		
12	42頁(4) 75頁(5) 105頁(オ) 142頁4) 145頁④	制御機能付き(PSDI)光線式安全プレス **(構造規格第45条)**	規定なし	新設 H10.3.26基発第130号特例認可済み
13	60頁図1-29 90頁(1)①	すきま6 mm以下 **(改正構造規格施行通達＊ 第36条関係)**	すきまは8 mm以下	
14	65頁 (2)～91頁	インターロックガード式 **(構造規格第37条)**	ガード式	
15	65頁 76頁(6) 93頁 105頁(カ) 142頁5)	プレスブレーキ用レーザー式（安全装置） **(規則第131条)**		規則の改正
16	72頁(4) 147頁表	光線式安全装置 追加距離C加算,ブランキング **(構造規格第45条,安全装置構造規格第22条)**		安全プレスの場合
17	48頁f 80頁(9)	ストローク端による危険防止（策） **(規則第108条の2)**		規則の改正
18	55頁№12	安全囲い・安全装置 危険限界からの距離実測、防護範囲の確認 **(構造規格第45条,安全装置構造規格第22条)**		光線式の安全距離、防護範囲
19	55頁№9	運転操作、スライド落下装置の作動環境 安全囲い・安全装置、危険限界からの距離実測、防護範囲の確認 **(構造規格第45条, 安全装置構造規格第22条)**	新設	光線式の安全距離、防護範囲
20	80頁(9) 90頁(1)②	当該プレスが加工等を行う際には、プレス作業者等を危険限界に立ち入らせない等の措置が講じられていなければならない	記述なし	改正規則の施行通達＊＊
21	80頁 91頁図2-3	注：手払い式安全装置原則禁止。当分の間、両手操作式との併用のみ使用可 **(規則第131条)**	当面の間両手起動操作との併用は使用可	規則の改正
22	170頁	第24条の13 機械に関する危険性等の通知		規則の改正 (H24.4.1施行)
23	174頁	第107条 掃除等の場合の運転停止等		規則の改正 (H25.10.1施行)
24	175頁	第108条の2 ストローク端の覆い等		規則の改正
25	175頁	第131条 プレス等による危険の防止		規則の改正
26	186～197頁	動力プレス機械構造規格 平成23年厚生労働省告示第4号	昭和52年労働省告示第116号 S53.1.1施行	旧構造規格で設計製造した機械はそのまま使用可
27	198～206頁	プレス機械又はシャーの安全装置構造規格 平成23年厚生労働省告示第5号	昭和53年労働省告示第102号 S53.11.1施行	旧構造規格で設計製造した安全装置はそのまま使用可
28	213～215頁	労働安全衛生規則の一部を改正する省令の施行等について＊＊ H23.2.18基発0218第2号		規則改正の施行通達

29	216〜244頁	動力プレス機械構造規格の一部を改正する件及びプレス機械又はシャーの安全装置構造規格の一部を改正する件の適用について＊ H23.2.18基発0218第3号		改正　構造規格・安全装置構造規格の施行通達
30	304頁 2 — 1 (1)ロ	編注：現行6 mm	透き間が8 mm	
31	245〜271頁	プレス機械の安全装置管理指針 H27.9.30基発0930第11号 （両手操作式の基準、光線式の防護範囲等が改正）	プレス機械の安全装置管理指針 H5.7.9基発第446号	旧規格対象

付　録

1　プレス安全心得

1．型の取付け

1）型の保持法　　　　型は下型ごと持ち，重い型の保持は，人力で行うな

2）下死点の確認　　　型の取付け前に下死点を確かめよ

3）動力使用の禁止　　原則として，型の取付け完了までは動力を使用するな

4）型の締付け　　　　型の締付けは，正しい治工具を使い，均等に締め付けよ

2．作業開始前の点検

1）機械点検　　　　　クラッチ，ブレーキ，ペダルの作動に異常ないか確かめよ

　　　　　　　　　　　（10回以上，空打ちを行え）

2）安全装置の確認　　安全装置，安全囲いの取付け状況，動作を確認せよ

3）型の取付け確認　　型の取付け状況を確かめよ

4）上司への報告　　　安全装置，機械，電気関係に異常を認めたときは，プレス作業主

　　　　　　　　　　　任者または責任者に報告せよ

3．運転加工中の心得

1）金型間へ手の挿入禁止　運転加工中，型の間には絶対に手を入れるな

2）標準作業の遵守　　指示された作業標準を守り，安全作業を行え

3）ペダル作業　　　　連続抜き作業を除き，1回ごとにペダルより足をはずせ

4）手　工　具　　　　加工中の部品の挿入，部品や抜きくずの取り出しの際は，必要に

　　　　　　　　　　　応じ手工具を使用せよ

5）共同作業　　　　　責任者を定め合図によって，危険のないことを確かめてから行え

6）作業中断　　　　　作業中断の際は，機械を停止し，材料または加工品を取り出せ

7）機械の注油　　　　注油または掃除の際，必ず機械を停止してから行え

4．停　　止

1）手による停止　　　フライホイールの回転を止めるため，手で押さえるな

2）クラッチ挿入禁止　クラッチを入れたまま機械を停止するな

3）ペダル操作の禁止　停止中のプレス機械のペダルは絶対に踏むな

4）停　　電　　　　　停電したらただちにスイッチを切れ

付　録

5．その他

1）定期点検　　　　　　動力プレス機械，安全装置は，定期に点検を行え

2）作業の限定　　　　　プレス，型の取扱作業者はプレス作業主任者または責任者の認め
た者以外行うな

3）安全装置の取外し禁止　安全装置，安全囲いは，プレス作業主任者または責任者の許可な
く取り外すな

2　労働安全衛生規則の一部を改正する省令の施行等について

基発0218第 2 号
平成23年 2 月18日

都道府県労働局長　殿

厚生労働省労働基準局長
（公　印　省　略）

労働安全衛生規則の一部を改正する省令の施行等について

　労働安全衛生規則の一部を改正する省令（平成23年厚生労働省令第 3 号）が平成23年 1 月12日に公布され，同年 7 月 1 日から施行されるところであるが，その改正の趣旨，内容等については，下記のとおりであるので，その施行に遺漏ないようにされたい。

記

第 1　改正の趣旨

　近年のプレス機械災害の発生状況等を踏まえ，プレス機械等による労働災害防止対策の強化を図るとともに，新たな種類の安全装置の適切な設置，使用について，労働安全衛生規則の所要の改正を行ったものであること。

第 2　改正の内容及び留意事項

　1　機械のストローク端による危険防止（新規則第108条の 2 関係）

　(1)　労働者に危険を及ぼすおそれのある機械のストローク端については，改正前の労働安全衛生規則（以下「旧規則」という。）第112条において工作機械について，その危険を防止するため覆い等を設けなければならないことを規定していたが，移動するテーブルを有するプレスであるタレットパンチプレスのテーブルと建物設備等の間に挟まれる死亡災害が散見され，また，それ以外の機械においても同様の災害が見られることから，改正後の労働安全衛生規則（以下「新規則」という。）第108条の 2 において移動するテーブル等のストローク端が労働者に危険を及ぼすおそれのある機械については，工作機械以外の機械であっても，当該危険を防止するための措置を講じなければならないことを規定したこと。

　(2)　本条は，旧規則第 2 編第 1 章第 2 節「工作機械」に規定されていた内容を第 1 節「一般基準」に規定したものであり，「研削盤又はプレーナーのテーブル，シエーパーのラム等」

付　録

の「等」には，従来の工作機械以外のタレットパンチプレス，NCマシンのテーブル等が含まれるものであること。

(3)　「ストローク端」とは，ストロークするテーブル，ラム等の端部をいうこと。

(4)　「覆い，囲い又は柵を設ける等」の「等」には，光線式の安全装置を設置するほか，テーブルの移動範囲部分にマット式安全装置を設置し，作業者の進入を検知したときストローク端の作動を停止させるものがあること。

2　プレスブレーキ用の新たな安全装置への対応（新規則第131条第2項関係）

(1)　プレスブレーキによる危険防止の対策を進めるため，今般，新たな種類の安全装置であるプレスブレーキ用レーザー式安全装置が適切に使用されるよう，プレスブレーキ用レーザー式安全装置の設置，使用にあっては，スライドの速度を毎秒10ミリメートル以下とすることができ，操作している間のみスライドが作動させることができるプレスブレーキに設置し，使用しなければならないこととすることを規定したこと。

なお，今般の改正に併せて，プレス機械又はシャーの安全装置構造規格（昭和53年労働省告示第102号。以下「安全装置構造規格」という。）を改正し，改正後の安全装置構造規格においてプレスブレーキ用レーザー式安全装置に関して規定したので留意すること。

(2)　「手払い式安全装置」とは，スライドの下降に連動し，防護板で危険限界内にある身体の一部を払いのけることによって安全を図る装置であること。

(3)　プレスブレーキ用レーザー式安全装置とは，身体の一部がスライドに挟まれるおそれのある場合に，当該身体の一部が上型の近傍に設置した検出機構のレーザー光線を遮断したことを検出することにより，スライドの作動を停止させることができ，また，スライドが低閉じ速度により作動している場合は，光線を遮断したことの検出を無効とすることができるものをいい，改正後の安全装置構造規格第22条の2に規定したものであること。

(4)　「操作部を操作している間のみスライドを作動させる性能」とは，スライドを作動させるための操作部を操作しなければスライドが作動せず，かつ，スライドの作動中にスライドを作動させるための操作部から手が離れた時はスライドの作動が停止する構造のものをいうこと。

なお，フートスイッチを用いる場合は，踏んでいる状態である間のみスライドが作動するものとすること。この場合，スイッチを踏まない状態のときにはスライドが停止しており，踏んだときにスライドが作動し，さらに深く踏み込んだときにスライドが停止するもの（いわゆる「3ポジションタイプ」のこと。）も含まれること。

(5)　プレスブレーキ用レーザー式安全装置の検出機構の設置については，身体の一部がスライドに挟まれるおそれのある場合に機能するように，下型の上に置いた厚さ10ミリメートルの板が検出機構のレーザー光線を遮断したことを検出し，当該板に上型が接触する前にスライドを停止させることができるように取り付けること。

3　手払い式安全装置の原則使用禁止（新規則第131条第2項及び附則第25条の2関係）

(1)　手払い式安全装置は比較的簡便な安全装置であるが，足踏みでスライドを起動するプレス機械に設置した場合に，手を払いきれずにスライドに挟まれる災害が見られることから，

214

原則使用禁止とするが，当分の間，両手操作式であって毎分ストローク数が120以下で作動する等のプレス機械に取り付ける場合に限り使用することができることを規定したこと。

(2)　第131条第2項の規定の適用について，当分の間，手払い式安全装置は，毎分ストローク数が120以下である両手操作式のプレス機械であって，ストローク長さが40ミリメートル以上であって防護板（スライドの作動中に手の安全を確保するためのものをいう。）の長さ（当該防護板の長さが300ミリメートル以上のものにあつては，300ミリメートル）以下のものに限り使用することができること。

(3)　「両手操作式のプレス機械」とは，両手で同時に操作しなければスライドを起動させることができない構造のプレス機械をいうものであり，動力プレス機械構造規格において規定される両手操作式の安全プレスの要件又は安全装置構造規格において規定される両手操作式安全装置の要件までを求めるものではないこと。

(4)　本措置は，現に手払い式安全装置を両手操作式のプレス機械に設置しているもの等を対象とした当分の間の措置としての暫定措置であることから，ポジティブクラッチプレスに新たに安全措置を講じる場合には，可能な限り手払い式安全装置以外の措置を講じることが必要であること。

第3　その他の事項

1　昭和53年2月10日付け基発第78号通達の記の第2のⅡの1（第131条関係）の(2)のニを次のとおり改正すること。

「ニ　自動プレス（自動的に材料の送給及び加工並びに製品等の排出を行う構造の動力プレス）を使用し，当該プレスが加工等を行う際には，プレス作業者等を危険限界に立ち入らせない等の措置が講じられていること。」

2　昭和53年2月10日付け基発第78号通達の記の第2のⅡの1（第131条関係）の(7)の(i)の規定の後に次の規定を追加すること。

「プレス機械又はシャーの安全装置構造規格の一部を改正する件（平成23年厚生労働省告示第5号）に基づく光線式安全装置を設置するものについては，当該安全装置に表示がなされたとおり，光線式安全装置の連続遮光幅に応じた追加距離を含めた安全距離が必要なものもあることに留意すること。」

3　昭和53年2月10日付け基発第78号通達の記の第2のⅡの1（第131条関係）の(7)の規定の次に次の規定を追加すること。

「(7)の2　第2項第2号の感応式の安全装置を使用する場合であって，光線式安全装置の光軸とプレス機械のボルスターの前端との間に身体の一部が入り込む隙間がある場合は，当該隙間に安全囲いを設ける等の措置を講じる必要があること。」

付　録

3　動力プレス機械構造規格の一部を改正する件及び　　プレス機械又はシャーの安全装置構造規格の一部を　　改正する件の適用について

基 発 0218 第 3 号
平成23年 2 月18日

都道府県労働局長　殿

厚生労働省労働基準局長
（公　印　省　略）

動力プレス機械構造規格の一部を改正する件及びプレス機械又は
シャーの安全装置構造規格の一部を改正する件の適用について

　動力プレス機械構造規格の一部を改正する件（平成23年厚生労働省告示第 4 号）及びプレス機械又はシャーの安全装置構造規格の一部を改正する件（平成23年厚生労働省告示第 5 号）が平成23年 1 月12日に告示され，同年 7 月 1 日から適用されるところである。

　今回の改正については，近年のプレス機械による災害の発生状況，プレス機械等に係る技術の進展等を踏まえ，プレス機械による労働災害防止対策の強化，充実を図るために所要の改正を行ったものである。

　改正の内容及び留意事項については，下記のとおりであるので，その適用に遺漏ないようにされたい。

　なお，昭和53年 1 月19日付け基発第34号「動力プレス機械構造規格の施行について」，昭和53年11月14日付け基発第628号「プレス機械又はシャーの安全装置構造規格の施行について」等動力プレス機械構造規格及びプレス機械又はシャーの安全装置構造規格の運用に関する従前の通達は，本通達をもって廃止する。

記

第 1　改正後の構造規格内容

1　動力プレス機械構造規格関係

　(1)　身体の一部が危険限界に入らない構造の動力プレスにあっては，一行程一停止機構（第1条），急停止機構（第2条），プレスの起動時等の危険防止（第 7 条第 3 項），電気回路（第11条），回転角度の表示計（第25条），クラッチ又はブレーキ用の電磁弁（第27条）及びスライド落下防止装置（第33条）の規定を適用しないこととしたこと。

216

3 動力プレス機械構造規格の一部を改正する件及びプレス機械又はシャーの安全装置構造規格の一部を改正する件の適用について

(2) 突頭型の押しボタンに限定されていた非常停止装置の操作部について，容易に操作できるものであれば認めることとしたこと。(第4条)

(3) 動力プレスに備えるべきものとして，安全ブロックに代えてスライドを固定する装置を認めるとともに，これらの要件として，スライド及び上型の自重を支えることができるものでなければならないこととしたこと。(第6条)

(4) 動力プレスの起動時等の危険防止のため，次の事項を定めたこと。(第7条)

ア 動力プレスは，その電源を入れた後，当該動力プレスのスライドを作動させるための操作部を操作しなければスライドが作動しない構造のものでなければならないこと。

イ 動力プレスのスライドを作動させるための操作部は，接触等によりスライドが不意に作動することを防止することができる構造のものでなければならないこと。

ウ 連続行程を備える動力プレスは，行程の切替えスイッチの誤操作によって意図に反した連続行程によるスライドの作動を防止することができる機能を有しなければならないこと。

(5) 動力プレスについては，スライドが不意に作動する危険を防止するだけでなく，作動中のスライドが停止しないといった危険も防止することが必要であることから，誤作動するおそれのないことを要件としたこと。(第11条，第16条)

(6) 動力プレスの制御用電気回路及び操作用電気回路の主要な電気部品について，動力プレスの機能を確保するため十分な強度及び寿命を有するものでなければならないものとし，また，動力プレスに設けるリミットスイッチ等は，不意の接触等を防止し，かつ，容易にその位置を変更できない措置が講じられているものでなければならないこととしたこと。(第14条)

(7) 動力プレスの制御用電気回路及び操作用電気回路が収納されている箱については，水，油若しくは粉じんの侵入又は外力によりこれらの電気回路の機能に障害を生ずるおそれのない構造とするとともに，当該箱から露出している充電部分は，絶縁覆いが設けられているものでなければならないこととしたこと。(第15条)

(8) 機械プレスのクラッチは，危険限界に身体の一部が入らない構造の動力プレス等第2条第1項各号に掲げるものである場合を除き，フリクションクラッチ式のものでなければならないこととしたこと。(第22条)

(9) 機械プレスのブレーキは，バンドブレーキ以外のものでなければならないこととしたこと。(第24条)

(10) オーバーラン監視装置を備えるクランクプレス等については，オーバーラン監視装置により急停止機構が作動した場合は，スライドを始動の状態に戻した後でなければスライドが作動しない構造のものでなければならないこととしたこと。(第26条)

(11) 液圧プレスブレーキについて，安全ブロック等に代えて安全プラグ又はキーロックとすることができることとしたこと。(第31条)

(12) サーボプレスについて，次の事項を定めたこと。(第32条)

ア サーボシステムの機能に故障があった場合に，スライドの作動を停止することができ

るブレーキを有するものであること。

　　イ　アのブレーキに異常が生じた場合に，スライドの作動を停止し，かつ，再起動操作を
　　　しても作動しない構造のものとすること。

　　ウ　スライドの作動をベルト又はチェーンを介して行うサーボプレスにあっては，ベルト又
　　　はチェーンの破損による危険を防止するための措置が講じられているものであること。

⒀　液圧プレスについて，スライド落下防止装置を備えていなければならないこととしたこ
　　と。（第33条）

⒁　安全プレスの危険防止機能について，次の事項を定めたこと。（第36条）

　　ア　スライドによる危険を防止すべき場面を，現行のスライドの作動中からスライドの上
　　　型と下型との間隔が小さくなる方向への作動中としたこと。

　　イ　その構造を容易に変更できないものでなければならないとしたこと。

⒂　インターロックガード式の安全プレスについて，次の事項を定めたこと。（第37条）

　　ア　名称を「ガード式の安全プレス」から「インターロックガード式の安全プレス」に変
　　　更したこと。

　　イ　スライドの作動中は，ガードを開くことができない構造のものとしたが，ガードを開
　　　けてから身体の一部が危険限界に達するまでの間にスライドの作動を停止することがで
　　　きるものにあっては，この限りでないとしたこと。

⒃　両手操作式の安全プレスについて，次の事項を定めたこと。（第38条，第39条）

　　ア　両手操作式の安全プレスについて，寸動の場合であっても両手による操作によること
　　　とし，また，スライドを作動させるための操作部を操作するときに左右の操作の時間差
　　　が0.5秒以内でなければスライドが作動しない構造のものとすることを要件として追加
　　　したこと。

　　イ　スライドを作動させるための操作部は，両手によらない操作を防止するための措置が
　　　講じられているものであること。

⒄　光線式の安全プレスについて，次の事項を定めたこと。（第41条から第44条まで）

　　ア　検出機構の投光器及び受光器は，スライドの作動による危険を防止するために必要な
　　　長さにわたり有効に作動するものでなければならないこと。

　　イ　光軸相互の間隔についての規定を改正し，検出能力として，アの必要な長さの範囲内
　　　の任意の位置に遮光棒を置いたときに，検出機構が検出可能な当該遮光棒の最小直径（以
　　　下「連続遮光幅」という。）が50ミリメートル以下であることとしたこと。

　　ウ　投光器は，投光器から照射される光線が，その対となる受光器以外の受光器又はその
　　　対となる反射器以外の反射器に到達しない構造でなければならないこと。

　　エ　受光器は，その対となる投光器から照射される光線以外の光線に感応しない構造のも
　　　のであるか，感応した場合に，スライド等の作動を停止させる構造のものでなければな
　　　らないこと。

　　オ　安全距離については，連続遮光幅に応じて必要な追加距離を加算しなければならない
　　　こと。

カ 光線式の安全プレスに備える検出機構の光軸とボルスターの前端との間に身体の一部が入り込む隙間がある場合は，当該隙間に安全囲い等を設けなければならないこと。

⒅ 安全プレスとして，制御機能付き光線式の安全プレス（以下「PSDI式の安全プレス」という。）を追加したとともに，次の事項を定めたこと。（第45条）

ア PSDI式の安全プレスは，以下の要件に適合するものでなければならないこと。

（ア） ボルスター上面の高さが床面から750ミリメートル以上である，又は，ボルスター上面から検出機構の下端に安全囲い等を設け，当該下端の高さが床面から750ミリメートル以上のもの。

（イ） ボルスターの奥行きが1,000ミリメートル以下であるもの。

（ウ） ストローク長さが600ミリメートル以下であるか，動力プレスに安全囲い等が設けられ，かつ，検出機構を設ける開口部の上端と下端との距離が600ミリメートル以下であるもの。

（エ） クランクプレス等にあっては，オーバーラン監視装置の設定の停止点が15度以内であるもの。

イ PSDI式の安全プレスは，検出機構の検出範囲以外から身体の一部が危険限界に達することができない構造のものでなければならないこと。

ウ PSDI式の安全プレスのスライドを作動させるための機構は，スライドの不意の作動を防止することができるよう，以下に適合するものでなければならないこと。

（ア） キースイッチによりPSDI式の安全プレスの危険防止機能を選択する構造のもの。

（イ） スライドを作動させる前に，起動準備を行うための操作を行うことが必要な構造のもの。

（ウ） 30秒以内にスライドを作動させなかった場合には，改めて（イ）の操作を行うことが必要な構造のもの。

エ 光線式の安全プレスに係る要件を準用すること。ただし，連続遮光幅については30ミリメートル以下とし，安全距離を算出する追加距離についても光線式の安全プレスと異なる表によることとしたこと。

⒆ 動力プレスの表示事項として，動力プレスの種類及び当該動力プレスが安全プレスである場合については，その種類を追加したこと。（第46条）

⒇ 従前の第26条，第34条，第35条及び第37条の規定は削除されるものであること。

2 プレス機械又はシャーの安全装置構造規格関係

⑴ プレス機械又はシャー（以下「プレス等」という。）の安全装置の機能に係る要件について，次の事項を定めたこと。（第1条）

ア 身体の一部が危険限界に達することを防止すべき場面を，現行のスライド又は刃物若しくは押さえ（以下「スライド等」という。）の作動中から，スライド等が上型と下型又は上刃と下刃若しくは押さえとテーブルとの間隔が小さくなる方向への作動中（スライド等が身体の一部に危険を及ぼすおそれのない位置にあるときを除く。以下「閉じ行程の作動中」という。）としたこと。

付　　録

イ　スライドの閉じ行程の作動中に危険限界内にある身体の一部に危険を及ぼすおそれが
あるときにスライドの作動を停止することができることを追加したこと。

(2)　インターロックガード式安全装置以外の安全装置についても，スライド等の位置を検出
するためのリミットスイッチ等は，不意の接触等を防止し，かつ，容易にその位置を変更
できない措置が講じられているものでなければならないとしたこと。(第6条)

(3)　プレス等の安全装置の電気回路は，スライド等が不意に作動することを防止するだけで
なく，作動中のスライド等が停止しないといった危険も防止することが必要であることか
ら，誤作動するおそれのないことを要件としたこと。(第9条)

(4)　プレス等の安全装置の電気回路が収納されている箱は，水，油若しくは粉じんの侵入又
は外力によりこれらの電気回路の機能に障害を生ずるおそれのない構造とするとともに，
当該箱から露出している充電部分は，絶縁覆いが設けられているものでなければならない
こととしたこと。(第13条)

(5)　インターロックガード式安全装置について，次の事項を定めたこと。(第14条)

ア　名称を「ガード式安全装置」から「インターロックガード式安全装置」に変更したこと。

イ　スライド等の閉じ行程の作動中（フリクションクラッチ式以外のクラッチを有するプ
レス機械にあってはスライドの作動中）は，ガードを開くことができない構造としてい
るが，ガードを開けてから身体の一部が危険限界に達するまでの間にスライド等の閉じ
行程の作動を停止させることができるものにあっては，この限りでないこととしたこと。

(6)　両手操作式安全装置のスライド等を作動させるための操作部の操作について，次の事項
を定めたこと。(第16条から第18条まで)

ア　左右の操作の時間差が0.5秒以内でなければスライド等が作動しない構造のものとす
ることとしたが，当該機能を有するプレス等に使用される両手操作式安全装置にあって
は，この限りでないこととしたこと。

イ　両手によらない操作を防止するための措置が講じられているものであること。

ウ　接触等によりスライド等が不意に作動することを防止することができる構造のもので
なければならないこと。

(7)　プレス機械に係る光線式安全装置について，次の事項を定めたこと。(第19条から第20
条の2まで)

ア　検出機構の投光器及び受光器は，スライドの作動による危険を防止するために必要な
長さにわたり有効に作動するものでなければならないこと。

イ　光軸相互の間隔についての規定を改正し，検出能力として，アの必要な長さの範囲内
の任意の位置に遮光棒を置いたときに，検出機構が検出可能な当該遮光棒の最小直径が
50ミリメートル以下であること。

ウ　投光器は，投光器から照射される光線が，その対となる受光器以外の受光器又はその
対となる反射器以外の反射器に到達しない構造でなければならないこと。

エ　受光器は，その対となる投光器から照射される光線以外の光線に感応しない構造のも
のであるか，感応した場合に，スライドの作動を停止させる構造のものでなければなら

220

ないこと。

オ 材料の送給装置等を備えたプレス機械に取り付ける光線式安全装置の検出機構の投光器及び受光器については，次の要件の下，当該送給装置等に係る検出を無効にできる構造とすることができることとしたこと。

（ア） 検出を無効とするための切替えは，キースイッチにより１光軸ごとに設定を行うものであること。

（イ） 検出を無効にする送給装置等に変更があったときには，再び（ア）の設定を行わなければスライドを作動させることができない構造のものであること。

（ウ） 検出を無効にする送給装置等が取り外されたときには，スライドの作動による危険を防止するために投光器及び受光器が必要な長さにわたり有効に作動するものであること。

(8) 安全装置として，制御機能付き光線式安全装置（以下「PSDI式安全装置」という。）を追加したとともに，次の事項を定めたこと。（第22条）

ア 次の要件に適合するプレス機械に使用できるものでなければならないこと。

（ア） ボルスター上面の高さが床面から750ミリメートル以上であるか，ボルスター上面から検出機構の下端に安全囲い等が設けられているもの。

（イ） ボルスターの奥行きが1,000ミリメートル以下であるもの。

（ウ） ストローク長さが600ミリメートル以下であるか，プレス機械に安全囲い等が設けられ，かつ，検出機構を設ける開口部の上端と下端との距離が600ミリメートル以下であるもの。

（エ） クランクプレス等にあっては，オーバーラン監視装置の設定の停止点が15度以内であるもの。

イ PSDI式安全装置の投光器及び受光器は，容易に取り外し及び取り付け位置の変更ができない構造のものでなければならないこと。

ウ PSDI式安全装置のスライドを作動させるための機構は，スライドの不意の作動を防止することができるよう，以下に定めるところに適合するものでなければならないこと。

（ア） キースイッチによりPSDI式安全装置の危険防止機能を選択する構造のものであるもの。

（イ） スライドを作動させる前に，起動準備を行うための操作を行うことが必要な構造のもの。

（ウ） 30秒以内にスライドを作動させなかった場合には，改めて（イ）の操作を行うことが必要な構造のもの。

エ プレス機械に係る光線式安全装置に係る要件を準用することとしたこと。ただし，遮光棒の最小直径については30ミリメートル以下であることとしたこと。

(9) 安全装置として，プレスブレーキ用レーザー式安全装置を追加することとしたとともに，次の事項を定めたこと。（第22条の２）

ア 検出機構を有し，身体の一部がスライドに挟まれるおそれのある場合に，当該身体の

付　　録

一部が光線を遮断したことを検出することによりスライドの作動を停止させることができる構造のものでなければならないこと。

イ　スライドの閉じ行程の作動中に身体の一部若しくは加工物が光線を遮断したことを検出し，又はスライドが設定した位置に達した後，引き続きスライドを作動させる場合は，その速度を毎秒10ミリメートル以下（以下「低閉じ速度」という。）とする構造のものでなければならないこと。

ウ　プレスブレーキ用レーザー式安全装置は，以下の要件に適合するプレスブレーキに使用できるものでなければならないこと。

(ｱ)　閉じ行程におけるスライドの速度を低閉じ速度とすることができる構造のもの。

(ｲ)　上記(ｱ)の速度でスライドを作動するときは，スライドを作動させるための操作部を操作している間のみスライドが作動する構造のもの。

エ　プレスブレーキ用レーザー式安全装置の検出機構は，以下の要件を満たすものでなければならないこと。

(ｱ)　投光器及び受光器は身体の一部がスライドに挟まれるおそれがある場合に機能するよう設置でき，スライドが下降するプレスブレーキに用いるものにあっては，スライドの作動と連動して移動させることのできる構造のもの。

(ｲ)　スライドの閉じ行程の作動中（上記ウ(ｱ)の速度による作動中に限る。）に検出を無効とすることができる構造のもの。

(10)　安全装置の表示事項として，安全装置の種類，PSDI式安全装置に係る事項及びプレスブレーキ用レーザー式安全装置に係る事項を追加したほか，安全装置の種類を追加したことに伴って必要な事項を追加したこと。（第26条）

(11)　従前の第23条の手払い式安全装置の規定は削除されるものであるが，改正後も，当分の間，ポジティブクラッチ式の両手起動式プレス機械であって，毎分ストローク数が120以下のもの等一定の要件を満たすものに限って使用できることとしたこと。

第2　留意事項

1　動力プレス機械構造規格関係

(1)　第1条関係

ア　「一行程一停止機構」とは，スライドを作動させるための押しボタン等の操作部を操作し続けてもスライドが一行程で停止し，再起動しない機構をいうこと。

イ　「身体の一部が危険限界に入らない構造」とは，ストローク長さが6ミリメートル以下のもの，身体の一部が危険限界に入らないよう危険限界の周囲に安全囲いが設けられているもの等の構造をいうこと。

(2)　第2条関係

ア　「急停止機構」とは，危険その他の異常な状態が検出された場合に，検出機構からの信号によって，動力プレスを使用して作業する労働者（以下「プレス作業者」という。）等の意思にかかわらずスライドの作動を停止させる機構をいうこと。なお，急停止機構に

は，スライドが下降するものにあっては，スライドを急上昇させる装置が含まれること。

イ　急停止機構を有しないポジティブクラッチプレスについては，第1項各号に適合する
ものでなければならないものであること。

ウ　第37条に規定するインターロックガード式の安全プレスのうち，ガードを開けてから
身体の一部が危険限界に達するまでの間にスライドの作動を停止することができるもの
は，急停止機構を有することが必要なものであること。

(3)　第3条関係

ア　「非常停止装置」とは，危険限界に身体の一部が入っている場合，金型が破損した場合
その他異常な状態を発見した場合において，プレス作業者が意識してスライドの作動を
停止させるための装置をいうこと。

イ　「始動の状態にもどした後」とは，スライドの位置を寸動で始動の位置にした後をいう
こと。

(4)　第4条関係

ア　非常停止装置の操作部には，押しボタン式のほか，コード式及びレバー式が含まれること。

イ　第1号の「容易に操作できるもの」とは，例えば，押しボタンにあっては，突頭型の
ものがあること。

ウ　第2号の「操作ステーション」とは，当該動力プレスを操作する作業者が位置する場
所をいうこと。

(5)　第5条関係

「寸動機構」とは，スライドを作動させるための操作部を操作している間のみ，スライドが
作動し，当該操作部から手を離すと直ちにスライドの作動が停止するものをいうこと。

(6)　第6条関係

ア　「安全ブロック」とは，動力プレスの金型の取付け，取外し等の作業において，身体の
一部を危険限界に入れる必要がある場合に，当該動力プレスの故障等によりスライドが
不意に下降することのないように上型と下型の間又はスライドとボルスターの間に挿入
する支え棒をいうものであること。

イ　第1項の「スライドを固定する装置」には，機械的にスライドを固定することができ
るロッキング装置，クランプ装置等があること。

(7)　第7条関係

ア　第1項は，電源スイッチを入れた後，不意にスライドが作動することによる危険を防
止するため，スライドの作動はスライドを作動させるための操作部を操作することを要
件とするものであること。

イ　第1項の「スライドを作動させるための操作部」とは，スライドを作動させるものとし
て，押しボタン，操作レバーのほか，光電式スイッチ等の非機械式スイッチ等があること。

ウ　第1項は，材料を自動供給するものであって，金型内に材料があることを感知して起
動信号を発信し，スライドを作動させる方式の動力プレスについては，動力プレスの電
源を入れただけで自動的にスライドが作動することなく，起動操作をすることによりス

付　　録

ライドが作動する構造のものとすること。

エ　第2項の構造としては，スライドを作動させるための操作部の種類に応じ，例えば，それぞれ次の各号に適合するものがあること。

(ア)　押しボタンは，覆いを備えるもの又はボタンの表面がケースの表面若しくはボタンの周囲に備わるガードリングの先端から突出せず，かつ，くぼんでいるもの。

(イ)　フートスイッチ又はペダルは，覆いを備え，かつ，一方向から操作する構造のもの。

(ウ)　光電式等の非機械式スイッチは，覆い等を備えているもの。

オ　第2項の「接触等」の「等」には，スライドを作動させるための操作部の操作が非接触によるものを意図せず操作することが含まれること。

カ　第3項の「意図に反した連続行程によるスライドの作動を防止することができる機能」としては，例えば，次のものがあること。

(ア)　切替えスイッチにより連続行程に切り替えた後，スライドを作動させるための操作部を操作するだけでは直ちに連続運転を開始しないようセットアップ用のスイッチを設け，当該スイッチを押した後，限定された時間内に当該操作部を操作することにより連続運転を可能とするもの。

(イ)　切替えスイッチを連続行程に切り替えた後，スライドを作動させるための操作部を定められた時間において操作し続けることにより，連続運転を可能とするもの。

(8)　第8条関係

ア　「行程の切替え」とは，連続行程，一行程，安全一行程，寸動行程等の行程の切替えをいうこと。

イ　「操作の切替え」とは，両手操作から片手操作への切り替え等の操作の切替えをいうこと。

ウ　第1号に規定する切替えスイッチのキーは，切替え位置において抜き取る方式のものであることを示したものであるが，安全プレスに設ける切替えスイッチは，それぞれの切替え位置において安全が確保できることから，キーを設ける必要がないものであること。

エ　第2号の「確実に保持されるもの」には，クリックストップ式のものが含まれること。

オ　第3号の「明示」とは，文字を見易く表示するなどプレス作業者がその状態を容易に判断できる方法により行うものであること。

(9)　第9条関係

「ランプ等」の「等」には，機械的なマーク表示方法が含まれること。

(10)　第10条関係

ア　「リレー，トランジスター等」の「等」には，コンデンサー，抵抗器等が含まれること。

イ　「防振措置」とは，緩衝材を使用する等の措置をいうこと。

(11)　第11条関係

ア　第2項の「制御用電気回路」とは，スライドの作動を直接制御する電気回路，「操作用電気回路」とは，制御盤及び操作盤におけるプレス操作用のみの電気回路をいうこと。

イ　第2項の「停電等」の「等」には，電圧降下が含まれること。

ウ　第2項の「スライドが誤作動」には，不意にスライドが作動することだけでなく，作

動中のスライドを停止させることができないことも含まれること。

エ　第2項の「電気部品の故障，停電等によりスライドが誤作動するおそれのないもの」とは，次のいずれにも適合するものであること。

　(ｱ)　故障，停電等の場合にこれを検出して，スライドの作動を停止させるため，電気回路又は部品の冗長化等の対策が講じられたもの。

　(ｲ)　電気回路の地絡によりスライドが誤作動するおそれがないよう，電気回路に地絡が生じたときに作動するヒューズ，漏電遮断器を設置する等の措置が講じられたもの。

⑿　第13条関係

ア　「外部電線」とは，操作盤と操作スタンドとの間等の電気機器の相互を接続する電気配線をいうこと。

イ　「同等以上の絶縁効力，耐油性，強度及び耐久性を有するもの」には，金属製電線管，金属製可とう電線管又は耐油性のある樹脂製可とう電線管に納められたものが含まれること。

⒀　第14条関係

ア　第1項の「その他の主要な電気部品」には，トランジスター，近接スイッチ等が含まれること。

イ　第1項の「十分な強度及び寿命を有するもの」には，例えば，負荷容量に十分な余裕があり，かつ，継続的な使用に対して十分に耐え得る電気部品を選択することが含まれること。

ウ　第2項において，動力プレスに設けるリミットスイッチ等には，例えば，スライド，インターロックガード，安全ブロック等の位置の検出を行うものが含まれること。

エ　第2項の「リミットスイッチ等」の「等」には，非接触型の近接スイッチが含まれること。

オ　第2項の措置としては，例えば，覆いを設け，リミットスイッチ等を専用工具が必要なネジを用いて取り付けることが含まれること。

⒁　第15条関係

ア　第1項の水，油又は粉じんの侵入により電気回路の機能に障害を生ずるおそれがない構造としては，例えば，動力プレスの用途等に応じた日本工業規格　C0920（電気機械器具の外郭による保護等級（IPコード））に定める構造のものが含まれること。

イ　第1項の外力により「電気回路の機能に障害を生ずるおそれのない構造」とは，例えば，加工物との接触等に対する十分な強度を有するものであること。

⒂　第16条関係

ア　「破損，脱落等」の「等」には，へたり（ばねの劣化）が含まれること。

イ　第2号の「ロッド，パイプ等に案内される」とは，ばねの内側にロッドを通し，パイプの中にばねを入れる等，当該ばねが円滑に圧縮されたり，押し戻したりすることができるようにすることをいうこと。

⒃　第17条関係

第1項の「緩み止め」には，ばね座金が含まれること。

⒄　第18条関係

　　ア　「スライディングピンクラッチ」とは，ポジチブクラッチの一種で，フライホイール又はメインギヤーとクランクシャフト間のクラッチの掛け外しをクラッチピンの着脱により行うものをいうこと。

　　イ　「ローリングキークラッチ」とは，ポジチブクラッチの一種で，フライホイール又はメインギヤーとクランクシャフト間のクラッチの掛け外しを転動するキーの起伏により行うものをいうこと。

　⒅　第19条関係

　　ピンクラッチプレスのクラッチピン，クラッチ作動用カム及びクラッチピン当て金並びにキークラッチプレスの内側のクラッチリング，中央のクラッチリング，外側のクラッチリング，ローリングキー，クラッチ作動用カム及びクラッチ掛け外し金具は，それぞれ次の図に示すとおりであること。

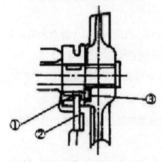

ピンクラッチプレスの例

① クラッチピン
② クラッチ作動用カム
③ クラッチピン当て金

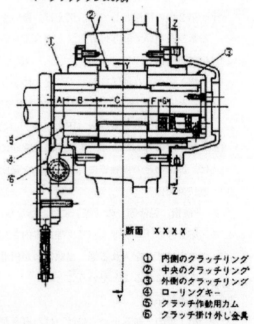

キークラッチプレスの例

断面　××××

① 内側のクラッチリング
② 中央のクラッチリング
③ 外側のクラッチリング
④ ローリングキー
⑤ クラッチ作動用カム
⑥ クラッチ掛け外し金具

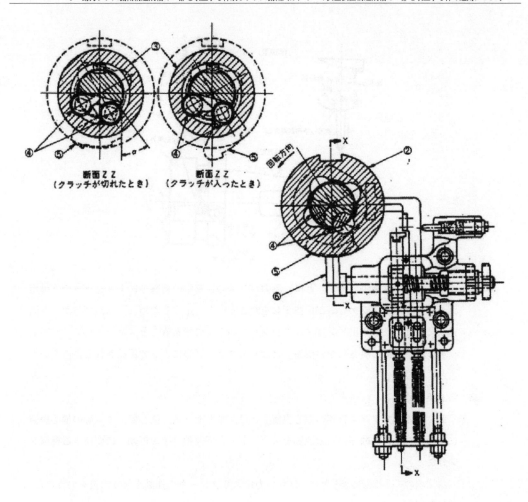

(19) 第20条関係

　ア 「クラッチ掛け外し金具のうちクラッチ作動用カムに接触する部分」とは，クラッチ掛け外し金具（ラッチ）の頭部をいうこと。

　イ 「ロックウェルC硬さの値」とは日本工業規格　Z2245（ロックウェル硬さ試験方法）に定める試験により求められるC硬さの値をいうこと。

(20) 第21条関係

　「ばね緩め型」とは，空気圧力を開放した際，ばねの力で摩擦板を戻しクラッチを切る構造をいうこと。

(21) 第22条関係

　本条により，ポジティブクラッチ式の機械プレスにあっては，第2条第1項各号に該当するものに限定されるものであること。

(22) 第23条関係

　ア 第1項の「ストッパー」とは，次の図に示すようにクラッチ作動用カム又はカップリングに設けられた突起部をいうものであること。

227

付　録

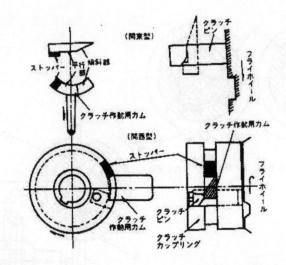

　　イ　第2項の「位置決めピン」とは，動力プレスの運転中の衝撃等によりクラッチ作動用カムを支持するブラケットが位置ずれを起こすのを防止するために，当該ブラケット固定面に設けられる突出ピン（ノックピン）をいうものであること。

　　ウ　第3項の「押し戻されない構造」とは，スプリング等によって保持される構造をいうこと。

　(23)　第24条関係

　　ア　第2項の「クランク軸等の偏心機構」とは，エキセン軸，偏心盤，カム等の偏心機構によってクランク軸等の回転運動をスライドの上下運動（往復運動）に変換する機構をいうこと。

　　イ　第2項の「ばね締め型」とは，ばねの力によりブレーキの作動を行う構造をいうこと。

　(24)　第26条関係

　　ア　「オーバーラン監視装置」とは，クランク軸等の滑り角度の異常を検出して停止の指示を行うものをいうこと。

　　イ　第1項の「クランクピン等の設定の停止点」とは，通常，上死点をいうこと。なお，可傾型の動力プレス等特別に設計されたものにあっては，メーカーの指定する位置をもって設定の停止点とすること。

　　ウ　第1項のオーバーラン監視の設定の停止点の位置は，クランクプレス等の毎分ストローク数が150以内の場合は予定停止設定点から15度以内，150を超え300以内の場合は同25度以内とすること。

　　エ　第2項は，オーバーランが発生した場合は停止機能の異常であるため，第3条の非常停止装置が作動した場合と同様に，一旦始動の状態に戻した後でなければスライドが作動しない構造とするものであること。

　(25)　第27条関係

　　ア　第1号の「複式」とは，1個の電磁弁が2個分に相当する機能を有する型のものをいうこと。

なお，単一の電磁弁を2個使用するものも含まれること。

イ　第2号の「ノルマリクローズド型」とは，通電したときメインバルブが開いてシリンダー内にエヤーを送給し，停電したとき，メインバルブが閉じてエヤーの送給をとめる型のものをいうこと。

ウ　第3号の「プレッシャーリターン型」とは，停電の際，送給されていたシリンダー側の空気圧力によってメインバルブを閉じる型のものをいうこと。

エ　第4号の「ばねリターン型」とは，停電の際，ばねの力によってメインバルブを閉じる型のものをいうこと。

(26)　第28条関係

「安全装置」には，動力プレスの本体以外の空気圧又は油圧の配管を設けられている場合も含まれること。

(27)　第29条関係

「装置」には，リミットスイッチが含まれること。

(28)　第30条関係

「カウンターバランス」とは，コネクチングロッド，スライド及びスライド付属部品の重量を保持するための機構をいうこと。

(29)　第31条関係

ア　第1項の「安全プラグ」とは，スライドを作動させるための操作部の操作用の電気回路に設けられ，金型の取付け，取外し等の場合に，当該プラグを抜くことにより，当該電気回路を開の状態にすることができるものをいうこと。

イ　第1項の「キーロック」とは，キーにより主電動機の駆動用電気回路又は起動用電気回路を開の状態に保持するためのものであること。

(30)　第32条関係

ア　サーボプレスとは，日本工業規格　B6410（プレス機械－サーボプレスの安全要求事項）に定義されているとおり，サーボシステムによってスライドの作動を制御する動力プレスをいうものであり，プログラムの変更によってスライドの作動の始点及び終点，作動経路並びに作動速度を任意に設定できるものであること。

イ　サーボシステムとは，スライドを作動させるサーボモータ，サーボアンプ，フィードバック用検出器，電気制動装置及び制御装置から構成されるものであること。

ウ　液圧プレスであるサーボプレスとは，サーボモータの動力を液圧によって直接的にスライドに伝達する構造のものであること。

エ　第1項のブレーキとは，サーボシステムに依存せずにスライドを停止及び停止後その状態を保持することができる制動力を持った電気制動以外のブレーキ（制動機構）であり，機械プレスにあっては，機械的摩擦を利用して，液圧プレスにあっては，サーボモータの動力を伝達する液体の圧力若しくは流量を遮断又は調節することによって，スライドを減速及び停止させ，停止後その状態を保持するものが含まれること。

オ　第3項の「ベルト又はチェーンの破損による危険を防止するための措置」に適合する

付　　録

ものとしては，例えば，ベルト又はチェーンを複数とし，その半数が破損してもスライドの作動を停止することができる構造のものがあること。

(31)　第33条関係

ア　「スライド落下防止装置」とは，液圧プレスでスライドが停止した時にスライドが自重で落下することを防止するための装置であり，スライドが作業上限で停止したときにスライドが自重で自動的に下降しないよう保持し，スライドを作動させるための操作部を操作したときに自動的にその保持を解除する機能を持つものであること。

イ　スライド落下防止装置は，スライド及び上型の重量を保持することができるものであること。

ウ　スライド落下防止装置には，例えば，ショットピン，クランプ等により機械的にスライドを保持する機械式のもの，液圧系統の制御弁及び独立したシリンダーを備えることによりスライドを保持する液圧式のものがあること。

(32)　第35条関係

「安全装置」には，動力プレスの本体以外の油圧の配管に設けられている場合も含まれること。

(33)　第36条関係

ア　第1項各号の規定は，労働安全衛生法施行令（昭和47年政令第318号）第14条の2第8号に規定するスライドによる危険を防止するための機構を有する動力プレスについて，プレス作業者の危険を防止するために定めたものであること。

イ　第1項の「スライドの閉じ行程の作動中」とは，動力プレスによる加工がスライドの下降中に行われる下降式のものにあっては下降中を，スライドの上昇中に行われる上昇式のものにあっては上昇中をそれぞれ示すものであること（以下同じ）。

ウ　第1項第1号の「スライドが身体の一部に危険を及ぼすおそれのない位置」とは，例えば，スライドが閉じる作動が終了する位置より6ミリメートル手前の位置から閉じる作動が終了する位置までをいうこと。

エ　第2項に規定する「切替えスイッチ」を切替えた場合には，安全プレスは自動的に第1項各号のいずれかの機能を有する状態に切り替えられるものでなければならないこと。したがって，1台の安全プレスが切替えの状態によって，インターロックガード式，両手操作式，光線式又は制御機能付き光線式のいずれにもなりうるものであること。

オ　第2項の「操作ステーションの切替え」とは，例えば，複数の操作ステーションを単数の操作ステーションに切り替える等操作ステーションの数を切り替えることをいうこと。

カ　第3項の「その構造を容易に変更できないもの」は，例えば，スライドによる危険を防止するための機構を動力プレスの内部に組み込むこと，溶接により固定すること，所定位置になければスライドを作動することができないようインターロックを施すこと等が含まれること。

230

(34) 第37条関係

ア　ガードは，スライドの作動による危険がある場合には開くことのできないインターロックが備えられたものであることから，名称を「インターロックガード式の安全プレス」と変更することとしたこと。

イ　第2号ただし書のインターロックガード式の安全プレスとは，ガードを開けた後に身体の一部がガードの内側の危険限界に達するまでにスライドの作動を停止できるように安全距離を設定したものをいうこと。

(35) 第38条関係

ア　スライドを作動させるための操作部の片方を操作した状態又は片方を無効にした状態で操作することができないようにするための構造とすることとしたこと。

イ　危険防止機能が両手操作式のみの安全プレスにおいては，本条の趣旨から，寸動行程及び安全一行程以外の行程及び両手操作以外のスイッチ（片手スイッチ，フートスイッチ等）を備えてはならないものであること。

ウ　寸動行程時の安全を確保するため，光線式の安全プレスと同様，寸動行程においても危険を防止するための機構の除外を必要とすることとしたこと。

エ　第1号は，同時に操作することの同時性を明確にするため，「左右の操作の時間差が0.5秒以内」という制限を設けたこと。

(36) 第39条関係

「両手によらない操作を防止するための措置」としては，例えば，スライドを作動させるための操作部間が300ミリメートル以上離れているもの，スライドを作動させるための操作部の双方を片手で同時に操作できないように当該操作部に覆い等を設け，かつ，操作部間が200ミリメートル以上離れているもの等が含まれること。

(37) 第40条関係

ア　「スライドの閉じ行程の作動中の速度が最大となる位置」とは，クランクプレス等にあっては，一般的にクランク角が90°の位置をいうこと。

イ　本条の安全距離と操作部の関係を例示すれば，次のとおりであること。

例1　C形プレスの場合（図1）

$D < a + b + 1/3 l_D$ の条件を満たすように押しボタンの位置を選定する。

D：安全距離

a：押しボタンからスライド前面までの水平距離

b：押しボタンからボルスター上面までの垂直距離

l_D：ダイハイト

図1

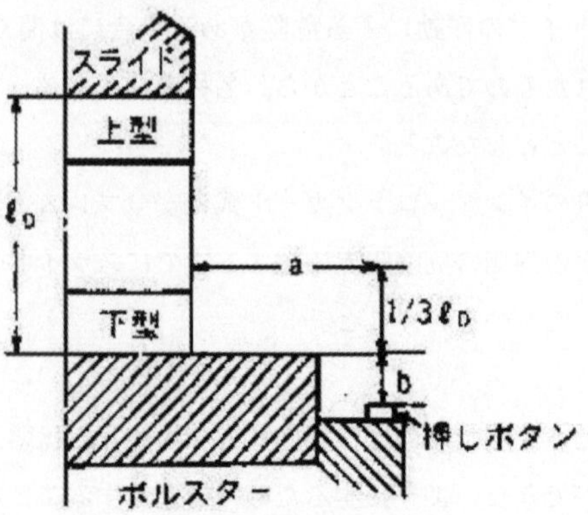

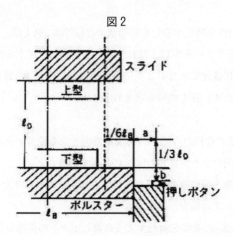

例2 ストレートサイド形プレスの場合（図2）

$D < a + b + 1/3 l_D + 1/6 l_B$の条件を満たすように押しボタンの位置を選定する。

D：安全距離

a：押しボタンからボルスター前面までの水平距離

b：押しボタンからボルスター上面までの垂直距離

l_D：ダイハイト

l_B：ボルスターの奥行き

図2

(38) 第42条関係

ア 第1号の「必要な長さ」とは、ボルスターの上面の高さからスライド下面の最上位置の高さ（機械プレスではダイハイトにストローク長さを加えた高さ、液圧プレスではデーライトの高さの寸法）までの範囲を含むものとし、十分な防護高さを確保する等、検出機構の上方又は下方から身体の一部が危険限界に達するおそれがないように措置されたものであること。ただし、スライドが下降する方式のものにあっては、スライドの下面の最上位置の高さが動力プレスの設置床面から1,400ミリメートル以下のときは1,400ミリメートルとし、1,700ミリメートルを超えるときは1,700ミリメートルとしても差し支えないこと。

イ　第2号の「連続遮光幅」とは，検出機構の検出能力を表すものであり，例えば，連続遮光幅を30ミリメートルとした場合は，30ミリメートル以下の円柱形状の試験片を検出面内にどのような角度で入れても検出機構が検出できるものであること。

ウ　第3号の「投光器から照射される光線が，その対となる受光器以外の受光器又はその対となる反射器以外の反射器に到達しない構造」とは，投光器からの光軸の拡がりが大きいと，周辺の構造物等からの反射光が受光器に入ることにより，身体の一部が侵入したことを検出できないおそれがあることから，投光器からの光軸の拡がり（有効開口角）を制限するものであること。この有効開口角については，検出機構が正常な動作を続けることができる投光器と受光器の光学的配置からの最大偏光角度とされていること。

エ　投光器の有効開口角は，次の表の投光器と受光器の距離に応じた値以下とすること。

投光器と受光器の距離（メートル）	0.5	1.5	3.0	6.0
有効開口角（度）	12.5	8.0	6.0	5.5

オ　第4号について，検出機構の受光器が投光器以外の光線に感応することは誤感知となるため防止しなければならないことから，対となる投光器以外の光線に受光器が感応しない構造又は，感応した場合にはスライドを停止させる構造とすること。

(39)　第43条関係

ア　「追加距離」とは，連続遮光幅によって検出機構の検出能力が異なるので，検出能力を加味した必要な安全距離の加算を行うものであること。

イ　本条の安全距離と検出機構の光軸との関係を例示すれば，次のとおりであること。

例1　Ｃ形プレスの場合

D：安全距離
a：光軸からスライド前面までの水平距離

例2　ストレートサイド形プレスの場合

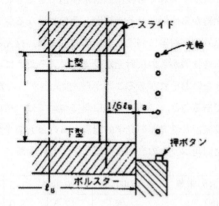

　　D　：安全距離
　　a　：光軸からボルスター前面までの水平距離
　　l_B：ボルスターの奥行き

(40) 第44条関係

「安全囲い等」の「等」には，当該隙間に光線式の安全装置を設置することが含まれること。この場合においては，有効に身体の一部を検出するために，光軸を75ミリメートル以下の間隔で当該隙間に設けることが必要であること。

(41) 第45条関係

　ア　PSDI式の安全プレスは，身体の一部による光線の遮断の検出がなくなったときにスライドを作動させる機能（以下「PSDI機能」という。）により，スライドを作動させるための操作部を操作しなくてもスライドが作動するものであること。

　イ　第1項第2号から第4号までの規定は，大型プレスにおいて危険限界内に作業者の全身が入り込むおそれがあり，PSDI機能を使用することが適切ではないことから，PSDI機能を使用できる動力プレスの範囲を制限したものであること。

　ウ　第2項の「身体の一部が危険限界に達することができない構造」には，側面に安全囲い等を備えることが含まれること。

　エ　第3項の「スライドの不意の作動」には，例えば，プレス作業者等が光線を意図せず遮り，そのために突然スライドが作動することなどが含まれること。このような作動により，金型内に材料が定位置にセットされていない状態でスライドが作動することによって，材料や金型が破損，飛散することによる危険が考えられること。

　オ　第3項のスライドを起動させるための機構は，次の要件を満たすことが必要であること。

　　(ア)　第1号のPSDI機能の選択は，切替えスイッチ等により行うものであること。また，当該切替えは，キースイッチにより行う構造のものであること。

　　(イ)　第2号は，PSDI機能によるスライドの起動の前に，起動準備を行うための操作

（セットアップ）を行うことが必要なものであること。当該セットアップは，スライドが上死点等の作業上限に停止している状態においてのみ可能であること。

(ｳ) 第3号は，PSDI 機能はタイマーを備え，セットアップの後，当該タイマーで設定した時間内（30秒以内）に PSDI 機能による起動を行わなかった場合は，PSDI 機能による起動ができなくなり，かつ，再びセットアップ操作をしなければ，PSDI 機能による起動ができない構造のものであること。

⑷² 第46条関係
ア 第1号の「動力プレスの種類」とは，機械プレス又は液圧プレス等の種類のほか，プレスブレーキ，サーボプレス，自動プレス又は身体の一部が危険限界に入らない構造の動力プレスである場合にあってはその旨を表示すること。

イ 「当該動力プレスが安全プレスである場合にあっては，その種類」について，複数の危険防止機能を併用する安全プレスである場合は，その旨を表示すること。

ウ 第2号の「ダイハイト」とは，ストローク下で，かつ，調節上の状態のときのスライドとボルスター間の距離をいうこと。

この場合，ストローク下とは，スライドがストロークの下端位置（下死点）にある状態のことをいい，調節上とは，スライド調節装置によってスライドとボルスター間の距離が最大となる状態をいうこと。

図において HD はダイハイトを示すものであること。

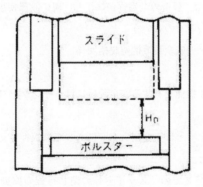

エ 第2号の「テーブル長さ」とは，図の L をいうこと。

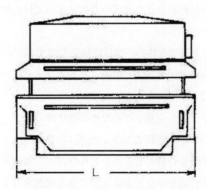

オ 第2号表中の「ギャップ深さ」とは，図のCをいうこと。

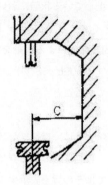

カ 「慣性下降値」とは，スライドのオーバートラベル（スリップダウン）の距離をいうものであること。

キ 動力プレスの種類に応じ，本条の表示事項に該当しない事項については，表示する必要はないものであること。

(43) 附則関係

ア 「現に製造している」とは，現に設計が完了された以降の過程にあることをいうこと。なお，同一設計により，量産されるものについては，個別に製作過程にあるか否かにより，現に製造されているか否かを判断すること。

イ 「現に存する」とは，製造の全過程が終了し，現に設置使用されており，又は使用されないで保管されているものをいうこと。

2 プレス機械又はシャーの安全装置構造規格関係

(1) 第1条関係

ア 第1号に該当する機能を有する安全装置には，インターロックガード式安全装置があること。

イ 第1号の「押さえ」とは，金属シャーにあっては板押さえを，紙断さい機にあっては紙押さえをいうこと。

ウ 第1号から第4号までの「スライド等の閉じ行程の作動中」とは，プレス機械又はシャーによる加工が，スライド等の下降中に行われる下降式のものにあっては下降中を，スライド等の上昇中に行われる上昇式のものにあっては上昇中をそれぞれ示すものであること（以下同じ）。

エ 第1号の「スライド等が身体の一部に危険を及ぼすおそれのない位置」とは，例えば，スライド等が閉じる作動が終了する位置より6ミリメートル手前の位置から閉じる作動が終了する位置までをいうこと。

オ 第2号の「スライド等を作動させるための操作部」には，押しボタン，操作レバー等の機械式スイッチのほか，光電式スイッチ等の非機械式スイッチがあること。

カ 第2号のスライド等を作動させるための操作部から離れた手が危険限界に達するまでの間にスライド等の作動を停止することができる機能を有する安全装置には，急停止機

構を有するフリクションクラッチ式のプレス等に取り付ける両手操作式安全装置があること。

　キ　第3号に該当する機能を有する安全装置には，光線式安全装置及びPSDI式安全装置があること。

　ク　第4号に該当する機能を有する安全装置には，プレスブレーキ用レーザー式安全装置があること。

　ケ　第5号に該当する機能を有する安全装置には，手引き式安全装置があること。

(2)　第2条関係

「その他の主要な機械部品」には，取り付けボルト等が含まれること。

(3)　第4条関係

「これと同等以上の機械的性質を有するもの」には，日本工業規格　G3525（ワイヤロープ）に該当するワイヤロープが含まれること。

(4)　第5条関係

第1項の「緩み止め」には，ばね座金が含まれること。

(5)　第6条関係

　ア　第1項の「その他の主要な電気部品」には，トランジスター，近接スイッチ等が含まれること。

　イ　第1項の「十分な強度及び寿命を有するもの」には，例えば，負荷容量に十分な余裕があり，かつ，継続的な使用に対して十分に耐え得る電気製品が含まれること。

　ウ　第2項の「スライド等」の「等」には，インターロックガードが含まれ，「リミットスイッチ等」の「等」には，非接触型の近接スイッチが含まれること。

　エ　第2項の措置として，例えば，覆いを設け，リミットスイッチ等を専用工具が必要なネジを用いて取り付けることがあること。

(6)　第7条関係

　ア　「作動可能の状態を示すランプ等」の「等」には，機械的なマーク表示方法が含まれること。

　イ　「故障を示すランプ等」の「等」には，警報器が含まれること。

(7)　第8条関係

　ア　「リレー，トランジスター等」の「等」には，コンデンサー，抵抗器等が含まれること。

　イ　「防振措置」とは，緩衝材を使用する等の措置をいうこと。

(8)　第9条関係

　ア　「停電等」の「等」には，電圧降下が含まれること。

　イ　「スライド等が誤作動」には，不意にスライド等が作動することだけでなく，作動中のスライド等を停止させることができないことも含まれること。

　ウ　「電気部品の故障，停電等によりスライド等が誤作動するおそれのないもの」とは，次のいずれにも適合したものであること。

　　(ｱ)　故障，停電等の場合にこれを検出して，スライドの作動を停止させるため，電気回

付　　録

路又は部品の冗長化等の対策が講じられたもの。

　(イ)　電気回路の地絡によりスライド等が誤作動するおそれがないよう，電気回路に地絡が生じたときに作動するヒューズ，漏電遮断器を設置する等の措置が講じられたもの。

(9)　第11条関係

　ア　「外部電線」とは，投光器と受光器との間を接続する電線等安全装置の外部導線に用いる電線をいうこと。

　イ　「同等以上の絶縁効力，耐油性，強度及び耐久性を有するもの」には，金属製電線管又は金属製可とう電線管に納められたものが含まれること。

(10)　第12条関係

　ア　第2号の「確実に保持されるもの」には，クリックストップ式のものが含まれること。

　イ　第3号の「明示」とは，文字を見易く表示するなど，プレス作業者がその状態を容易に判断できる方法により行うものであること。

(11)　第13条関係

　ア　第1項の水，油又は粉じんの侵入により電気回路の機能に障害を生ずるおそれがない構造には，例えば，日本工業規格　C0920（電気機械器具の外郭による保護等級（IPコード））に定める保護等級がIP51であるものと同等以上の機能を有する構造のものが含まれること。

　イ　第1項の外力により電気回路の機能に障害を生ずるおそれがない構造とは，加工物との接触等に対する十分な強度を有するものであること。

(12)　第14条関係

　ア　ガードは，スライド等の作動による危険がある場合には開くことのできないインターロックが備えられたものであることから，名称を「インターロックガード式安全装置」と変更したこと。

　イ　第2号ただし書のインターロックガード式安全装置としては，ガードを開けた後に身体の一部がガードの内側の危険限界に達するまでにスライドの作動を停止させることができるものをいうこと。

　ウ　第2号における「スライド等の閉じ行程の作動を停止させることができるもの」には，プレス等の停止機構を利用するものも含まれること。

(13)　第15条関係

　「一行程一停止機構」とは，スライド等を作動させるための操作部を操作し続けてもスライド等が一行程で停止し，再起動しない機構をいうこと。

(14)　第16条関係

　ア　スライド等を作動させるための操作部の片方を操作した状態又は片方を無効にした状態で操作することができないようにするための構造とすることとしたこと。

　イ　第1号は，同時に操作することの同時性を明確にするため，「左右の操作の時間差が0.5秒以内」という制限を設けたこと。

　ウ　第2号における「スライド等の作動を停止させることができる構造のもの」には，プ

レス等の停止機構を利用するものも含まれること。

⒂　第17条関係

「両手によらない操作を防止するための措置」としては，例えば，スライド等を作動させる
ための操作部間が300ミリメートル以上離れているもの，スライド等を作動させるための操
作部の双方を片手で同時に操作できないように当該操作部に覆い等を設けたものにあって
は，操作部間が200ミリメートル以上離れているもの等があること。

⒃　第18条関係

両手操作式安全装置のスライド等を作動させるための操作部のスイッチ等の種類に応じ，
例えば，それぞれ次の各号に適合することが必要であること。

　ア　押しボタンは，覆いを備えるもの又はボタンの表面がケースの表面若しくはボタンの
　　周囲に備わるガードリングの先端から突出せず，かつ，くぼんでいるものであること。

　イ　光電式等の非機械式スイッチは，覆い等を備えるものであること。

⒄　第19条関係

「スライド等の作動を停止させることができる構造のもの」には，プレス等の停止機構を利
用するものも含まれること。

⒅　第20条関係

　ア　第1号の「必要な長さ」とは，ボルスターの上面の高さからスライド下面の最上位置
　　の高さ（機械プレスではダイハイトにストローク長さを加えた高さ，液圧プレスではデー
　　ライトの高さの寸法）までの範囲を含むものであること。ただし，例えば，設置状況に
　　応じ，スライドが下降する方式のものにあっては，スライドの下面の最上位置の高さが
　　床面から1,400ミリメートル以下のときは1,400ミリメートルとし，1,700ミリメートル
　　を超えるときは1,700ミリメートルとしても差し支えないこと。

　イ　第2号の「連続遮光幅」とは，検出機構の検出能力を表すものであり，例えば，連続
　　遮光幅を30ミリメートルとした場合は，30ミリメートル以下の円柱形状の試験片を検出
　　面内にどのような角度で入れても検出機構が検出できるものであること。

　ウ　第3号の「投光器から照射される光線が，その対となる受光器以外の受光器又はその
　　対となる反射器以外の反射器に到達しない構造」とは，投光器からの光軸の拡がりが大き
　　いと，周辺の構造物等からの反射光が受光器に入ることにより，身体の一部が侵入したこ
　　とを検出できないおそれがあることから，投光器からの光軸の拡がり（有効開口角）を制
　　限するものであること。この有効開口角については，検出機構が正常な動作を続けるこ
　　とができる投光器と受光器の光学的配置からの最大偏光角度とされていること。

　エ　投光器の有効開口角は，次の表の投光器と受光器の距離に応じた値以下とすること。

投光器と受光器の距離（メートル）	0.5	1.5	3.0	6.0
有効開口角（度）	12.5	8.0	6.0	5.5

　オ　第4号について，検出機構の受光器が投光器以外の光線に感応することは誤感知とな
　　るため防止しなければならないことから，対となる投光器以外の光線に受光器が感応し

付　　録

ない構造とするか，感応した場合にはスライドを停止させる構造とすること。

⒆　第20条の２関係

ア　「材料の送給装置等を備えたプレス機械」とは，加工物の送給，排出のための送給装置又は突出した下型等を備えたプレス機械があること。

イ　第２号の「検出を無効にする送給装置等に変更があったとき」とは，異なる種類の送給装置等に変更すること，送給装置等の位置を変更することがあること。

⒇　第21条関係

第２項は，投光器等の光軸とシャーの危険限界との水平距離が270ミリメートルを超える場合には，作業者の手が当該光軸を遮ることなく上方から危険限界に接近することが可能となるため，当該光軸と刃物との間にさらに１以上の光軸を設けるべきことを規定したものであること。

㉑　第22条関係

ア　PSDI式安全装置とは，プレス機械に使用する安全装置であって，PSDI機能により，スライドを作動させるための操作部を操作しなくてもスライドを作動させるものであること。

イ　第１項の「スライドの作動を停止させることができる構造のもの」には，プレスの停止機構を利用するものも含まれること。

ウ　第２項各号の規定は，大型プレスにおいて危険限界内に作業者の全身が入り込むおそれがあり，PSDI式安全装置を使用することが適切ではないことから，PSDI式安全装置を使用できるプレス機械の範囲を制限したものであること。

エ　第３項の「容易に取り外し及び取付け位置の変更ができない構造」には，例えば，安全囲いのフレームに確実に固定する等により設置するものが含まれること。

オ　第４項の「スライドの不意の作動」とは，例えば，プレス作業者等が光線を意図せず遮り，そのために突然スライドが作動することなどが含まれること。このような作動により，金型内に材料が定位置にセットされていない状態でスライドが作動することによって，材料や金型が破損，飛散することによる危険が考えられること。

カ　第４項のスライドを作動させるための機構は，次の要件を満たすことが必要であること。

（ｱ）　第１号のPSDI機能の選択は，切替えスイッチ等により行うものであること。また，当該切替えは，キースイッチにより行う構造のものであること。

（ｲ）　第２号は，PSDI機能によるスライドの起動の前に，起動準備を行うための操作（セットアップ）の操作を行うことが必要なものであること。当該セットアップは，スライドが上死点等の作業上限に停止している状態においてのみ可能であること。

（ｳ）　第３号は，PSDI機能はタイマーを備え，セットアップの後，当該タイマーで設定した時間内（30秒以内）にPSDIによる起動を行わなかった場合は，PSDI機能による起動ができなくなり，かつ，再びセットアップ操作をしなければ，PSDI機能による起動ができない構造のものであること。

キ　プレス機械に係る光線式安全装置の検出機構の投光器及び受光器が備える要件は，連続遮光幅の要件を除き，PSDI式安全装置においても同様であること。

(22) 第22条の2関係

ア　プレスブレーキ用レーザー式安全装置は，材料を手で保持しながら作業を行うなどプレスブレーキ特有の作業方法に由来する挟まれ災害を防止するため，身体の一部がスライドに挟まれるおそれのある場合に，当該身体の一部が金型の上型の下端の下方又はその手前の位置に設置した検出機構のレーザー光線を遮断したことを検出することにより，スライドの作動を停止させることができ，また，スライドが低閉じ速度により作動している場合は，光線が遮断したことの検出を無効とすることができるものであること。

イ　第1項第1号の「身体の一部がスライドに挟まれるおそれのある場合」とは，スライドの閉じ行程の作動中（低閉じ速度以外の速度による作動に限る。）に身体の一部が危険限界内にある場合をいうこと。

ウ　第1項第1号の「スライドの作動を停止させることができる構造のもの」には，プレスの停止機構を利用するものも含まれること。

エ　第2項第2号の「スライドを作動させるための操作部を操作している間のみスライドが作動する構造」とは，いわゆる保持式の操作のことをいうものであり，プレスブレーキ用レーザー式安全装置を用いた際の加工作業においてはスライドと手が近接することが多いことから，スライドを作動させるための操作部を操作しなければスライドが作動せず，かつ，スライドの作動中にスライドを作動させるための操作部から手が離れた時はスライドの作動が停止する構造のものをいうこと。

　　なお，フートスイッチを用いる場合は，踏んでいる状態である間のみスライドが作動するものとすること。この場合，スイッチを踏まない状態のときにはスライドが停止しており，踏んだときにスライドが作動し，さらに深く踏み込んだときにスライドが停止するもの（3ポジションタイプ）も含まれること。

オ　第3項第1号のプレスブレーキ用レーザー式安全装置の検出機構は，金型の上型の下端の下方又はその手前の位置に光軸が設定されるよう投光器及び受光器を設け，スライドが下降するプレスブレーキに用いるものにあっては投光器及び受光器がスライドの作動に連動して移動することで当該光軸も移動するものであること。

カ　第3項第2号は，加工に際してスライドが加工材に接近し，プレスブレーキ用レーザー式安全装置の検出機構が加工材又は下型を検出した場合には，スライドの作動が停止されるので加工作業ができなくなるが，スライドの速度が低閉じ速度，かつ，操作部を操作している間のみスライドを作動させることができるものとすることにより，当該加工作業に関し，当該検出機構の検出を無効（ブランキング）とすることができることとしたこと。

(23) 第25条関係

第1号の「皮革等」の「等」には，人造皮革が含まれること。

(24) 第26条関係

ア　第1項第4号の「安全装置の種類」とは，次の分類によること。

　　インターロックガード式安全装置，開放停止型インターロックガード式安全装置，安全一行程式安全装置，両手起動式安全装置，光線式安全装置，制御機能付き光線式安全

装置（又はPSDI式安全装置），プレスブレーキ用レーザー式安全装置，手引き式安全装置

イ　第1項第6号イからホまでの表示については，それぞれ次の用語を用いて差し支えないこと。

イ，ロ及びニについては「遅動時間（Tl）」

ハについては「所要最大時間（Tm）」

ホについては「急停止時間（Ts）」

ウ　第1項第6号への表示は，次のとおりであること。

(ア)　開放停止型インターロックガード式安全装置，安全一行程式安全装置，光線式安全装置及びPSDI式安全装置については，

$$D = 1.6 \ (Tl + Ts) \ + C$$

D ：安全距離（単位　ミリメートル）

Tl：遅動時間（単位　ミリセカンド）

Ts：急停止時間（単位　ミリセカンド）

C ：光線式安全装置及びPSDI式安全装置について，次の表に掲げる連続遮光幅に応じた追加距離（ミリメートル）

i　光線式安全装置

連続遮光幅 （ミリメートル）	30以下	30を超え 35以下	35を超え 45以下	45を超え 50以下
追加距離 （ミリメートル）	0	200以上	300以上	400以上

ii　PSDI式安全装置

連続遮光幅 （ミリメートル）	14以下	14を超え 20以下	20を超え 30以下
追加距離 （ミリメートル）	0	80以上	130以上

の関係式において，DとTsとの関係を次のようなグラフで表示することとしても差し支えないものであること。

3 動力プレス機械構造規格の一部を改正する件及びプレス機械又はシャーの安全装置構造規格の一部を改正する件の適用について

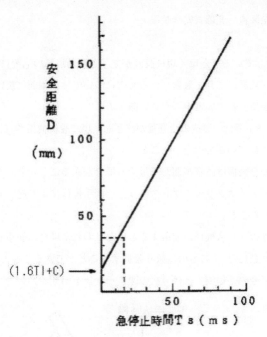

(イ) 両手起動式安全装置については，
　　　D＝1.6Tm
　　　Tm（所要最大時間（単位　ミリセカンド））
　　　　＝（1/2＋1/N）×60000/毎分ストローク数
　　　N：クラッチの掛合い箇所の数
の関係式において，Dと毎分ストローク数との関係を次のようなグラフで表示することとしても差し支えないものであること。

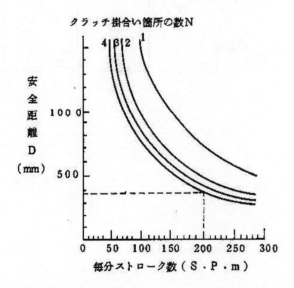

エ　第2項第4号の「安全装置の種類」とは，次の分類によること。
　　インターロックガード式安全装置，開放停止型インターロックガード式安全装置，両

243

手操作式安全装置，光線式安全装置
(25) 附則関係
ア 「現に製造している」とは，現に設計が完了された以降の過程にあることをいうこと。
　なお，同一設計により，量産されるものについては，個別に製作過程にあるか否かにより，現に製造されているか否かを判断すること。
イ 「現に存する」とは，製造の全過程が終了し，現に設置使用されており，又は使用されないで保管されているものをいうこと。
ウ 手払い式安全装置は防護範囲が不足する場合があることから，安全措置を講じることが困難なポジティブクラッチプレスのうち，両手操作により起動するものに限り使用できることとしたこと。
　また，高速のプレス機械に使用すると手が払われた場合の衝撃が大きいことから，毎分ストローク数120以下のものに限り設置することができることとしたこと。
エ 第3項第2号の「振幅」とは，次の図に示す値をいうこと。

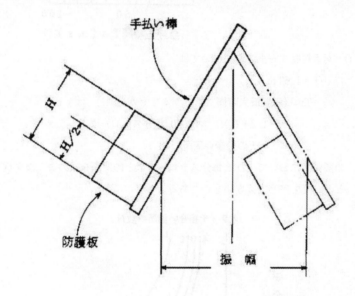

4 プレス機械の安全装置管理指針
（平成27年9月30日付け基発0930第11号　厚生労働省労働基準局長通達）

第1　趣旨

この指針は，プレス機械の安全対策を進めるために，安全囲いや安全装置等の適正な選択，使用並びに作業開始前点検及び定期検査の実施に関する目安を定めたものである。

第2　安全対策の進め方

プレス災害を防止するため，次の①から⑦の手順で保護方策を検討する。安全装置の取付けの前に行うべき措置があることに留意すること。

① 労働安全衛生規則第131条第1項本文の安全囲いの設置等により身体の一部が危険限界に入らない「ノー・ハンド・イン・ダイ」の措置を検討する。

② プレス機械の側面や後面についても身体の一部が危険限界に入らないよう囲い等の措置を講じること。

③ 自動プレスにあっては，プレス作業者等を危険限界に立ち入らせない等の措置を検討する。

④ 「ハンド・イン・ダイ」作業の場合は，危険防止機構を備える安全プレス（労働安全衛生規則第131条第1項ただし書）の使用を検討する。

⑤ ①から④の措置が困難な場合には，労働安全衛生規則第131条第2項の安全装置の取付け等による災害防止措置を講じること。

⑥ それぞれの安全対策については，切替スイッチが切替えられたいかなる状態においても安全が確保されていなければならない。

⑦ タレットパンチプレス等のストローク端を有するプレスにおいては，労働安全衛生規則第108条の2に基づきテーブルのストローク端が労働者に危険を及ぼさないよう柵などの措置を講ずること。

なお，機械的摩擦を利用したブレーキ（制動機構）が装着されていない機械式サーボプレスについては，サーボシステムの機能に故障があった場合にスライドが停止しないことから，安全囲い等の「ノー・ハンド・イン・ダイ」の措置を講じること。

第3　安全装置等の選択

安全装置の選定に当たっては，次に示すところにより，当該プレス機械に適応する安全装置の型式を選択し，「安全装置の検定合格品一覧」又は安全装置に表示される「検定合格標章」により毎分ストローク数，ストローク長さ，停止時間，防護高さ等を検討の上，適切な安全装置を選択すること。

また，自動プレスや大型プレスなどにあっては，作業者を危険限界に立ち入らせない等の措置として，マットスイッチ，エリアセンサー，レーザースキャナー等の設置を講じること。

245

付　録

1　安全装置の選択

　安全装置は，次に掲げる操作方法及び急停止機構の有無に応じて，それぞれに掲げる型式の順に適切なものを選択すること。

　(1)　両手操作の場合

　　①　急停止機構を備えないプレス機械

　　　イ　インターロックガード式（停止確認型）

　　　ロ　手引き式

　　②　急停止機構を備えるプレス機械

　　　イ　インターロックガード式

　　　ロ　安全一行程式

　　　ハ　光線式

　　　　ⅰ　ブランキング機構付き光線式（プレス機械又はシャーの安全装置構造規格第20条の2の安全装置をいう。以下，同じ。）の場合

　　　　　(ⅰ)　固定ブランキング式

　　　　　(ⅱ)　複数光軸遮断式

　　　ニ　制御機能付き光線式

　　　ホ　プレスブレーキ用レーザー式

　　　ヘ　手引き式

　(2)　足踏み操作又は片手操作の場合

　　足踏み操作又は片手操作が必要か確認し，足踏み操作又は片手操作を要しない場合には，両手操作に変更することを検討すること。

　　①　急停止機構を備えないプレス機械

　　　イ　インターロックガード式

　　　ロ　手引き式

　　②　急停止機構を備えるプレス機

　　　イ　インターロックガード式

　　　ロ　光線式

　　　ハ　制御機能付き光線式

　　　ニ　プレスブレーキ用レーザー式

　　　ホ　手引き式

2　安全装置の選択に当たっての留意事項

　安全装置は，プレス機械の急停止機構の有無に応じ，型式ごとに次の点に留意して，適切なものを選択すること。

　　①　急停止機構を備えないプレス機械の場合

　　　イ　インターロックガード式

　　　　(イ)　プレス作動中は開かないこと。

　　　　(ロ)　足踏み操作式による起動についても有効である。

4 プレス機械の安全装置管理指針

(ハ) プレス機械のダイハイト，ストローク長さ，作業に用いる金型の大きさ（金型の前面の幅）に応じてガードの大きさ，ガードのストローク長さを選定する。

(ニ) ガードの作動方向により，下降式，上昇式，横開き式，縦開き式の別があるので，作業に適したものを選定する。

(ホ) スライドの上死点停止を確認した後にガードを開放する停止確認型のインターロックガード式は，プレス機械の故障による二度落ち防護に有効である。

ロ　手引き式

(イ) ストローク長さに応じて手を引く場合の引き量が決まることから，ストローク長さが40mm 以上のプレス機械に使用することができる。

(ロ) ボルスターの奥行きの1/2以上の引き量を確保する。

(ハ) 小物製品の二次加工には適しているが，大物製品や一次加工には不向きである。

(ニ) プレス機械の故障による二度落ち防護に有効である。

ハ　足踏み操作式から両手操作式に切り換える場合の取扱い

プレス機械の起動方式を足踏み操作式のものから，両手操作式のものへ切り換える場合には，一の操作部と他の操作部の間隔が300mm 以上である埋頭型の操作部を両手で同時に押さなければ起動しない起動装置または操作部の双方を片手で同時に操作できないように当該操作部に覆い等を設け，かつ操作部間が200mm 以上離れているものを使用するものとする。

この場合においては，手引き式の安全装置をプレス機械に設置するものとし，両手操作式の起動装置は安全装置として取り扱わず，したがって，安全距離については考慮しなくてもよいものとする。

② 急停止機構を備えるプレス機械の場合

イ　インターロックガード式

(イ) 足踏み操作式による起動についても有効である。

(ロ) プレス機械のダイハイト，ストローク長さ及び作業に用いる金型の大きさ（金型の前面の幅）に応じてガードの大きさ，ガードのストローク長さを選定する。

(ハ) ガードの作動方向により，下降式，上昇式，横開き式，縦開き式の別があるので，作業に適したものを選定する。

(ニ) プレス機械の故障による二度落ち防護に有効である。

(ホ) 早期開放型のインターロックガード式を使用する場合は，オーバーラン監視装置を具備しなければならない。

(ヘ) 開放停止型のインターロックガード式は，必要な安全距離を確保すること。

ロ　安全一行程式

(イ) 安全距離の算定を次式によって行い，作業可能な距離が得られる場合に使用することができる。

算定にあたっては，停止性能測定装置により最大停止時間（Tl + Ts）を測定し，メーカー指定値以内であることを確認し，メーカー指定値に基づき算定した安全距離

247

付　録

以上の実測距離を確保する。

$$D = 1.6 \ (Tl + Ts)$$

D：安全距離（単位 mm）

Tl：遅動時間（単位 ms）

Ts：急停止時間（単位 ms）

㈪　操作ステーションが複数あるものは，操作ステーションごとにプレス機械又は
シャーの安全装置構造規格第16条，第17条及び第18条の規定を満足するものとする。

㈢　共同作業を行う場合等作業面がプレス機械の前後に及ぶ場合は，その両面に安全一
行程式安全装置を使用する。

㈣　プレス機械の故障による二度落ち防護には無効である。

ハ　光線式

㈠　方式により，直射式（透過式），ブランキング機構付き光線式（固定ブランキング式），
複数光軸遮断式（浮動（フローティング）ブランキング式），制御機能付き光線式の別
があるので，作業に適したものを選定する。

㈡　安全距離の算定を次式によって行い，作業可能な距離が得られる場合に使用するこ
とができる。

算定にあたっては停止性能測定装置により最大停止時間（Tl + Ts）を測定し，メー
カー指定値以内であることを確認し，メーカー指定値に基づき算定した安全距離以上
の実測距離を確保する。

また，連続遮光幅による追加距離を加算しなくてはならない。

$$D = 1.6 \ (Tl + Ts) + C$$

D：安全距離（単位 mm）

Tl：遅動時間（単位 ms）

Ts：急停止時間（単位 ms）

C：追加距離（単位 mm）

連続遮光幅（mm）	追加距離C（mm）
30以下	0
30を超え35以下	200以上
35を超え45以下	300以上
45を超え50以下	400以上

㈢　上下方向の防護範囲（長さ）は，機械プレスではストローク長さにダイハイトを加
えた長さ以上の長さ，液圧プレスではデーライトの長さ以上の長さであって，作業者
の身体の一部が最上光軸の上，又は最下光軸の下から危険限界に到達するおそれのな
いように余裕のある防護範囲とすること。このため，設置状況に応じ，スライドが下

248

降する方式のものであって，スライドの下面の最上位置の高さが作業床面から1,400mm 以下のときは1,400mm とする。

また，スライドの下面の最上位置の高さ（固定ガードも含める）が作業床面から1,700mm を超えるときは1,700mm としても差し支えない。

なお，最下光軸の高さは，ボルスター同一面とする。ただし，作業者の身体の一部が最下光軸又は最上光軸から危険限界に到達するおそれのない場合はこの限りでない。

(ニ) 光軸とボルスターの前端との間に身体の一部が入り込む隙間がある場合は，当該隙間に安全囲い，光線式安全装置等を設けなければならない。光線式安全装置の光軸間隔は75mm 以下の間隔とすることが適当である。

(ホ) プレス機械の故障による二度落ち防護には無効である。

i　ブランキング機構付き光線式

材料の送給装置等を備えたプレスの場合や，材料を手で保持しなければならない作業を行うとき及びボルスターからはみ出るような大きな物を加工する場合で，足踏み操作のときにはブランキング機構付き光線式安全装置を用いることができる。ブランキング機構付き光線式安全装置を用いるときは，次に掲げる事項を必要とする。

① 検出を無効とするための切替はキースイッチにより1光軸ごとに設定を行うものであること。

② 検出を無効にする送給装置等に変更があったときには，再び①の設定を行わなければスライドを作動させることができない構造のものであること。

③ 検出を無効にする送給装置等が取り外されたときには，スライドの作動による危険を防止するために投光器及び受光器が必要な長さにわたり有効に作動するものであること。

(i)　固定ブランキング式

送給装置等で光軸を遮断する部分に対して光軸を固定して無効にするものである。送給装置の大きさにより，無効にする光軸数を決めて設定する。固定して無効にする部分の両側面以外の空間は固定ガードなどを設置して手などが入らないようにしなければならない。ブランキングの有効・無効は管理者がキースイッチで行わなければならない。安全距離の設定は，固定したブランキング部分の両側面に固定ガード等を設置するのでブランキング機構とは無関係で一般の光線式と同様である。

(ii)　複数光軸遮断式（浮動（フローティング）ブランキング式）

スライドの作動中に，材料が光軸の一部を遮光してしまう場合には，その部分の光軸の一部を移動して無効にする機能のことである。無効にする部分を移動することができる。プレスブレーキなどで曲げ加工をする場合に曲げられた材料が光軸の一部を遮光してしまう場合などに使われる。無効にする光軸は，材料の大きさにより決めなければならない。ブランキングの有効・無効はキースイッチで

付　　録

　　　行わなければならない。

　　　　光線式安全装置については1光軸遮断検出方式に対し，隣接2光軸遮断検出方
　　式，隣接3光軸遮断検出方式，隣接4光軸遮断検出方式等の複数光軸遮断検出方
　　式がある。各方式は示された光軸数を遮断した時に装置の出力がブレーク（オフ）
　　する。

　　　　したがって，1つの光線式安全装置を上記の各方式に設定切替えした場合，そ
　　の設定により連続遮光幅は異なる。この様に各方式の連続遮光幅の違いにより追
　　加距離が変わることに注意しなければならない。なお，光線式安全装置には上記
　　方式を設定切替えできる機種と設定切替えできない一定の複数光軸遮断検出方式
　　のみとなる機種がある。

　　　　光線式安全装置には型式検定合格標章表示銘板が貼付され，その銘板には連続
　　遮光幅と追加距離が表示されているので，これを確認すること。

　二　制御機能付き光線式

　（イ）　制御機能付き光線式は，スライドの作動中に遮光するとスライドが停止する停止機
　　　能とスライドが停止していて一定の条件を満たした場合に遮光するとスライドが起動
　　　する機能を併せ持った光線式であるが，使用できるプレス機械には次に掲げる制限が
　　　設けられている。

　　　①　ボルスターの高さが750mm 以上またはそれ以下の場合は安全囲いでその高さま
　　　　で覆う。

　　　②　ボルスターの奥行きが1,000mm 以下またはそれ以上の場合にはボルスターの内
　　　　部を検知できる装置を設ける。

　　　③　ストローク長さが600mm 以下またはそれ以上の場合には安全囲いで覆う。

　　　④　オーバーラン監視装置の設定角度が15度以下のもの。

　（ロ）　光線式の防護高さや安全距離の設定はハの光線式と同様であるが，連続遮光幅は
　　　30mm 以下であり，14mm 以上の連続遮光幅の場合は追加距離を加算しなくてはなら
　　　ない。

連続遮光幅（mm）	追加距離C（mm）
14以下	0
14を超え20以下	80以上
20を超え30以下	130以上

　（ハ）　側面や後面などの検出機構の検知範囲以外の全周囲に対して，安全囲等の防護策が
　　　必須である。

　ホ　プレスブレーキ用レーザー式

　　　レーザー式は，スライドの閉じ行程の作動中に危険限界内にある身体の一部に危険を及
　　ぼすおそれがある時にスライドの作動を停止できるものである。

　（イ）　レーザー光線が指先を検知した後に急停止させるので，使用できるプレスブレーキ

250

4　プレス機械の安全装置管理指針

には次に掲げる制限が設けられている。

① 急停止性能が良く，急停止距離が確保できるもの。

② 低閉じ速度機構（毎秒10mm 以下）をもつもの。

③ 低閉じ速度状態の時に，保持式制御機構をもつもの。

(ロ) プレスブレーキの停止性能に応じてセンサーの取付位置を調整しなくてはならない。下降式のプレスブレーキでは，取付位置は上型に対して慣性下降値を勘案したメーカー指定値以上離れていなければならない。

ヘ　手引き式

(イ) ストローク長さに応じて手を引く場合の引き量が決まることから，ストローク長さが40mm 以上のプレス機械に使用することができる。

(ロ) ボルスターの奥行きの1／2以上の引き量を確保する。

(ハ) 小物製品の二次加工には適しているが，大物製品や一次加工には不向きである。

(ニ) プレス機械の故障による二度落ち防護に有効である。

第4　安全装置の適正な使用

安全装置は，検定合格の時期と検定要件を勘案して，次に示すところにより適正に使用すること。

1　インターロックガード式

(1) 手の通過する位置をガードが防護するようにガードの位置を調整する。

(2) ガードの復帰位置を確認する。

(3) プレスとインターロックガードの作動状態を確認する。

(4) 開放停止型の場合は，安全距離を確保する。

2　両手操作式（両手起動式及び安全一行程式）

(1) 両手起動式については所要最大時間，安全一行程式については最大停止時間に応じて，それぞれ安全距離を確保する。

(2) 両手で同時（平成23年度以降の検定合格品の場合，時間差が0.5秒以下）に操作部を押したときのみスライドが作動することを確認する。

(3) 一行程ごとに両手を操作部から離さなければスライドが作動しないことを確認する。

(4) 安全一行程式については，スライドが閉じ工程中に操作部から手を離したときスライドが急停止することを確認する。

(5) 操作部の間隔は300mm 以上であること。ただし，片手によらない操作を防止する措置がある場合は，200mm 以上でも良い。

(6) 操作部はガードリングなどに覆われ上部からの落下物があっても起動しないこと。

(7) スライドの開き行程の作動中に無効回路を使用するときは，開き行程のときのみ無効であること。

3　光線式（制御機能付き光線式を含む。）

(1) プレス機械の最大停止時間に応じて安全距離を確保する。（平成23年度以降の検定合格品の場合は，連続遮光幅に応じた追加距離を加算する。）。

付　録

⑵　プレス機械を起動させ，光線を光軸ごとに遮断したとき，スライドが停止することを確認する。また，連続遮光幅については，遮光棒を使用して作動状態を確認する。

⑶　有効・無効の切替えスイッチの状態を確認する。

⑷　スライドの開き行程の作動中に光線を遮断してもスライドが急停止しない機能を使用する場合には，スライドの閉じ行程の作動中には安全装置が有効に作動し，開き行程のときのみ無効であることを確認する。

⑸　作業内容，作業姿勢等により最上光軸の上又は最下光軸の下から身体の一部が危険限界に入らないように投光器，受光器を調整する。

⑹　チェック回路の作動状況を確認する。

⑺　チェックボタンのある場合は，チェック回路の作動状態を確認する。

⑻　ブランキングを行う場合，キースイッチを使用し，必要最小限の部分に対して行うこと。また，銘板に指定されている連続遮光幅に応じた追加距離を確保すること。

⑼　制御機能付き光線式の場合，セットアップタイマーが30秒で作動しPSDIモードがオフになること。

⑽　制御機能付き光線式の場合，設定された遮光回数（1ブレイク，2ブレイク）によりプレスが起動することを確認する。

⑾　側面や後面の安全囲いの設置状態を確認する。

4　プレスブレーキ用レーザー式

⑴　プレスブレーキの慣性下降値を勘案してセンサーを設置すること。

⑵　プレスブレーキのスライドの低閉じ速度を毎秒10mm以下にすることができ，かつ，当該速度でスライドを作動させるときはスライドを作動させるための操作部を操作している間のみスライドを作動させる性能を有するものであること。

⑶　専用のテストピースを使用して光軸位置，低閉じ速度切替え位置などを調整する。

5　手引き式

⑴　引き量は，作業内容に応じて調整する。

⑵　紐は，作業者ごとに作業内容に応じて調整する。

6　手払い式

⑴　プレス機械のストローク長さに応じて，手払い棒の振幅が金型の前面の幅以上であることを確認する。

⑵　手を払う位置及び方向は，作業内容に応じて調整する。

⑶　当分の間，両手操作式起動装置と併用した場合のみ使用することができる。単独では使用できないこと。

第5　安全装置の作業開始前点検及び定期検査（※編注参照）

　プレス機械作業主任者の選任を要する事業場においては，プレス機械作業主任者により，プレス機械作業主任者の選任を要しない事業場においては，労働安全衛生規則第134条第1号，第2号及び第4号に掲げる事項を担当する者により作業開始前点検及び定期検査を行うこと。

4　プレス機械の安全装置管理指針

1　作業開始前点検

　プレス機械作業主任者等は，作業を開始する前に，安全装置に係る次の事項について点検を行い，その結果を記録し，保存すること。

（1）　インターロックガード式

点検項目	点　検　事　項
ガード板	取付けの確実さ損傷の有無　作動の円滑さ　クラッチの掛かる位置との調整状態の異常の有無
操作装置	押しボタン及びフートスイッチ等の取付けの確実さ　損傷の有無
制御盤	外部配線，表示ランプ，電源スイッチ，切替えスイッチ等の作動の異常の有無　取付けの確実さ
空圧機器	オイラー，フィルター，圧力調整弁及び電磁弁の取付けの確実さ　作動の円滑さ　損傷の有無　オイラーの油の有無

＊編注
　本指針の制定により平成5年7月9日付基発第446号による「プレス機械の安全装置管理指針」は廃止となったが，平成23年1月12日において，現に労働安全衛生法第44条の2第1項または同法第44条の3第2項の規定による型式検定に合格している型式のプレスの安全装置（当該型式に係る型式検定合格証の有効期間内に製造し，または輸入するものに限る。）の作業開始前点検及び定期検査について，本指針による作業開始前点検及び定期検査を実施することが困難な場合は，従前の446号における指針の「第4　安全装置の作業開始前点検及び定期検査」によることができるとしている（平成27年9月30日付　基発0930第11号　プレス機械の安全装置管理指針の改正について）。

（2）　両手操作式（安全一行程式）

点検項目	点　検　事　項
両手ボタン	安全距離の適正さ　取付けの確実さ　ボタン及び保護リングの損傷の有無作動の円滑さ　変形の有無　ごみ及び付着物の有無
本体	取付けの確実さ　損傷の有無　一行程一停止作動の円滑さ
制御盤	外部配線，表示ランプ，電源スイッチ，切替えスイッチ等の作動の異常の有無取付けの確実さ
空圧機器	オイラー，フィルター，圧力調整弁及び電磁弁の取付けの確実さ　作動の円滑さ　損傷の有無　オイラーの油の有無

（3）　光線式（制御機能付き光線式を含む。）

点検項目	点　検　事　項
投光器（又は投受光器）	取付けの確実さ　取付け位置の適正さ（安全距離及び上下位置）損傷の有無外部配線の異常の有無　投光部の汚れの有無　感応状態の確実さ
受光器（又は反射板）	取付けの確実さ　取付け位置の適正さ（安全距離及び上下位置）損傷の有無外部配線の異常の有無　受光器（又は反射板）の汚れの有無　感応状態の確実さ
制御盤	外部配線，表示ランプ，電源スイッチ，切替えスイッチ等の作動の異常の有無取付けの確実さ
開き行程作動中の無効装置等	作動状態の確実さ　取付けの確実さ　急停止後の再起動の有無

付　録

(4)　プレスブレーキ用レーザー式

点検項目	点　検　事　項
投光器（又は投受光器）	取付けの確実さ　取付け位置の適正さ（安全距離及びメーカー指定値）損傷の有無　外部配線の異常の有無　投光部の汚れの有無　感応状態の確実さ
受光器（又は反射板）	取付けの確実さ　取付け位置の適正さ（安全距離及びメーカー指定値）損傷の有無　外部配線の異常の有無　受光部（又は反射板）の汚れの有無　感応状態の確実さ
制御盤	外部配線，表示ランプ，電源スイッチ，切替えスイッチ等の作動の異常の有無　取付けの確実さ
開き行程作動中の無効装置等	作動状態の確実さ　取付けの確実さ　急停止後の再起動の有無　速度切替え位置の適正さ　低閉じ速度での保持式制御装置の作動の確実さ

(5)　手引式

点検項目	点　検　事　項
本体	取付けの確実さ　損傷の有無　ワイヤーの摩耗の有無
アーム	取付けの確実さ　ひも及びリストバンドの損傷の有無　作動の異常の有無
接続部分	取付けの確実さ　作動の円滑さ

(6)　両手起動式

点検項目	点　検　事　項
両手ボタン	安全距離の適正さ　取付けの確実さ　ボタン及び保護リングの損傷の有無　作動の円滑さ　変形の有無　ごみ及び付着物の有無
本体	取付けの確実さ　損傷の有無　一行程一停止作動の円滑さ
制御盤	外部配線，表示ランプ，電源スイッチ，切替えスイッチ等の作動の異常の有無取付けの確実さ
空圧機器	オイラー，フィルター，圧力調整弁及び電磁弁の取付けの確実さ　作動の円滑さ損傷の有無　オイラーの油の有無

(7)　手払い式

点検項目	点　検　事　項
本体	取付けの確実さ　損傷の有無　ワイヤーの摩耗の有無
防護板	取付けの確実さ　損傷の有無　作動の異常の有無
接続部分	取付けの確実さ　作動の円滑さ

2　定期検査

　動力プレスに係る定期自主検査を実施する際，次に示す安全装置の型式別の検査項目について検査を行い，その結果を記録し，保存すること。特に，安全一行程式及び光線式のものについては，遅動時間又は最大停止時間を測定し，その測定値と安全装置に表示されている遅動時間及びプレス機械に表示される最大停止時間とをそれぞれ比較し，その測定値が表示の値を超えていないことを確認すること。

4　プレス機械の安全装置管理指針

(1)　インターロックガード式安全装置

分類	番号	検査項目	検査内容	検査方法	判定基準	検査結果	判定
機械本体	1	インターロックガード及びその駆動部	1．取り付け状態を調べる。	簡単に取り外しできる覆い類を取り外し，外見上の異常の有無を調べる。	損傷又は変形がなく，かつ両側面の囲いの取り付けが確実であること。		
			2．損傷又は摩耗の有無を調べる。	摺動部分及び回転部分の損傷及び摩耗の有無を調べる。	損傷又は摩耗がないこと。		
			3．異常の有無を調べる。	機械を運転して，ガードの開閉を行い，異常の有無を調べる。	ガードを閉じなければスライドが作動せず，かつスライドの作動中はガードを開くことができないこと。		
			4．設置距離を調べる。（解放停止型）	危険限界とガードの設置距離を調べる。（開放停止型）	ガードを開けてから，身体の一部が危険限界に達するまでの間に，スライドが停止すること。		
機械本体	1	ガード本体	外表面の異常の有無を調べる。	目視	き裂，損傷，変形等がないこと。		
	2	各部ボルトおよびナット	本体各部・取付ボルト等	スパナドライバー	適正に締め付けられていること。		
	3	ガード板	1．外表面および取付け状態を調べる。	目視スパナ	き裂損傷等がないこと円滑に作業すること。		
			2．作動状態を数回調べる。				
	4	緩衝部分	各部の作動状態を調べる。	作動目視	作業時に十分な効果があること。		
制御および電気系統	1	制御ボックス	外表面・取付け状態を調べる。	目視スパナ	損傷，ガタ，ゆるみのないこと。		
	2	表示ランプ	ランプの損傷・作動状態を調べる。	目視	正常な状態であること。		
	3	切替えキースイッチ	キーススイッチの異常の有無を調べる。各切替え位置での作動状態を調べる。	作動	ガタまたはセリがないこと。		
					各切替位置で正しい動作をすること。		
	4	電源スイッチ	異常の有無を調べる。	作動	確実に入・切されること。		
	5	出力リレーおよび各リレー	作動状態，劣化状態を調べる。	作動目視	接点，コイルに異常のないこと。		
	6	ヒューズおよびヒューズホルダー	劣化状態，取付け状態を調べる。	作動	メーカーの指定する定格であること。		
	7	トランスおよび内部配線	損傷，電圧の測定	目視テスター	メーカーの指定する定格であること。		
	8	操作スイッチ	取付け状態，作動状態を調べる。	目視作動	接触不良，破損等のないこと。		

255

付　　録

分類	番号	検査項目	検査内容	検査方法	判定基準	検査結果	判定
	9	リミットスイッチ	取付け状態，作動状態を調べる。	目視	各リミットスイッチが確実に取り付けられており，正常であること。		
	10	回転カムスイッチ	カムローラーの接触状態を調べる。	目視	正常な状態であること。		
	11	外部配線	外見上の異常の有無を調べる。	目視	劣化または損傷がないこと。		
	12	絶縁抵抗	絶縁抵抗を調べる。	メガー	$5\,\mathrm{M}\Omega$以上であること。		
空圧系統	1	電磁弁	作動状態を数回調べる。	作動	外観および給排気の異常がないこと。		
	2	圧力調整弁および圧力計	圧力変化を調べる。	圧力計	メーカー指定の圧力にて使用すること。		
	3	オイラー	外見および油量，滴下量を調べる。	作動	正常な状態であること。		
	4	フィルタ	異常の有無を調べる。	目視	損傷がなく機能が確実なこと。		
	5	操作シリンダー	外見の異常，作動状態を調べる。	目視	正常な状態であること。		
	6	各部の連結部分	異常の有無，エアもれのないこと。	作動	ガタ・損傷等がないこと。		
	7	エアライン	エアもれ等のないこと。	作動	正常な状態であること。		
その他	1	チェック回路	作動状態を数回調べる。	作動	円滑に作動すること。		
	2	リセットボタン	作動状態を数回調べる。	作動	円滑に作動すること。		
	3	オーバーラン作動試験	作動状態を数回調べる。	作動	汚れや破損がないこと。		
	4	仕様銘板	汚れ，破損	目視	汚れや破損がないこと。		

(2)　両手操作式安全装置（安全一行程式）

分類	番号	検査項目	検査内容	検査方法	判定基準	検査結果	判定
	1	ケース，カバー	破損状態	目視	安全機能に支障の有無		
	2	ヒューズ，ヒューズホルダー	脱落，破損，ゆるみ	目視	メーカー指定の容量に合っていること。		
	3	取付けボルト	ゆるみの状態	スパナドライバー	適正に締め付けられていること。		
	4	電源スイッチ	破損の状態	作動	確実に「ON」「OFF」すること。		
	5	切替えキースイッチ	異常の有無，切替え保持状態，キーロック	作動	ガタおよびセリのないこと。切替え位置での動作が確実であること。		
	6	電源ランプ	破損，ゆるみの状態	目視	動作に応じて点滅すること。		
	7	各表示ランプ	破損，ゆるみの状態	目視	動作に応じて点滅すること。		

4 プレス機械の安全装置管理指針

本体部・制御および電気系統	8	表示銘板	汚れ等	目視	汚れ等がないこと。		
	9	内部配線	外見上の異常の有無を調べる。	目視	劣化または損傷がないこと。		
	10	プリント基板	破損，汚れ，ゆるみ	目視	部品が確実に保持されており，破損，汚れ，ゆるみがないこと。		
	11	出力リレー	動作，作動状態，脱落防止	目視	接点およびコイルの変色，焼損カーボンがたまっていないこと。		
	12	各ケーブルと端子台との接続	破損，ゆるみ	ドライバー	確実に接続されていること。		
	13	防振措置	バネ，ゴム等の異常脱落	目視	防振材のゆるみ，変化，劣化がないこと。		
	14	タイマー	作動状態	テスター	適正に作動すること。		
	15	スライドを作動させる操作部	外見上の異常の有無	目視	磨耗または損傷のないこと破損のないこと。		
	16	スライドを作動させる操作部	両手で操作部を押した時のみスライドが下降することを調べる。	作動	片手で操作部を押した状態又は無効にした状態で操作することができないこと		
	17	回転カムスイッチ	カムとローラーの接続状態を調べる。	目視	カムとローラーの著しい磨耗またはずれがないこと。		
	18	ケーブルおよびコネクター	カムとローラーの接続状態を調べる。	目視	き裂または破損がないこと。		
	19	リミットスイッチ	外見上の異常の有無	目視	き裂，磨耗，破損，汚れ等がないこと。		
	20	リミットスイッチ	外見上の異常の有無	目視	作動位置の確認		
空圧部	1	フィルタのドレイン	フィルタカップに水等がたまっていないか。	目視	水等が排出されていること。		
	2	オイラー	オイル量を調べる。	目視	オイルが濁っていないこと。		
					オイル量が適量であること。		
	3	オイラーのオイルの滴下量	シリンダーを作動して滴下状態を調べる。	目視作動	適正であること。		
	4	エア圧	圧力計により圧力を調べる。	圧力計	適正であること。		
	5	エア系統	配管，継手を調べる。	目視	き裂，損傷がなく正常な状態であること。		
	1	一行程一停止	操作部等を操作し続け作動を調べる。	作動	確実に一行程で上死点にて停止すること。		

付　録

分類	番号	検査項目	検査内容	検査方法	判定基準	検査結果	判定
その他	2	安全距離	安全距離を算出し測定する	スケール	定められた安全距離以上であること。		
	3	仕様銘板	汚れ，破損	目視	汚れや破損がないこと。		

(3)　光線式安全装置

分類	番号	検査項目	検査内容	検査方法	判定基準	検査結果	判定
制御ボックス	1	ケース，カバー	破損状態	目視	安全機能に支障の有無		
	2	ヒューズ，ヒューズホルダー	脱落，破損，ゆるみ	目視	メーカー指定の定格に合っていること。		
	3	取付けボルト	ゆるみの状態	スパナ	適正に締め付けられていること。		
	4	電源スイッチ	破損の状態	作動	確実に「ON」「OFF」すること。		
	5	チェックスイッチ	破損の状態	作動	確実にチェックされ，ランプで表示されること。		
	6	リセットスイッチ	破損の状態	作動	確実にセット，リセットされること。		
	7	指示銘板	汚れ，破損	目視	汚れ等がないこと。		
	8	電源ランプ	破損，ゆるみ	目視	動作に応じ点滅すること。		
	9	作動ランプ	破損，ゆるみ	目視	動作に応じ点滅すること。		
	10	異常表示ランプ	破損，ゆるみ	目視	動作に応じ点滅すること。		
	11	上昇無効ランプ	破損，ゆるみ	目視	動作に応じ点滅すること。		
	12	その他のランプ	破損，ゆるみ	目視	動作に応じ点滅すること。		
	13	指示メーター	破損，指示の良否	目視	指示範囲を適格に指示していること。		
	14	ピン端子	破損，ゆるみ	目視	確実に接続されていること。		
	15	プリント基板	破損，汚れ，ゆるみ	目視	部品が確実に保持されており，破損，汚れ，ゆるみがないこと。		
	16	出力リレー	劣化，作動状態	目視	接点およびコイルの変色，焼損，カーボンがたまっていないこと。		
	17	異常検出リレー	劣化，作動状態	目視	接点およびコイルの変色，焼損，カーボンがたまっていないこと。		

	No.	部品	点検事項	点検方法	判定基準		備考
	18	その他のリレー	劣化, 作動状態	目視	接点およびコイルの変色, 焼損, カーボンがたまっていないこと。		
	19	トランス	破損, ゆるみ, 汚れ	目視 メガー	変色, 破損, ゆるみがないこと。5MΩ以上。		一次側絶縁メガー
	20	キャプコンメタコン等	破損, ゆるみ	目視	破損, ゆるみがないこと。		
	21	固定中継端子台	破損, ゆるみ	ドライバー	確実に接続されていること。		
	22	内部配線	外見上の異常の有無を見る。	目視	劣化, 損傷がないこと。		
	23	アースライン	接地線の取付け状態を調べる。	目視	確実に取り付けられていること。		
	24	切替えキースイッチ	異常の有無, 切替えの保持状態	作動	ガタ, セリがないこと切替えの位置の動作が確実であること。		
	25	その他のキースイッチ	異常の有無, 切替えの保持状態	作動	ガタ, セリがないこと切替えの位置の動作が確実であること。		
	26	防振措置	バネ, ゴム等の異常, 脱落	目視	防振材のゆるみ, 変形劣化がないこと。		
	27	外部配線	外見上の異常の有無を見る。	目視	劣化, 損傷がないこと。		
	28	取付け部品	き裂, 破損, ゆるみの状態を見る。	スパナ	適格に保持されていること。		
投光器	1	ケース, カバー	破損状態	目視	安全機能に支障がないこと。		受光器に共通
	2	レンズ	汚れ, 破損状態	目視	汚れ, 破損がないこと。		受光器に共通
	3	電球または発光素子	汚れ, 破損状態	目視	汚れ, 破損がないこと。		受光器に共通
	4	プリント基板	破損, 汚れ, ゆるみ	目視	部品が確実に保持されており破損, 汚れ, ゆるみがないこと。		受光器に共通
	5	表示ランプ	破損および点滅の状態	作動	光線の通光, しゃ光に応じ確実に点滅すること。		受光器に共通
	6	内部配線	外見上の異常の有無を見る。	目視	損傷, 変色, 硬化のないこと。		受光器に共通
	7	指示銘板	汚れ, ゆるみ	目視	汚れ等, 読みとれること。		受光器に共通
	8	防振措置	バネ, ゴム等の異常のないこと。	目視	防振材のゆるみ, 変形劣化がないこと。		受光器に共通
	9	固定中継端子台	ゆるみ, 破損の状態	ドライバー	確実に締め付けられていること。		受光器に共通
	10	ビス, ボルト	ゆるみ, 脱落	スパナ ドライバー	確実に締め付けられていること。		受光器に共通
	11	取付け金具	ゆるみ, き裂, 変形, 破損の状態	目視	適格に保持されていること。		受光器に共通

付　録

	12	フィルタ	汚れ，破損状態	目視	汚れや破損がないこと。		受光器に共通
	13	外部配線	外見上の異常の有無を見る。	目視	劣化，損傷がないこと。		受光器に共通 JISC3312 以上
受光器	1	受光素子	汚れ，破損状態	目視	汚れや破損がなく確実に動作すること		
	2	リフレクター	汚れ，破損状態	目視	汚れや破損がなく確実に動作すること。		
上昇無効装置	1	リミットスイッチ	外見上の異常の有無スイッチング動作状態	作動	磨耗，き裂，損傷がなく，接点の開閉が正しく行えること。		
	2	カム	外見上の異常の有無スイッチング動作状態	作動	スライドの下降中光軸が無効にならないよう調整されていること。		
	3	取付け部分	ゆるみ，破損状態	スパナ	確実に取り付けられていること。		
	4	配線	き裂，損傷状態	目視	劣化，損傷がないこと。		JISC3321 以上
安全距離・その他	1	安全装置の動作	(1)しゃ光時の停止状態	作動	プレス機械のスライドが急停止すること。		
	2	安全装置の動作	(2)急停止時間の測定	測定器	メーカーが指定する時間内にあること。		
	3	安全距離	光軸から危険限界までの距離の測定	スケール	1.6(TI+Ts)+C 以上であること。		
	4	防護範囲	防護範囲を調べる。	測定	メーカーが指定する防護範囲にとりつけられていること又は作業床面から必要な長さに防護されていること。		
	5	連続遮光幅	連続遮光幅に応じた追加距離を調べる。	遮光棒	連続遮光幅が50mm 以下であること。また，連続遮光幅に応じた追加距離が付加されていること。		
	6	仕様銘板	汚れ，配損	目視	汚れや破損がないこと。		

(4)　制御機能付き光線式安全装置

分類	番号	検査項目	検査内容	検査方法	判定基準	検査結果	判定
	1	ケース,カバー	破損状態	目視	安全機能に支障の有無		
	2	ヒューズ,ヒューズホルダー	脱落，破損，ゆるみ	目視	メーカー指定の定格に合っていること。		

260

	3	取付けボルト	ゆるみの状態	スパナ	適正に締め付けられていること。		
	4	電源スイッチ	破損の状態	作動	確実に「ON」「OFF」すること。		
	5	セットアップタイマー	タイマーの作動状態	作動	セットアップ後, 30秒経過後制御機能が解除されること。		
	6	起動準備の操作	切替の作動状態	作動	両手起動, PSDIの切り替えが確実であること。		
	7	指示銘板	汚れ, 破損	目視	汚れ等がないこと。		
	8	電源ランプ	破損, ゆるみ	目視	動作に応じ点滅すること。		
	9	作動ランプ	破損, ゆるみ	目視	動作に応じ点滅すること。		
	10	異常表示ランプ	破損, ゆるみ	目視	動作に応じ点滅すること。		
	11	上昇無効ランプ	破損, ゆるみ	目視	動作に応じ点滅すること。		
	12	その他のランプ	破損, ゆるみ	目視	動作に応じ点滅すること。		
	13	指示メーター	破損, 指示の良否	目視	指示範囲を適格に指示していること。		
	14	ピン端子	破損, ゆるみ	目視	確実に接続されていること。		
制御ボックス	15	プリント基板	破損, 汚れ, ゆるみ	目視	部品が確実に保持されており, 破損, 汚れ, ゆるみがないこと。		
	16	出力リレー	劣化, 作動状態	目視	接点およびコイルの変色, 焼損, カーボンがたまっていないこと。		
	17	異常検出リレー	劣化, 作動状態	目視	接点およびコイルの変色, 焼損, カーボンがたまっていないこと。		
	18	その他のリレー	劣化, 作動状態	目視	接点およびコイルの変色, 焼損, カーボンがたまっていないこと。		
	19	トランス	破損, ゆるみ, 汚れ	目視 メガー	変色, 破損, ゆるみがないこと。5MΩ以上。		一次側絶縁メガー
	20	キャプコンメタコン等	破損, ゆるみ	目視	破損, ゆるみがないこと。		
	21	固定中継端子台	破損, ゆるみ	ドライバー	確実に接続されていること。		
	22	内部配線	外見上の異常の有無を見る。	目視	劣化, 損傷がないこと。		
	23	アースライン	接地線の取付け状態を調べる。	目視	確実に取り付けられていること。		

付　録

	番号	部品	点検項目	方法	判定基準	備考
	24	切替えキースイッチ	異常の有無，切替えの保持状態	作動	ガタ，セリがないこと。切替えの位置の動作が確実であること。	
	25	その他のキースイッチ	異常の有無，切替えの保持状態	作動	ガタ，セリがないこと。切替えの位置の動作が確実であること。	
	26	防振措置	バネ，ゴム等の異常，脱落	目視	防振材のゆるみ，変形劣化がないこと。	
	27	外部配線	外見上の異常の有無を見る。	目視	劣化，損傷がないこと。	
	28	取付け部品	き裂，破損，ゆるみの状態を見る。	スパナ	適格に保持されていること。	
投光器	1	ケース，カバー	破損状態	目視	安全機能に支障がないこと。	受光器に共通
	2	レンズ	汚れ，破損状態	目視	汚れ，破損がないこと。	受光器に共通
	3	発光素子	汚れ，破損状態	目視	汚れ，破損がないこと。	受光器に共通
	4	プリント基板	破損，汚れ，ゆるみ	目視	部品が確実に保持されており破損，汚れ，ゆるみがないこと。	受光器に共通
	5	表示ランプ	破損および点滅の状態	作動	光線の通光，しゃ光に応じ確実に点滅すること。	受光器に共通
	6	内部配線	外見上の異常の有無を見る。	目視	損傷，変色，硬化のないこと。	受光器に共通
	7	指示銘板	汚れ，ゆるみ	目視	汚れ等，読みとれること。	受光器に共通
	8	防振措置	バネ，ゴム等の異常のないこと。	目視	防振材のゆるみ，変形劣化がないこと。	受光器に共通
	9	固定中継端子台	ゆるみ，破損の状態	ドライバー	確実に締め付けられていること。	受光器に共通
	10	ビス，ボルト	ゆるみ，脱落	スパナドライバー	確実に締め付けられていること。	受光器に共通
	11	取付け金具	ゆるみ，き裂，変形，破損の状態	目視	適格に保持されていること。	受光器に共通
	12	フィルタ	汚れ，破損状態	目視	汚れや破損がないこと。	受光器に共通
	13	外部配線	外見上の異常の有無を見る。	目視	劣化，損傷がないこと。	受光器に共通 JISC3312以上
受光器	1	受光素子	汚れ，破損状態	目視	汚れや破損がなく確実に動作すること。	
	2	リフレクター	汚れ，破損状態	目視	汚れや破損がなく確実に動作すること。	
	1	リミットスイッチ	外見上の異常の有無スイッチング動作状態	作動	磨耗，き裂，損傷がなく，接点の開閉が正しく行えること。	

4　プレス機械の安全装置管理指針

分類	番号	検査項目	検査内容	検査方法	判定基準	検査結果	判定
上昇無効装置	2	カム	外見上の異常の有無スイッチング動作状態	作動	スライドの下降中光軸が無効にならないよう調整されていること。		
	3	取付け部分	ゆるみ，破損状態	スパナ	確実に取り付けられていること。		
	4	配線	き裂，損傷状態	目視	劣化，損傷がないこと。		JISC3321以上
安全距離・その他	1	安全装置の動作	遮光・通行時の動作状態	作動	プレス機械のスライドが所定の動作になっていること。		
	2	急停止時間	急停止時間の測定	測定器	メーカーが指定する時間内にあること。		
	3	安全距離	光軸から危険限界までの距離の測定	スケール	$1.6(TI + Ts) + C$ 以上であること。		
	4	防護範囲	防護範囲を調べる	測定	メーカーが指定する防護範囲にとりつけられていること。両側面，後面の安全囲いの取付が確実であること		
	5	連続遮光幅	連続遮光幅に応じた追加距離を調べる。	遮光棒	連続遮光幅が30mm以下であること。また，連続遮光幅に応じた追加距離が付加されていること。		
	6	仕様銘板	汚れ，破損	目視	汚れや破損がないこと。		

(5)　プレスブレーキ用レーザー式安全装置

分類	番号	検査項目	検査内容	検査方法	判定基準	検査結果	判定
	1	ケース，カバー	破損状態	目視	安全機能に支障の有無		
	2	ヒューズ，ヒューズホルダー	脱落，破損，ゆるみ	目視	メーカー指定の定格に合っていること。		
	3	取付けボルト	ゆるみの状態	スパナ	適正に締め付けられていること。		
	4	電源スイッチ	破損の状態	作動	確実に「ON」「OFF」すること。		
	5	リセットスイッチ	作動状態		リセット機能に異常がないこと。		
	6	モード切替スイッチ	切替の作動状態	作動	指示されたモードに切り替わること。		
	7	指示銘板	汚れ，破損	目視	汚れ等がないこと。		
	8	電源ランプ	破損，ゆるみ	目視	動作に応じ点滅すること。		
	9	作動ランプ	破損，ゆるみ	目視	動作に応じ点滅すること。		

付　録

制御ボックス	10	異常表示ランプ	破損，ゆるみ	目視	動作に応じ点滅すること。		
	11	上昇無効ランプ	破損，ゆるみ	目視	動作に応じ点滅すること。		
	12	その他のランプ	破損，ゆるみ	目視	動作に応じ点滅すること。		
	13	セットアップスイッチ	作動状態	作動	準備作業時に指示された動作になっていること。		
	14	ピン端子	破損，ゆるみ	目視	確実に接続されていること。		
	15	プリント基板	破損，汚れ，ゆるみ	目視	部品が確実に保持されており，破損，汚れ，ゆるみがないこと。		
	16	出力リレー	劣化，作動状態	目視	接点およびコイルの変色，焼損，カーボンがたまっていないこと。		
	17	ミューティング表示灯	作動状態	作動	ミューティング開始位置にて作動すること。		
	18	その他のリレー	劣化，作動状態	目視	接点およびコイルの変色，焼損，カーボンがたまっていないこと。		
	19	トランス	破損，ゆるみ，汚れ	目視メガー	変色，破損，ゆるみがないこと。5MΩ以上。		一次側絶縁メガー
	20	キャプコンメタコン等	破損，ゆるみ	目視	破損，ゆるみがないこと。		
	21	固定中継端子台	破損，ゆるみ	ドライバー	確実に接続されていること。		
	22	内部配線	外見上の異常の有無を見る。	目視	劣化，損傷がないこと。		
	23	アースライン	接地線の取付け状態を調べる。	目視	確実に取り付けられていること。		
	24	切替えキースイッチ	異常の有無，切替えの保持状態	作動	ガタ，セリがないこと切替えの位置の動作が確実であること。		
	25	その他のキースイッチ	異常の有無，切替えの保持状態	作動	ガタ，セリがないこと切替えの位置の動作が確実であること。		
	26	防振措置	バネ，ゴム等の異常，脱落	目視	防振材のゆるみ，変形劣化がないこと。		
	27	外部配線	外見上の異常の有無を見る。	目視	劣化，損傷がないこと。		
	28	取付け部品	き裂，破損，ゆるみの状態を見る。	スパナ	適格に保持されていること。		
	1	ケース，カバー	破損状態	目視	安全機能に支障がないこと。		受光器に共通
	2	レンズ	汚れ，破損状態	目視	汚れ，破損がないこと。		受光器に共通

4　プレス機械の安全装置管理指針

区分		点検項目	点検内容	方法	判定基準		備考
投光器	3	発光素子	汚れ, 破損状態	目視	汚れ, 破損がないこと。		受光器に共通
	4	プリント基板	破損, 汚れ, ゆるみ	目視	部品が確実に保持されており破損, 汚れ, ゆるみがないこと。		受光器に共通
	5	表示ランプ	破損および点滅の状態	作動	光線の通光, しゃ光に応じ確実に点滅すること。		受光器に共通
	6	内部配線	外見上の異常の有無を見る。	目視	損傷, 変色, 硬化のないこと。		受光器に共通
	7	指示銘板	汚れ, ゆるみ	目視	汚れ等, 読みとれること。		受光器に共通
	8	防振措置	バネ, ゴム等の異常のないこと。	目視	防振材のゆるみ, 変形劣化がないこと。		受光器に共通
	9	固定中継端子台	ゆるみ, 破損の状態	ドライバー	確実に締め付けられていること。		受光器に共通
	10	ビス, ボルト	ゆるみ, 脱落	スパナドライバー	確実に締め付けられていること。		受光器に共通
	11	取付け金具	ゆるみ, き裂, 変形, 破損の状態	目視	適格に保持されていること。		受光器に共通
	12	フィルタ	汚れ, 破損状態	目視	汚れや破損がないこと。		受光器に共通
	13	外部配線	外見上の異常の有無を見る。	目視	劣化, 損傷がないこと。		受光器に共通 JISC3312以上
受光器	1	受光素子	汚れ, 破損状態	目視	汚れや破損がなく確実に動作すること。		
	2	投受光器の遮光状態	作動状態	作動	上型の左端から右端の間において14mm以下であること。		
上昇無効装置	1	リミットスイッチ	外見上の異常の有無スイッチング動作状態	作動	磨耗, き裂, 損傷がなく, 接点の開閉が正しく行えること。		
	2	カム	外見上の異常の有無スイッチング動作状態	作動	スライドの下降中光軸が無効にならないよう調整されていること。		
	3	取付け部分	ゆるみ, 破損状態	スパナ	確実に取り付けられていること。		
	4	配線	き裂, 損傷状態	目視	劣化, 損傷がないこと。		JISC3321以上
	1	安全装置の動作	しゃ光時の停止状態	作動	プレス機械のスライドが急停止すること。		
	2	安全装置の動作	急停止距離の測定	測定器	メーカーが指定する距離以内であること。		
	3	レーザー光線の取付位置	スライド下端とレーザー光線との距離	テストピース	遮光時に10mm部分を検出して15mm部分がすり抜けること。		

265

分類	番号	検査項目	検査内容	検査方法	判定基準	検査結果	判定
安全距離・その他	4	低閉じ速度切替点	作動状態	作動	所定の位置で切り替わり，10mm/秒の速度になっていること。		
	5	保持式制御機構	低閉じ速度切替時に保持式制御機構になっていること。	作動	操作している時だけスライドが低閉じ速度で起動すること。		
	6	仕様銘板	汚れ，配損	目視	汚れや破損がないこと。		

(6) 手引き式安全装置

分類	番号	検査項目	検査内容	検査方法	判定基準	検査結果	判定
上部	1	アームブラケット	外見上の異常の有無	スパナ 目視	き裂，損傷，ゆるみのないこと。		腕取付け金具
	2	アームコネクター	外見上の異常の有無	目視	き裂，損傷，ゆるみのないこと。		
	3	アームパイプ	外見上の異常の有無	目視	き裂，損傷，曲がりのないこと。		
	4	4 mm ワイヤロープ	磨耗，素線ぎれの有無	目視	素線ぎれは素線数の10%以下であること。		
	5	ガイド締付ボルト	ボルト，ナットのゆるみを調べる。	スパナ	適正に締め付けられていること。		
	6	スタッド・ボルトピン	外見上の異常の有無	目視	き裂，損傷，曲がりのないこと。		
	7	コネクター滑車	外見上の異常の有無	目視	き裂，損傷のないこと。		
	8	ワイヤークリップ	締付け状態を調べる。	スパナ 目視	クランプ・クリップで確実に取り付けられ先端はクランプされていること。		
	9	手引ひも①	外見上の異常の有無	目視	1本の糸切れもなく，よりがしっかりしていること。		ナイロンロープ
	10	手引ひも②	結び目状態	目視	適正に結ばれていること。		
	11	ナスカン	磨耗・変形状態	ノギス	磨耗は直径の1/4以内であること。		
	12	リストバンド	外見上の異常の有無	目視	き裂，損傷，伸びがないこと。		
	13	リストバンド接続かん	変形・磨耗・伸びの有無	ノギス	磨耗は直径の1/4以内であること。		
	14	手引きひもガイド	外見上の異常の有無を調べる。	目視	き裂，変形，磨耗がないことと深さ2 mm 以内であること。		ナイロンロープガイド
	15	手引きひも調整金具	外見上の異常の有無を調べる。	目視	き裂，損傷のないこと。		四ツ穴
	16	手引きひも止め金具	外見上の異常の有無を調べる。	目視	き裂，損傷のないこと。		圧着リング

4 プレス機械の安全装置管理指針

部位	No	名称	点検方法	点検器具	判定基準	備考
	17	アームスプリング	スプリングを抜き出し異常の有無を調べる。	ノギス目視	磨耗，損傷がないこと磨耗は線径の1/2以下。	
	18	締付けボルト	ボルト・ナットのゆるみを調べる。	スパナ	適正に締め付けられていること。	
後部	1	主軸受け	外見上の異常の有無を調べる。	目視	き裂，曲がり，損傷のないこと。	ペテスタルビロブロック
	2	トーションスプリング	外見上の異常の有無を調べる。	目視	き裂，損傷，へたりのないこと。	
	3	スプリングカラー	外見上の異常の有無を調べる。	目視	き裂，損傷，へたりのないこと。	
	4	リヤーホイル	外見上の異常の有無を調べる。	目視	き裂，損傷のないこと。	
	5	プルホイル	外見上の異常の有無を調べる。	目視	き裂，損傷のないこと。	カンザシ払い棒
	6	シャフト	外見上の異常の有無を調べる。	目視	き裂，損傷，曲がりのないこと。	
	7	ボルト，ナット	ゆるみ，脱落を調べる。	スパナ	適正に締め付けられていること。	
	8	分岐プーリー	外見上の異常の有無を調べる。	目視	き裂，損傷のないこと。	
	9	作動板	外見上の異常の有無を調べる。	目視	き裂，損傷，ゆるみのないこと。	
	10	引き量の調整	適正に引き出されるか。	スケール	メーカーの指定する引き量，ボルスタ幅の1/2以上。	
天びん部	1	スライド取付金具	外見上の異常の有無を調べる。	スパナ目視	き裂，損傷，ゆるみ，曲がりのないこと。	ロックハンガー引下ロット金具
	2	連結ピンおよび滑車	外見上の異常の有無を調べる。	目視	き裂，損傷，ガタのないこと。	
	3	ワイヤロープ	直径の減少，ほつれを調べる。	目視	素線切れは全素線数の10%以下。	
	4	ワイヤクリップクランプ	適正に締め付けられていること。	スパナ目視	ワイヤロープの先端はクランプしたところよりUボルト径以上。	
	5	引下げロット	外見上の異常の有無を調べる。	目視	損傷，曲がりのないこと。	
	6	天びん部ジョイント	外見上の異常の有無を調べる。	目視	き裂，損傷のないこと。	ハンガーメタル
	7	ハンガーメタル用滑車	外見上の異常の有無を調べる。	目視	き裂，損傷のないこと。	天びん部
	8	支柱（点）	外見上の異常の有無を調べる。	目視	き裂，損傷のないこと注油状態。	
	9	天びん	外見上の異常の有無を調べる。	目視	き裂，変形，曲がりのないこと。	
	10	支点およびピン	磨耗，緩み，曲がり等を調べる。	目視	曲がり，損傷，ゆるみのないこと。	
	11	ボルト・ナット	ゆるみを調べる。	スパナ	適正に締め付けられていること。	
	12	抜け止め	抜きとるかずらして調べる。	目視	損傷，脱落のないこと。	

付　録

(7)　両手起動式安全装置（電磁ばね引き式）

分類	番号	検査項目	検査内容	検査方法	判定基準	検査結果	判定
機械本体	1	機械本体	外表面の異常の有無を調べる。	目視	き裂，損傷等がないこと。		
	2	ボルトおよびナット	本体取付けボルトおよび各部のボルトを調べる。	スパナ	適正に締め付けられていること。		
	3	連結棒	外見上の異常の有無を調べる。	目視	損傷，曲がり等のないこと。		
	4	フォークボルト	外見上の異常の有無を調べる。	目視	損傷，曲がり等のないこと。		
	5	連結ボルト	ボルトをはずし，異常の有無を調べる。	目視ノギス	損傷，曲がり・磨耗等のないこと。		
	6	S型爪金具	損傷および掛り具合を調べる。	目視ノギス	メーカーの指定する掛合い寸法であること。		
	7	ばね	本体引きバネ，S型バネ等を調べる。	目視	損傷，へたりがないこと。		
	8	二段目押し金具	損傷および作動状態を調べる。	目視	損傷がなく円滑に作動すること。		
	9	カム上げ腕	損傷および作動状態を調べる。	目視	損傷がなく円滑に作動すること。		
天びん部	1	ジョイント金具	外具上の異常，締め付け状態を調べる。	目視	損傷がなく適正に締め付けられていること。		
	2	ワイヤ	外見上の異常の有無を調べる。	目視	損傷，磨耗，素線切れのないこと。		
	3	クリップ・クランプ	締め付け具合を調べる。	目視	適正に締め付けられていること。		
	4	天びん	外見上の異常の有無を調べる。	目視	損傷，曲がりがなく抜け止めが施されていること。		
	5	天びん支柱	外見上の異常の有無を調べる。	目視	損傷，曲がりのないこと。		
制御および電気系統	1	制御ボックス	外表面，取付け状態を調べる。	目視スパナ	損傷，ガタ，ゆるみのないこと。		
	2	表示ランプ	ランプの破損，作動状態を調べる。	目視	正常な状態であること。		
	3	切替えキースイッチ	キースイッチの異常の有無を調べる。各切替え位置での作動状態を調べる。	目視	ガタ，セリがないこと各切替え位置で正しい作動をすること。		
	4	電源スイッチ	異常の有無を調べる。	目視	確実に入・切されること。		
	5	出力リレー，各リレー	作動状態，劣化状態を調べる。	作動目視	接点，コイルに異常がないこと。		
	6	操作スイッチ	取り付け状態，作動状態を調べる。	目視作動	接触不良等のないこと。		
	7	マイクロスイッチ	取付け状態，作動状態を調べる。	目視作動	損傷・接触不良がなく正常なこと。		

268

分類	番号	検査項目	検査内容	検査方法	判定基準	検査結果	判定
	8	外部配線	外見上の異常の有無を調べる。	目視	劣化または損傷がないこと。		
	9	絶縁抵抗	絶縁抵抗を調べる。	メガー	5MΩ以上であること。		
その他	1	一行程一停止	押しボタン等を押し続け作動を調べる。	作動	確実に一行程ごとに上死点にて停止すること。		
	2	安全距離	安全距離を算出し、測定する。	スケール	定められた安全距離以上であること。		
	3	仕様銘板	汚れ，破損	目視	汚れや破損がないこと。		

(8) 両手起動式安全装置（空圧式）

分類	番号	検査項目	検査内容	検査方法	判定基準	検査結果	判定
本体部	1	シリンダー本体	外見上の異常の有無	目視	き裂，損傷，エア漏れ等がないこと。		
	2	ピストンロッド部	エアを送り作動状態を調べる。	目視	正常な作動をすること。		
	3	シリンダー復帰スプリング	エアを送り作動状態を調べる。	目視	正常な作動をすること。		
	4	電磁弁	エアを送り作動状態を調べる。	目視	異常なく確実に作動すること。		
	5	取付けボルト	本体各部の取付けボルトを調べる。	スパナ	適正に締め付けられていること。		
	6	クラッチ連結部	ゆるみ，磨耗の状態	スパナ	適正に締め付けられて損傷・磨耗のないこと。		
	1	ケース, カバー	破損状態	目視	安全機能に支障の有無		
	2	ヒューズ, ヒューズホルダー	脱落，破損，ゆるみ	目視	メーカー指定の容量に合っていること。		
	3	取付けボルト	ゆるみの状態	スパナドライバー	適正に締め付けられていること。		
	4	電源スイッチ	破損の状態	作動	確実に「ON」「OFF」すること。		
	5	切替えキースイッチ	異常の有無	作動	ガタおよびセリのないこと。切替え位置での動作が確実であること。		
			切替えの保持状態				
	6	電源ランプ	破損，ゆるみの状態	目視	動作に応じて点滅すること。		
	7	各表示ランプ	破損，ゆるみの状態	目視	動作に応じて点滅すること。		
	8	表示銘板	汚れ等	目視	汚れ等がないこと。		
	9	内部配線	外見上の異常の有無を調べる	目視	劣化または損傷がないこと。		

制御および電気系統	10	プリント基板	破損，汚れ，ゆるみ	目視	部品が確実に保持されており，破損，汚れ，ゆるみがないこと。		
	11	出力リレー	動作，作動状態	目視	接点およびコイルの変色，焼損カーボンがたまっていないこと。		
	12	各ケーブルと端子台との接続	破損，ゆるみ	ドライバー	確実に接続されていること。		
	13	防振措置	バネ，ゴム等の異常脱落	目視	防振材のゆるみ，変化，劣化がないこと。		
	14	タイマー	作動状態	テスター	適正に作動すること。		
	15	押しボタンスイッチ	外見上の異常の有無	目視	磨耗または損傷のないこと。		
			保護リングの異常の有無		破損のないこと。		
	16	押しボタンスイッチ	スイッチを押して，スライドが下降する。	作動	正常な作動をすること。		
	17	リミットスイッチ	外見上の異常の有無	目視	き裂，摩耗，破損，汚れ等がないこと。		
	18	回転カムスイッチ	カムとローラーの接続状態を調べる。	目視	カムとローラーの著しい磨耗またはずれがないこと。		
	19	ケーブルおよびコネクター	外見上の異常の有無	目視	き裂または破損がないこと。		
空圧部	1	フィルタのドレイン	フィルタカップに水等がたまっていないか。	目視	水等が排出されていること。		
	2	オイラー	オイル量を調べる。	目視	オイルが濁っていないこと。		
					オイル量が適量であること。		
	3	オイラーのオイルの滴下量	シリンダーを作動して滴下状態を調べる。	目視 作動	適正であること。		
	4	エア圧	圧力計により圧力を調べる。	圧力計	適正であること。		
	5	エア系統	配管，継手を調べる。	目視	き裂，損傷がなく正常な状態であること。		
その他	1	一行程一停止	押しボタン等を押し続け作動を調べる。	作動	確実に一行程で上死点にて停止すること。		
	2	安全距離	安全距離を算出し測定する	スケール	定められた安全距離以上であること。		
	3	仕様銘板	汚れ，破損	目視	汚れや破損がないこと。		

4　プレス機械の安全装置管理指針

(9)　手払い式安全装置

分類	番号	検査項目	検査内容	検査方法	判定基準	検査結果	判定
	1	本体の取付け状態	外見上の異常の有無	スパナ	損傷がなく確実に固定されていること。		
	2	防護板	外見上の異常の有無	目視	損傷，ゆるみがないこと。		
	3	防護板	形状，大きさ	スケール	メーカーの指定する大きさ，形状であること金型の前面を十分に防護していること。		
	4	連結部	外見上の異常の有無	目視スパナ	曲がり損傷がなく，振り幅が十分であること。		
	5	手払い棒	外見上の異常の有無	目視	曲がり損傷がなく振り幅が十分であること。		
	6	ばね	外見上の異常の有無磨耗状態	ノギス	磨耗は線径の1/3以内であること。		
	7	ワイヤロープ取付け金具	取付け状態の適否	目視スパナ	ゆるみがないこと。		
	8	ワイヤロープ	磨耗，損傷の有無	目視	磨耗，損傷のないこと。素線数の10%以下。		
	9	調整ねじ	締付け状態	スパナ	ワイヤにたるみがないこと。		
	10	回転主軸	軸穴のゆるみ，ガタ注油状態	ノギス	軸穴とピンのガタ 1 mm 以下。		
	11	スライドみぞ	磨耗状態	ノギス	ガタは 1 mm 以下であること。		
	12	ワイヤロープの長さ	取付け状態	目視	左右の長さが同じであること。		
	13	連結ピン	損傷，磨耗の有無	ノギス	磨耗，損傷がなくスキマは 1 mm 以内。		
	14	抜けどめ	抜け止ピン等の損傷の有無	目視	損傷がなく確実にセットされていること。		
	15	緩衝物	損傷，ゆるみ等の有無	目視	ゴム等の破損のゆるみのないこと。		
	16	ワイヤクリップ	締付け状態を調べる。	目視スパナ	クランプ・クリップで確実に取り付けられ先端はクランプされていること。		
	17	仕様銘板	汚れ，破損	目視	汚れや破損がないこと。		

271

付　録

5　機械の包括的な安全基準に関する指針

基発第0731001号

平成19年 7 月31日

都道府県労働局長　殿

厚生労働省労働基準局長

「機械の包括的な安全基準に関する指針」の改正について

　機械の包括的な安全基準に関する指針（以下「指針」という。）については，平成13年 6 月 1 日付け基発第501号「機械の包括的な安全基準に関する指針について」（以下「501号通達」という。）により公表し，その周知を図ってきたところであるが，先般，労働安全衛生法（以下「法」という。）が改正され，危険性又は有害性等の調査及びその結果に基づく措置の実施が努力義務化されたこと，また，機械類の安全性に関する国際規格等が制定されたこと等を踏まえ，機械の製造段階から使用段階にわたる一層の安全確保を図るため，同指針を別添のとおり改正したので，下記に留意の上，機械の設計，製造，改造等又は輸入（以下「製造等」という。）を行う者及び機械を労働者に使用させる事業者に対し，本指針の周知を図るとともに，必要な指導等を行うことにより，機械による労働災害の一層の防止に努められたい。

　また，関係事業者団体に対しても別紙 1 及び別紙 2 により本指針の周知等を図るよう協力を要請したので了知されたい。

　なお，501号通達は，本通達をもって廃止する。

記

1　指針の目的について

　指針は，すべての機械に適用できる包括的な安全確保の方策に関する基準を示したものであり，機械の製造等を行う者及び機械を労働者に使用させる事業者の両者が，この指針に従って機械の安全化を図っていくことを目的としたものであること。

　指針においては，安全な機械の製造等及び機械の安全な使用に当たって行うべき具体的な保護方策を示しているが，保護方策はこれに限定されるものではなく，機械の製造等を行う者及び機械を労働者に使用させる事業者は，個々の機械の危険性又は有害性等に応じて，有効と考えられる保護方策を行うことが必要であること。

5 機械の包括的な安全基準に関する指針

2 指針に基づく機械の安全化の手順について

本指針に基づく機械の安全化の手順は，別図に示すとおりであること。

3 機械の製造等を行う者の実施事項について

(1) 機械の製造等を行う者が実施すべき保護方策について

ア 機械の安全化を図るためには，まず機械の製造等を行う者が，製造等を行う機械に係る危険性又は有害性等の調査を実施し，適切なリスクの低減が達成されているかどうかを検討し，その結果に基づいて保護方策を実施することが必要であること。

イ 保護方策の実施に当たっては，リスクの低減が確実に行われる保護方策を優先して実施することが重要であり，指針第2の6の(1)の優先順位に従い，機械を操作する労働者の知識，安全意識等に頼らない設備上の保護方策を優先して行うことにより，適切なリスクの低減を達成する必要があり，コストが上昇する又は操作性が低下する等の理由から安易に優先順位の低い保護方策に頼ることは適当ではないこと。

(2) 使用上の情報の提供について

ア 機械の安全確保の方策は，機械の製造等を行う者によって十分に行われることが原則であるが，機械の製造等を行う者による保護方策で除去又は低減できなかった残留リスクについては，使用上の情報に含めて提供すべきものとしていること。

イ 機械を労働者に使用させる事業者が法第28条の2に規定する危険性又は有害性等の調査等を適切に実施するためには，機械の製造等を行う者から当該機械の使用について必要な情報が提供されることが不可欠であることから，指針第2の6の(1)のウに従い，機械の製造等を行う者が，当該機械を譲渡又は貸与される者に対し，使用上の情報を適切な方法により提供することが重要であること。

4 機械を労働者に使用させる事業者の実施事項について

(1) 機械を労働者に使用させる事業者においては，当該機械の製造等を行う者から提供される使用上の情報を確認し，法第28条の2の規定による機械に係る危険性又は有害性等の調査を実施するとともに，調査の結果に基づく適切な保護方策を検討し実施することが必要であること。

(2) 保護方策の優先順位については，指針第3の8の(1)のとおりであり，コストが上昇する又は操作性が低下する等の理由から安易に優先順位の低い保護方策に頼ることは適当ではないこと。

（別紙1及び別紙2 略）

付　録

機械の安全化の手順　　　　　　　　　　　　　　　　　（別図）

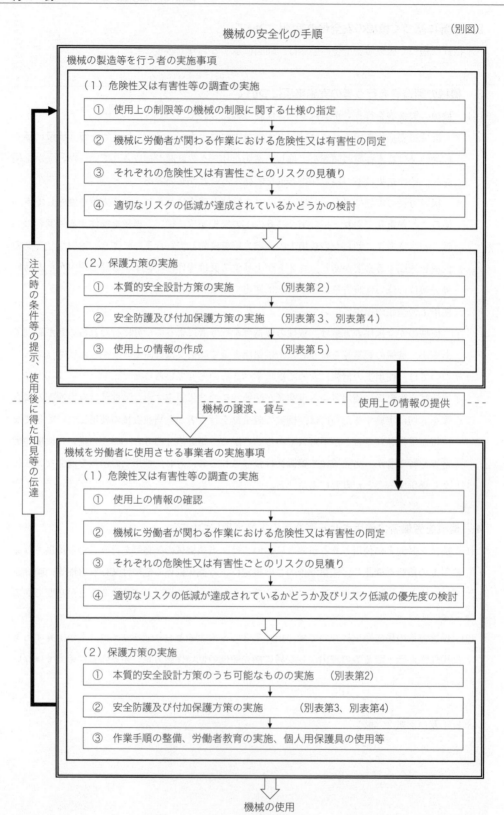

274

5 機械の包括的な安全基準に関する指針

別添

機械の包括的な安全基準に関する指針

第1 趣旨等

1 趣旨

　機械による労働災害の一層の防止を図るには，機械を労働者に使用させる事業者において，その使用させる機械に関して，労働安全衛生法（昭和47年法律第57号。以下「法」という。）第28条の2第1項の規定に基づく危険性又は有害性等の調査及びその結果に基づく労働者の危険又は健康障害を防止するため必要な措置が適切かつ有効に実施されるようにする必要がある。

　また，法第3条第2項において，機械その他の設備を設計し，製造し，若しくは輸入する者は，機械が使用されることによる労働災害の発生の防止に資するよう努めなければならないとされているところであり，機械の設計・製造段階においても危険性又は有害性等の調査及びその結果に基づく措置（以下「調査等」という。）が実施されること並びに機械を使用する段階において調査等を適切に実施するため必要な情報が適切に提供されることが重要である。

　このため，機械の設計・製造段階及び使用段階において，機械の安全化を図るため，すべての機械に適用できる包括的な安全確保の方策に関する基準として本指針を定め，機械の製造等を行う者が実施に努めるべき事項を第2に，機械を労働者に使用させる事業者において法第28条の2の調査等が適切かつ有効に実施されるよう，「危険性又は有害性等の調査等に関する指針」（平成18年危険性又は有害性等の調査等に関する指針公示第1号。以下「調査等指針」という。）の1の「機械安全に関して厚生労働省労働基準局長の定める」詳細な指針を第3に示すものである。

2 適用

　本指針は，機械による危険性又は有害性（機械の危険源をいい，以下単に「危険性又は有害性」という。）を対象とし，機械の設計，製造，改造等又は輸入（以下「製造等」という。）を行う者及び機械を労働者に使用させる事業者の実施事項を示す。

3 用語の定義

　本指針において，次の各号に掲げる用語の意義は，それぞれ当該各号に定めるところによる。

(1) 機械

　　連結された構成品又は部品の組合せで，そのうちの少なくとも一つは機械的な作動機構，制御部及び動力部を備えて動くものであって，特に材料の加工，処理，移動，梱包等の特定の用途に合うように統合されたものをいう。

(2) 保護方策

　　機械のリスク（危険性又は有害性によって生ずるおそれのある負傷又は疾病の重篤度及び発生する可能性の度合をいう。以下同じ。）の低減（危険性又は有害性の除去を含む。以下同じ。）のための措置をいう。これには，本質的安全設計方策，安全防護，付加保護方策，使用上の情報の提供及び作業の実施体制の整備，作業手順の整備，労働者に対する教育訓

練の実施等及び保護具の使用を含む。

(3) 本質的安全設計方策

ガード又は保護装置（機械に取り付けることにより，単独で，又はガードと組み合わせて使用する光線式安全装置，両手操作制御装置等のリスクの低減のための装置をいう。）を使用しないで，機械の設計又は運転特性を変更することによる保護方策をいう。

(4) 安全防護

ガード又は保護装置の使用による保護方策をいう。

(5) 付加保護方策

労働災害に至る緊急事態からの回避等のために行う保護方策（本質的安全設計方策，安全防護及び使用上の情報以外のものに限る。）をいう。

(6) 使用上の情報

安全で，かつ正しい機械の使用を確実にするために，製造等を行う者が，標識，警告表示の貼付，信号装置又は警報装置の設置，取扱説明書等の交付等により提供する指示事項等の情報をいう。

(7) 残留リスク

保護方策を講じた後に残るリスクをいう。

(8) 機械の意図する使用

使用上の情報により示される，製造等を行う者が予定している機械の使用をいい，設定，教示，工程の切替え，運転，そうじ，保守点検等を含むものであること。

(9) 合理的に予見可能な誤使用

製造等を行う者が意図していない機械の使用であって，容易に予見できる人間の挙動から行われるものをいう。

第2 機械の製造等を行う者の実施事項

1 製造等を行う機械の調査等の実施

機械の製造等を行う者は，製造等を行う機械に係る危険性又は有害性等の調査（以下単に「調査」という。）及びその結果に基づく措置として，次に掲げる事項を実施するものとする。

(1) 機械の制限（使用上，空間上及び時間上の限度・範囲をいう。）に関する仕様の指定

(2) 機械に労働者が関わる作業等における危険性又は有害性の同定（機械による危険性又は有害性として例示されている事項の中から同じものを見い出して定めることをいう。）

(3) (2)により同定された危険性又は有害性ごとのリスクの見積り及び適切なリスクの低減が達成されているかどうかの検討

(4) 保護方策の検討及び実施によるリスクの低減

(1)から(4)までの実施に当たっては，同定されたすべての危険性又は有害性に対して，別図に示すように反復的に実施するものとする。

2 実施時期

機械の製造等を行う者は，次の時期に調査等を行うものとする。

5 機械の包括的な安全基準に関する指針

　　ア　機械の設計，製造，改造等を行うとき

　　イ　機械を輸入し譲渡又は貸与を行うとき

　　ウ　製造等を行った機械による労働災害が発生したとき

　　エ　新たな安全衛生に係る知見の集積等があったとき

3　機械の制限に関する仕様の指定

　機械の製造等を行う者は，次に掲げる機械の制限に関する仕様の指定を行うものとする。

　　ア　機械の意図する使用，合理的に予見可能な誤使用，労働者の経験，能力等の使用上の制限

　　イ　機械の動作，設置，保守点検等に必要とする範囲等の空間上の制限

　　ウ　機械，その構成品及び部品の寿命等の時間上の制限

4　危険性又は有害性の同定

　機械の製造等を行う者は，次に掲げる機械に労働者が関わる作業等における危険性又は有害性を，別表第1に例示されている事項を参照する等して同定するものとする。

　　ア　機械の製造の作業（機械の輸入を行う場合を除く。）

　　イ　機械の意図する使用が行われる作業

　　ウ　運搬，設置，試運転等の機械の使用の開始に関する作業

　　エ　解体，廃棄等の機械の使用の停止に関する作業

　　オ　機械に故障，異常等が発生している状況における作業

　　カ　機械の合理的に予見可能な誤使用が行われる作業

　　キ　機械を使用する労働者以外の者（合理的に予見可能な者に限る。）が機械の危険性又は有害性に接近すること

5　リスクの見積り等

　(1)　機械の製造等を行う者は，4で同定されたそれぞれの危険性又は有害性ごとに，発生するおそれのある負傷又は疾病の重篤度及びそれらの発生の可能性の度合いをそれぞれ考慮して，リスクを見積もり，適切なリスクの低減が達成されているかどうか検討するものとする。

　(2)　リスクの見積りに当たっては，それぞれの危険性又は有害性により最も発生するおそれのある負傷又は疾病の重篤度によってリスクを見積もるものとするが，発生の可能性が低くても予見される最も重篤な負傷又は疾病も配慮するよう留意すること。

6　保護方策の検討及び実施

　(1)　機械の製造等を行う者は，3から5までの結果に基づき，法令に定められた事項がある場合はそれを必ず実施するとともに，適切なリスクの低減が達成されていないと判断した危険性又は有害性について，次に掲げる優先順位により，機械に係る保護方策を検討し実施するものとする。

　　ア　別表第2に定める方法その他適切な方法により本質的安全設計方策を行うこと。

　　イ　別表第3に定める方法その他適切な方法による安全防護及び別表第4に定める方法その他適切な方法による付加保護方策を行うこと。

　　ウ　別表第5に定める方法その他適切な方法により，機械を譲渡又は貸与される者に対し，

付　　録

使用上の情報を提供すること。

(2)　(1)の検討に当たっては，本質的安全設計方策，安全防護又は付加保護方策を適切に適用すべきところを使用上の情報で代替してはならないものとする。

また，保護方策を行うときは，新たな危険性又は有害性の発生及びリスクの増加が生じないよう留意し，保護方策を行った結果これらが生じたときは，当該リスクの低減を行うものとする。

7　記録

機械の製造等を行う者は，実施した機械に係る調査等の結果について次の事項を記録し，保管するものとする。

仕様や構成品の変更等によって実際の機械の条件又は状況と記録の内容との間に相異が生じた場合は，速やかに記録を更新すること。

ア　同定した危険性又は有害性

イ　見積もったリスク

ウ　実施した保護方策及び残留リスク

第3　機械を労働者に使用させる事業者の実施事項

1　実施内容

機械を労働者に使用させる事業者は，調査等指針の3の実施内容により，機械に係る調査等を実施するものとする。

この場合において，調査等指針の3(1)は，「機械に労働者が関わる作業等における危険性又は有害性の同定」と読み替えて実施するものとする。

2　実施体制等

機械を労働者に使用させる事業者は，調査等指針の4の実施体制等により機械に係る調査等を実施するものとする。

この場合において，調査等指針の4(1)オは「生産・保全部門の技術者，機械の製造等を行う者等機械に係る専門的な知識を有する者を参画させること。」と読み替えて実施するものとする。

3　実施時期

機械を労働者に使用させる事業者は，調査等指針の5の実施時期の(1)のイからオまで及び(2)により機械に係る調査等を行うものとする。

4　対象の選定

機械を労働者に使用させる事業者は，調査等指針の6により機械に係る調査等の実施対象を選定するものとする。

5　情報の入手

機械を労働者に使用させる事業者は，機械に係る調査等の実施に当たり，調査等指針の7により情報を入手し，活用するものとする。

この場合において，調査等指針の7(1)イは「機械の製造等を行う者から提供される意図する

使用，残留リスク等別表第5の1に掲げる使用上の情報」と読み替えて実施するものとする。

6　危険性又は有害性の同定

　機械を労働者に使用させる事業者は，使用上の情報を確認し，次に掲げる機械に労働者が関わる作業等における危険性又は有害性を，別表第1に例示されている事項を参照する等して同定するものとする。

　ア　機械の意図する使用が行われる作業

　イ　運搬，設置，試運転等の機械の使用の開始に関する作業

　ウ　解体，廃棄等の機械の使用の停止に関する作業

　エ　機械に故障，異常等が発生している状況における作業

　オ　機械の合理的に予見可能な誤使用が行われる作業

　カ　機械を使用する労働者以外の者（合理的に予見可能な場合に限る。）が機械の危険性又は有害性に接近すること

7　リスクの見積り等

(1)　機械を労働者に使用させる事業者は，6で同定されたそれぞれの危険性又は有害性ごとに，調査等指針の9の(1)のアからウまでに掲げる方法等により，リスクを見積もり，適切なリスクの低減が達成されているかどうか及びリスクの低減の優先度を検討するものとする。

(2)　機械を労働者に使用させる事業者は，(1)のリスクの見積りに当たり，それぞれの危険性又は有害性により最も発生するおそれのある負傷又は疾病の重篤度によってリスクを見積もるものとするが，発生の可能性が低くても，予見される最も重篤な負傷又は疾病も配慮するよう留意するものとする。

8　保護方策の検討及び実施

(1)　機械を労働者に使用させる事業者は，使用上の情報及び7の結果に基づき，法令に定められた事項がある場合はそれを必ず実施するとともに，適切なリスクの低減が達成されていないと判断した危険性又は有害性について，次に掲げる優先順位により，機械に係る保護方策を検討し実施するものとする。

　ア　別表第2に定める方法その他適切な方法による本質的安全設計方策のうち，機械への加工物の搬入・搬出又は加工の作業の自動化等可能なものを行うこと。

　イ　別表第3に定める方法その他適切な方法による安全防護及び別表第4に定める方法その他適切な方法による付加保護方策を行うこと。

　ウ　ア及びイの保護方策を実施した後の残留リスクを労働者に伝えるための作業手順の整備，労働者教育の実施等を行うこと。

　エ　必要な場合には個人用保護具を使用させること。

(2)　(1)の検討に当たっては，調査等指針の10の(2)及び(3)に留意するものとする。

　また，保護方策を行う際は，新たな危険性又は有害性の発生及びリスクの増加が生じないよう留意し，保護方策を行った結果これらが生じたときは，当該リスクの低減を行うものとする。

付　　録

9　記録

　機械を労働者に使用させる事業者は，機械に係る調査等の結果について，調査等指針の11の(2)から(4)まで並びに実施した保護方策及び残留リスクについて記録し，使用上の情報とともに保管するものとする。

10　注文時の配慮事項等

　機械を労働者に使用させる事業者は，別表第2から別表第5までに掲げる事項に配慮した機械を採用するものとし，必要に応じ，注文時の条件にこれら事項を含めるものとする。

　また，使用開始後に明らかになった当該機械の安全に関する知見等を製造等を行う者に伝達するものとする。

別表第1　機械の危険性又は有害性

1　機械的な危険性又は有害性

2　電気的な危険性又は有害性

3　熱的な危険性又は有害性

4　騒音による危険性又は有害性

5　振動による危険性又は有害性

6　放射による危険性又は有害性

7　材料及び物質による危険性又は有害性

8　機械の設計時における人間工学原則の無視による危険性又は有害性

9　滑り，つまずき及び墜落の危険性又は有害性

10　危険性又は有害性の組合せ

11　機械が使用される環境に関連する危険性又は有害性

別表第2　本質的安全設計方策

1　労働者が触れるおそれのある箇所に鋭利な端部，角，突起物等がないようにすること。

2　労働者の身体の一部がはさまれることを防止するため，機械の形状，寸法等及び機械の駆動力等を次に定めるところによるものとすること。

　(1)　はさまれるおそれのある部分については，身体の一部が進入できない程度に狭くするか，又ははさまれることがない程度に広くすること。

　(2)　はさまれたときに，身体に被害が生じない程度に駆動力を小さくすること。

　(3)　激突されたときに，身体に被害が生じない程度に運動エネルギーを小さくすること。

3　機械の運動部分が動作する領域に進入せず又は危険性又は有害性に接近せずに，当該領域の外又は危険性又は有害性から離れた位置で作業が行えるようにすること。例えば，機械への加工物の搬入（供給）・搬出（取出し）又は加工等の作業を自動化又は機械化すること。

4　機械の損壊等を防止するため，機械の強度等については，次に定めるところによること。

　(1)　適切な強度計算等により，機械各部に生じる応力を制限すること。

　(2)　安全弁等の過負荷防止機構により，機械各部に生じる応力を制限すること。

5　機械の包括的な安全基準に関する指針

(3)　機械に生じる腐食，経年劣化，摩耗等を考慮して材料を選択すること。

5　機械の転倒等を防止するため，機械自体の運動エネルギー，外部からの力等を考慮し安定性を確保すること。

6　感電を防止するため，機械の電気設備には，直接接触及び間接接触に対する感電保護手段を採用すること。

7　騒音，振動，過度の熱の発生がない方法又はこれらを発生源で低減する方法を採用すること。

8　電離放射線，レーザー光線等（以下「放射線等」という。）の放射出力を機械が機能を果たす最低レベルに制限すること。

9　火災又は爆発のおそれのある物質は使用せず又は少量の使用にとどめること。また，可燃性のガス，液体等による火災又は爆発のおそれのあるときは，機械の過熱を防止すること，爆発の可能性のある濃度となることを防止すること，防爆構造電気機械器具を使用すること等の措置を講じること。

10　有害性のない又は少ない物質を使用すること。

11　労働者の身体的負担の軽減，誤操作等の発生の抑止等を図るため，人間工学に基づく配慮を次に定めるところにより行うこと。

(1)　労働者の身体の大きさ等に応じて機械を調整できるようにし，作業姿勢及び作業動作を労働者に大きな負担のないものとすること。

(2)　機械の作動の周期及び作業の頻度については，労働者に大きな負担を与えないものとすること。

(3)　通常の作業環境の照度では十分でないときは，照明設備を設けることにより作業に必要な照度を確保すること。

12　制御システムの不適切な設計等による危害を防止するため，制御システムについては次に定めるところによるものとすること。

(1)　起動は，制御信号のエネルギーの低い状態から高い状態への移行によること。また，停止は，制御信号のエネルギーの高い状態から低い状態への移行によること。

(2)　内部動力源の起動又は外部動力源からの動力供給の開始によって運転を開始しないこと。

(3)　機械の動力源からの動力供給の中断又は保護装置の作動等によって停止したときは，当該機械は，運転可能な状態に復帰した後においても再起動の操作をしなければ運転を開始しないこと。

(4)　プログラム可能な制御装置にあっては，故意又は過失によるプログラムの変更が容易にできないこと。

(5)　電磁ノイズ等の電磁妨害による機械の誤動作の防止及び他の機械の誤動作を引き起こすおそれのある不要な電磁エネルギーの放射の防止のための措置が講じられていること。

13　安全上重要な機構や制御システムの故障等による危害を防止するため，当該機構や制御システムの部品及び構成品には信頼性の高いものを使用するとともに，当該機構や制御システ

付　録

ムの設計において，非対称故障モードの構成品の使用，構成品の冗長化，自動監視の使用等の方策を考慮すること。

14　誤操作による危害を防止するため，操作装置等については，次に定める措置を講じること。

(1)　操作部分等については，次に定めるものとすること。

　ア　起動，停止，運転制御モードの選択等が容易にできること。

　イ　明瞭に識別可能であり，誤認のおそれがある場合等必要に応じて適切な表示が付されていること。

　ウ　操作の方向とそれによる機械の運動部分の動作の方向とが一致していること。

　エ　操作の量及び操作の抵抗力が，操作により実行される動作の量に対応していること。

　オ　危険性又は有害性となる機械の運動部分については，意図的な操作を行わない限り操作できないこと。

　カ　操作部分を操作しているときのみ機械の運動部分が動作する機能を有する操作装置については，操作部分から手を放すこと等により操作をやめたときは，機械の運動部分が停止するとともに，当該操作部分が直ちに中立位置に戻ること。

　キ　キーボードで行う操作のように操作部分と動作との間に一対一の対応がない操作については，実行される動作がディスプレイ等に明確に表示され，必要に応じ，動作が実行される前に操作を解除できること。

　ク　保護手袋又は保護靴等の個人用保護具の使用が必要な場合又はその使用が予見可能な場合には，その使用による操作上の制約が考慮されていること。

　ケ　非常停止装置等の操作部分は，操作の際に予想される負荷に耐える強度を有すること。

　コ　操作が適正に行われるために必要な表示装置が操作位置から明確に視認できる位置に設けられていること。

　サ　迅速かつ確実で，安全に操作できる位置に配置されていること。

　シ　安全防護を行うべき領域（以下「安全防護領域」という。）内に設けることが必要な非常停止装置，教示ペンダント等の操作装置を除き，当該領域の外に設けられていること。

(2)　起動装置については，次に定めるところによるものとすること。

　ア　起動装置を意図的に操作したときに限り，機械の起動が可能であること。

　イ　複数の起動装置を有する機械で，複数の労働者が作業に従事したときにいずれかの起動装置の操作により他の労働者に危害が生ずるおそれのあるものについては，一つの起動装置の操作により起動する部分を限定すること等当該危害を防止するための措置が講じられていること。

　ウ　安全防護領域に労働者が進入していないことを視認できる位置に設けられていること。視認性が不足する場合には，死角を減らすよう機械の形状を工夫する又は鏡等の間接的に当該領域を視認する手段を設ける等の措置が講じられていること。

(3)　機械の運転制御モードについては，次に定めるところによるものとすること。

　ア　保護方策又は作業手順の異なる複数の運転制御モードで使用される機械については，個々の運転制御モードの位置で固定でき，キースイッチ，パスワード等によって意図し

5 機械の包括的な安全基準に関する指針

ない切換えを防止できるモード切替え装置を備えていること。

イ 設定，教示，工程の切替え，そうじ，保守点検等のために，ガードを取り外し，又は保護装置を解除して機械を運転するときに使用するモードには，次のすべての機能を備えていること。

(ア) 選択したモード以外の運転モードが作動しないこと。

(イ) 危険性又は有害性となる運動部分は，イネーブル装置，ホールド・ツゥ・ラン制御装置又は両手操作制御装置の操作を続けることによってのみ動作できること。

(ウ) 動作を連続して行う必要がある場合，危険性又は有害性となる運動部分の動作は，低速度動作，低駆動力動作，寸動動作又は段階的操作による動作とされていること。

(4) 通常の停止のための装置については，次に定めるところによるものとすること。

ア 停止命令は，運転命令より優先されること。

イ 複数の機械を組み合せ，これらを連動して運転する機械にあっては，いずれかの機械を停止させたときに，運転を継続するとリスクの増加を生じるおそれのある他の機械も同時に停止する構造であること。

ウ 各操作部分に機械の一部又は全部を停止させるためのスイッチが設けられていること。

15 保守点検作業における危害を防止するため次の措置を行うこと。

(1) 機械の部品及び構成品のうち，安全上適切な周期での点検が必要なもの，作業内容に応じて交換しなければならないもの又は摩耗若しくは劣化しやすいものについては，安全かつ容易に保守点検作業が行えるようにすること。

(2) 保守点検作業は，次に定める優先順位により行うことができるようにすること。

ア ガードの取外し，保護装置の解除及び安全防護領域への進入をせずに行えるようにすること。

イ ガードの取外し若しくは保護装置の解除又は安全防護領域への進入を行う必要があるときは，機械を停止させた状態で行えるようにすること。

ウ 機械を停止させた状態で行うことができないときは，14の(3)イに定める措置を講じること。

別表第3 安全防護の方法

1 安全防護は，安全防護領域について，固定式ガード，インターロック付き可動式ガード等のガード又は光線式安全装置，両手操作制御装置等の保護装置を設けることにより行うこと。

2 安全防護領域は次に定める領域を考慮して定めること。

(1) 機械的な危険性又は有害性となる運動部分が動作する最大の領域（以下「最大動作領域」という。）

(2) 機械的な危険性又は有害性について，労働者の身体の一部が最大動作領域に進入する場合には，進入する身体の部位に応じ，はさまれ等の危険が生じることを防止するために必要な空間を確保するための領域

(3) 設置するガードの形状又は保護装置の種類に応じ，当該ガード又は保護装置が有効に機

付　録

能するために必要な距離を確保するための領域

(4)　その他，危険性又は有害性に暴露されるような機械周辺の領域

3　ガード又は保護装置の設置は，機械に労働者が関わる作業に応じ，次に定めるところにより行うこと。

(1)　動力伝導部分に安全防護を行う場合は，固定式ガード又はインターロック付き可動式ガードを設けること。

(2)　動力伝導部分以外の運動部分に安全防護を行う場合は，次に定めるところによること。

　ア　機械の正常な運転において，安全防護領域に進入する必要がない場合は，当該安全防護領域の全周囲を固定式ガード，インターロック付き可動式ガード等のガード又は光線式安全装置，圧力検知マット等の身体の一部の進入を検知して機械を停止させる保護装置で囲むこと。

　イ　機械の正常な運転において，安全防護領域に進入する必要があり，かつ，危険性又は有害性となる運動部分の動作を停止させることにより安全防護を行う場合は，次に定めるところにより行うこと。

　　㋐　安全防護領域の周囲のうち労働者の身体の一部が進入するために必要な開口部以外には，固定式ガード，インターロック付き可動式ガード等のガード又は光線式安全装置，圧力検知マット等の身体の一部の進入を検知して機械を停止させる保護装置を設けること。

　　㋑　開口部には，インターロック付き可動式ガード，自己閉鎖式ガード等のガード又は光線式安全装置，両手操作制御装置等の保護装置を設けること。

　　㋒　開口部を通って労働者が安全防護領域に全身を進入させることが可能であるときは，当該安全防護領域内の労働者を検知する装置等を設けること。

　ウ　機械の正常な運転において，安全防護領域に進入する必要があり，かつ，危険性又は有害性となる運動部分の動作を停止させることにより安全防護を行うことが作業遂行上適切でない場合は，調整式ガード（全体が調整できるか，又は調整可能な部分を組み込んだガードをいう。）等の当該運動部分の露出を最小限とする手段を設けること。

(3)　油，空気等の流体を使用する場合において，ホース内の高圧の流体の噴出等による危害が生ずるおそれのあるときは，ホースの損傷を受けるおそれのある部分にガードを設けること。

(4)　感電のおそれのあるときは，充電部分に囲い又は絶縁覆いを設けること。

　　囲いは，キー若しくは工具を用いなければ又は充電部分を断路しなければ開けることができないものとすること。

(5)　機械の高温又は低温の部分への接触による危害が生ずるおそれのあるときは，当該高温又は低温の部分にガードを設けること。

(6)　騒音又は振動による危害が生ずるおそれのあるときは，音響吸収性の遮蔽板，消音器，弾力性のあるシート等を使用すること等により発生する騒音又は振動を低減すること。

(7)　放射線等による危害が生ずるおそれのあるときは，放射線等が発生する部分を遮蔽すること，外部に漏洩する放射線等の量を低減すること等の措置を講じること。

（8） 有害物質及び粉じん（以下「有害物質等」という。）による危害が生ずるおそれのあると
きは，有害物質等の発散源を密閉すること，発散する有害物質等を排気すること等当該有
害物質等へのばく露低減化の措置を講じること。

（9） 機械から加工物等が落下又は放出されるおそれのあるときは，当該加工物等を封じ込め
又は捕捉する措置を講じること。

4　ガードについては，次によること。

（1） ガードは，次に定めるところによるものとすること。

ア　労働者が触れるおそれのある箇所に鋭利な端部，角，突起物等がないこと。

イ　十分な強度を有し，かつ，容易に腐食，劣化等しない材料を使用すること。

ウ　開閉の繰返し等に耐えられるようヒンジ部，スライド部等の可動部品及びそれらの取
付部は，十分な強度を有し，緩み止め又は脱落防止措置が施されていること。

エ　溶接等により取り付けるか又は工具を使用しなければ取外しできないようボルト等で
固定されていること。

（2） ガードに製品の通過等のための開口部を設ける場合は，次に定めるところによるものと
すること。

ア　開口部は最小限の大きさとすること。

イ　開口部を通って労働者の身体の一部が最大動作領域に達するおそれがあるときは，ト
ンネルガード等の構造物を設けることによって当該労働者の身体の一部が最大動作領域
に達することを防止し，又は3（2）イ（イ）若しくは（ウ）に定めるところによること。

（3） 可動式ガードについては，次に定めるところによるものとすること。

ア　可動式ガードが完全に閉じていないときは，危険性又は有害性となる運動部分を動作
させることができないこと。

イ　可動式ガードを閉じたときに，危険性又は有害性となる運動部分が自動的に動作を開
始しないこと。

ウ　ロック機構（危険性又は有害性となる運動部分の動作中はガードが開かないように固
定する機構をいう。以下同じ。）のない可動式ガードは，当該可動ガードを開けたときに
危険性又は有害性となる運動部分が直ちに動作を停止すること。

エ　ロック機構付きの可動式ガードは，危険性又は有害性となる運動部分が完全に動作を
停止した後でなければガードを開けることができないこと。

オ　危険性又は有害性となる運動部分の動作を停止する操作が行われた後一定時間を経過
しなければガードを開くことができない構造とした可動式ガードにおいては，当該一定
時間が当該運動部分の動作が停止するまでに要する時間より長く設定されていること。

カ　ロック機構等を容易に無効とすることができないこと。

（4） 調整式ガードは，特殊な工具等を使用することなく調整でき，かつ，特定の運転中は安全
防護領域を覆うか又は当該安全防護領域を可能な限り囲うことができるものとすること。

5　保護装置については，次に定めるところによるものとすること。

（1） 使用の条件に応じた十分な強度及び耐久性を有すること。

付　　録

(2)　信頼性が高いこと。

(3)　容易に無効とすることができないこと。

(4)　取外すことなしに，工具の交換，そうじ，給油及び調整等の作業が行えるよう設けられること。

6　機械に蓄積されたエネルギー，位置エネルギー，機械の故障若しくは誤動作又は誤操作等により機械の運動部分の動作を停止させた状態が維持できないとリスクの増加を生じるおそれのあるときは，当該運動部分の停止状態を確実に保持できる機械的拘束装置を備えること。

7　固定式ガードを除くガード及び保護装置の制御システムについては，次に定めるところによるものとすること。

(1)　別表第2の12及び13に定めるところによること。

(2)　労働者の安全が確認されている場合に限り機械の運転が可能となるものであること。

(3)　危険性又は有害性等の調査の結果に基づき，当該制御システムに要求されるリスクの低減の効果に応じて，適切な設計方策及び構成品が使用されていること。

別表第4　付加保護方策の方法

1　非常停止の機能を付加すること。非常停止装置については，次に定めるところによるものとすること。

(1)　明瞭に視認でき，かつ，直ちに操作可能な位置に必要な個数設けられていること。

(2)　操作されたときに，機械のすべての運転モードで他の機能よりも優先して実行され，リスクの増加を生じることなく，かつ，可能な限り速やかに機械を停止できること。また，必要に応じ，保護装置等を始動するか又は始動を可能とすること。

(3)　解除されるまで停止命令を維持すること。

(4)　定められた解除操作が行われたときに限り，解除が可能であること。

(5)　解除されても，それにより直ちに再起動することがないこと。

2　機械へのはさまれ・巻き込まれ等により拘束された労働者の脱出又は救助のための措置を可能とすること。

3　機械の動力源を遮断するための措置及び機械に蓄積又は残留したエネルギーを除去するための措置を可能とすること。動力源の遮断については，次に定めるところによるものとすること。

(1)　すべての動力源を遮断できること。

(2)　動力源の遮断装置は，明確に識別できること。

(3)　動力源の遮断装置の位置から作業を行う労働者が視認できないもの等必要な場合は，遮断装置は動力源を遮断した状態で施錠できること。

(4)　動力源の遮断後においても機械にエネルギーが蓄積又は残留するものにおいては，当該エネルギーを労働者に危害が生ずることなく除去できること。

4　機械の運搬等における危害の防止のため，つり上げのためのフック等の附属用具を設けること等の措置を講じること。

286

5　機械の包括的な安全基準に関する指針

5　墜落，滑り，つまずき等の防止については，次によること。

(1)　高所での作業等墜落等のおそれのあるときは，作業床を設け，かつ，当該作業床の端に手すりを設けること。

(2)　移動時に転落等のおそれのあるときは，安全な通路及び階段を設けること。

(3)　作業床における滑り，つまずき等のおそれのあるときは，床面を滑りにくいもの等とすること。

別表第5　使用上の情報の内容及び提供方法

1　使用上の情報の内容には，次に定める事項その他機械を安全に使用するために通知又は警告すべき事項を含めること。

(1)　製造等を行う者の名称及び住所

(2)　型式又は製造番号等の機械を特定するための情報

(3)　機械の仕様及び構造に関する情報

(4)　機械の使用等に関する情報

　ア　意図する使用の目的及び方法（機械の保守点検等に関する情報を含む。）

　イ　運搬，設置，試運転等の使用の開始に関する情報

　ウ　解体，廃棄等の使用の停止に関する情報

　エ　機械の故障，異常等に関する情報（修理等の後の再起動に関する情報を含む。）

　オ　合理的に予見可能な誤使用及び禁止する使用方法

(5)　安全防護及び付加保護方策に関する情報

　ア　目的（対象となる危険性又は有害性）

　イ　設置位置

　ウ　安全機能及びその構成

(6)　機械の残留リスク等に関する情報

　ア　製造等を行う者による保護方策で除去又は低減できなかったリスク

　イ　特定の用途又は特定の付属品の使用によって生じるおそれのあるリスク

　ウ　機械を使用する事業者が実施すべき安全防護，付加保護方策，労働者教育，個人用保護具の使用等の保護方策の内容

　エ　意図する使用において取り扱われ又は放出される化学物質の化学物質等安全データシート

2　使用上の情報の提供の方法は，次に定める方法その他適切な方法とすること。

(1)　標識，警告表示等の貼付を，次に定めるところによるものとすること。

　ア　危害が発生するおそれのある箇所の近傍の機械の内部，側面，上部等の適切な場所に貼り付けられていること。

　イ　機械の寿命を通じて明瞭に判読可能であること。

　ウ　容易にはく離しないこと。

　エ　標識又は警告表示は，次に定めるところによるものとすること。

287

付　録

(ｱ)　危害の種類及び内容が説明されていること。

(ｲ)　禁止事項又は行うべき事項が指示されていること。

(ｳ)　明確かつ直ちに理解できるものであること。

(ｴ)　再提供することが可能であること。

(2)　警報装置を，次に定めるところによるものとすること。

ア　聴覚信号又は視覚信号による警報が必要に応じ使用されていること。

イ　機械の内部，側面，上部等の適切な場所に設置されていること。

ウ　機械の起動，速度超過等重要な警告を発するために使用する警報装置は，次に定める
ところによるものとすること。

(ｱ)　危険事象を予測して，危険事象が発生する前に発せられること。

(ｲ)　曖昧でないこと。

(ｳ)　確実に感知又は認識でき，かつ，他のすべての信号と識別できること。

(ｴ)　感覚の慣れが生じにくい警告とすること。

(ｵ)　信号を発する箇所は，点検が容易なものとすること。

(3)　取扱説明書等の文書の交付を，次に定めるところによるものとすること。

ア　機械本体の納入時又はそれ以前の適切な時期に提供されること。

イ　機械が廃棄されるときまで判読が可能な耐久性のあるものとすること。

ウ　可能な限り簡潔で，理解しやすい表現で記述されていること。

エ　再提供することが可能であること。

288

5 機械の包括的な安全基準に関する指針

別図 機械の製造等を行う者による危険性又は有害性等の調査及びリスクの低減の手順

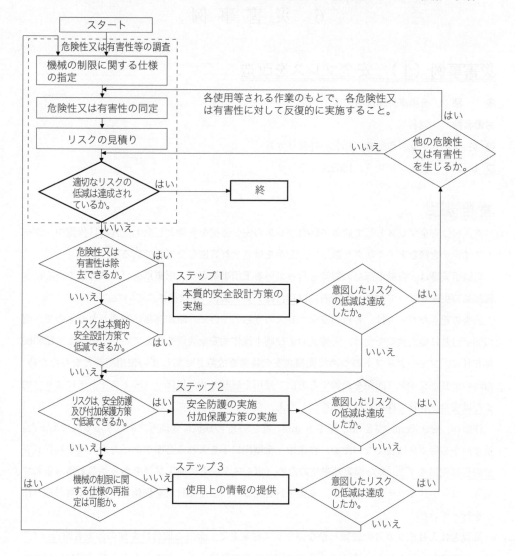

付　録

6　災害事例

災害事例（1）　安全プレスを改造

業　　種　自動車付属品製造業
労働者数　52名
被 災 者　プレス作業者，15歳，経験9カ月
プ レ ス　安全プレス（1,100kN クランク）

発生状況

　本災害は安全プレスとして設置されたプレスの安全装置を無効とした上，穴あけ作業中，フートスイッチを踏むタイミングを誤って，左手をはさまれ負傷したものである。

　当該事業場は，自動車部品の製造を行っている下請事業場で，創業以来プレス加工を中心に金属部品の生産を行っており，工場内には13台のプレス機械[1]が設置されていた。

　災害の起きたプレスは，6台の安全プレスのうちの1台で，昭和56年に製造されたもので，昭和55年11月に型式検定を受け，光線式および両手操作式安全装置を備えていた。しかし，昭和60年6月に，フォークリフトのつめで光線式安全装置を故障させてしまい使用不能となったため，当時の班長がジャンプ回路を設置する方法で使用を継続させ，以後，フートスイッチにより寸動または安全一行程で操作可能の状態にした上，使用し[2]穴あけ加工を行っていた。

　作業は，長さ40cm，幅3 cm，厚さ8 mm，重さ800gの鉄板に3個所穴あけするものであった。重量面から手工具は使えないため，作業中，金型内に手を入れる必要があったが，両手操作式安全装置は使用せず[3]，また作業効率化のため，ボルスター上に加工材料をあらかじめ積み重ねておき，フートスイッチを使用して，安全一行程により，右手で材料を供給し，左手で材料取り出しを行っていた。

　被災者は入社後9カ月の経験しかないプレス作業者で，金型の取付けを他の作業者が行った[4]後，作業にとりかかった。被災者は過去に同じ作業の経験があったこともあって，当日はだれからも作業上の指示・注意などは受けることなく作業にかかったが，約500個ほどを加工した頃，材料の取り出し時にフートスイッチを踏むタイミングがずれたため，左手を金型にはさまれ，中指・環指・小指を挫滅し入院，休業2カ月，障害等級9級の災害を被った。

　作業当時被災者はつぎの工程に流すのに遅れ，他の作業者に迷惑をかけまいとして，急いでいた，と証言している。

発生原因

　本件災害は，本来安全プレスとして製造されたプレスを実際には安全プレスとしての機能を失わせた上，他の安全措置を講ずることなく使用した結果発生したもので，法違反を原因とする災害である。原因を列挙すれば，

290

6 災害事例

(1) プレスの保守管理が不徹底で，故障個所の修理をせず，ジャンプ回路を設置したまま放置し，使用したこと。

(2) 管理体制が不明確で，プレス機械作業主任者の職務分担が決まっておらず，責任があいまいなまま，必要な安全措置がとられていなかったこと。

(3) 労働者に対する安全教育が十分になされていない結果，日常的に行われていたこと。

などがあげられる。

研究・対策

　発生状況本文中から問題となる点を指摘したい（文中(1)～(4)のアンダーラインで表示）。

(1) 当該事業場には動力により駆動されるプレス機械が5台以上あるから，法令上プレス機械作業主任者の選任が必要であり，かつ職務分担を明確にしなければならないことになっている。しかし，同社は作業主任者の資格を有する2名について職務が明確になっていないため責任があいまいになっており，当該プレスについて，特定自主検査も行わず，故障したまま修復することなく使用させ，かつ使用に際しての安全措置も講じない結果，災害を発生させた。安全管理について，事業場全体として軽視していたことを否定できない。

(2) 安全プレスについて，安全装置が故障した際，ジャンプ回路を設置して使用を継続させたのは当時の班長で，プレス機械作業主任者であったことが判明したが，このことは安全プレスの構造規格を具備していないことはもちろんのこと，プレス機械作業主任者の職務（労働安全衛生規則第134条）に反する重大な法令違反でもあり，法令により安全の責任者として義務づけられている立場の者が実行し，以後も放置していたという点で上記(1)と同様，事業場全体の安全に対する意識に重大な欠陥があった。単に，担当者が職務を遂行しなかったとして片付けるわけにはいかない問題を含んでいると考えられる。

(3) 被災者は両手操作式安全装置を使える状態にあったのに，作業能率を高めるため使用せず，フートスイッチのみで操作した。ここには安全より生産優先の姿勢があるように思われる。また労働者についても法令によって安全装置の使用について義務づけがなされている（労働安全衛生規則第29条）ことが安全教育などによって徹底されていないことをうかがわせる。

(4) 本件では金型の取付けを他のプレス作業者が行っているが，この点についても法令上の違反がある。同人は当然プレスの金型に関し特別教育を受けているものと思われるが，金型の取付け，取り外し，調整の作業については，プレス機械作業主任者の直接作業指揮が義務づけられている（労働安全衛生規則第134条）。この点についても日常業務の中で基本的な作業に関し，安易に取り組んでいることが背景にあるように思われる。

付　録

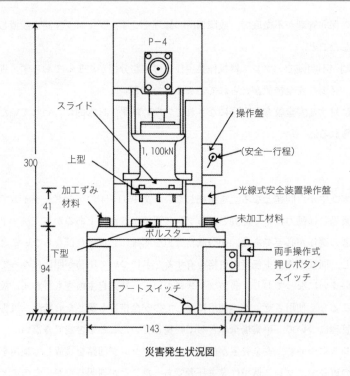

災害発生状況図

災害事例（2）　安全装置の不使用

業　　種　　非鉄金属ダイカスト製造業
労働者数　　60名
被 災 者　　鋳造作業者，男性，51歳
プ レ ス　　300kN クランクプレス（ポジティブクラッチ付き）

発生状況

　本件災害は安全装置を使用せずに，動力プレスで抜き取り作業中，誤操作により自らの2指を切断したものである。

　災害発生事業場は，各種機械の非鉄金属ダイカストの製造を行っている本社工場で，使用中の動力プレスは2台のみで，他にフットプレス（けとばしプレス）3台があり，バリ取りなどに使用するものであった。

　プレスは常時使用しているわけではなく，必要に応じて使用するもので，専門のプレス作業者もいなかった。

　当該プレスは300kN 両手起動式クランクプレスで，ポジティブクラッチ付き，毎分ストローク数（$\min^{-1}$（spm））が50，ストローク長さ100mm であった。当日はトランシーバーのシャーシ部品のバリ取り作業に使用していた。

　同プレスには，安全装置として手引き式安全装置が設けられていたが，これは使用可能であっ

たのに当時使用されていなかった[1]。

被災者は，鋳造作業の経験は25年のベテランであったが，プレス経験は３日間しかなく，プレスに関する安全教育も行われない[2]まま，３日前に他工場から応援に来ていたもので，災害発生当時は，前日に引き続いて，トランシーバー部品のバリ取りの作業に従事していた。

作業は，アルミダイカスト製品のバリ取りを当該プレスで行うもので，金型の中に手で直接製品を入れ，加工後同じ手で取り出すものであったが，被災者は同プレスに設置してあった手引き式の安全装置を使用せず，かつ両手起動式スイッチの右手側を常時押したままの状態で固定し[3]，右手で製品の出し入れをし，左手で起動スイッチを押して作業を行っていた。

午後２時半頃，右手で製品を金型内に入れ，左手で起動スイッチボタンを押し，バリ取りをした後，製品を右手で取り出そうとして，右手を金型の危険限界内に入れた時，誤って左手で起動スイッチを押してしまい，自分の右手第二・第三指を切断したものである。

発 生 原 因

災害原因としては，

(1)　直接的には，当該プレスの安全装置を使用しなかったこと。

(2)　被災者は，本来は鋳造作業者であり，プレス経験も浅く，プレス作業に慣れていなかった上，作業変更に際して安全教育を受けていなかったこと。

(3)　プレス作業についての安全管理体制が確立されておらず，管理・監督がなされていなかったこと。

などがあげられる。

研 究 ・ 対 策

(1)　本災害でもっとも問題となる重要な点は，使用可能な状態で設置された安全装置があったにもかかわらず，使用しなかったことである。設置されていた手引き式装置は，当該プレスの能力に合わせて適当なものとして設置されたが，実際には作業または製品によっては，必ずしもこの選択が適当であったとはいい難いことから，日頃常時使用されていなかったことが認められ，被災者も使用することを指導も強制もされないまま作業指示を受け作業に従事したもので，安全装置の選択が適当でないとせっかくの安全装置も宝の持ちぐされになってしまう。なお，プレスの安全装置については，「プレス機械の安全装置管理指針」（p.245参照）が示されている。

(2)　第２の点は安全教育に関してである。

安全教育の不足は，プレス機械に対する理解と法令遵守の姿勢を欠くことにつながり，結果として不安全行動をもたらすもので，安全の最後の砦である注意力の限界を超えた場合は無防備状態となり，災害へと至ることになる。災害は個人の注意力を超えた時に発生することを肝に命じる必要があり，これには日頃の安全教育が重要な役割を果たしているのである。

本件のように作業の変更時に安全教育を行わないなどということは，法令に違反することはもとより，安全について根本的な姿勢に欠けているといわざるを得ない。

付　録

(3) 第3点は，両手起動式スイッチの一方を押したままの状態で固定していたという点である。本件プレスの両手起動式スイッチについては，安全装置そのものではなく，あくまでもスイッチであるが，正しく使用すれば安全面でも寄与するものであるところ，本件では右側のスイッチボタンを押したままの状態で固定していたもので，右手をフリーにし無防備状態にしたものである。

この両手起動式スイッチについて，両スイッチとも正常であったとして，前出の「プレス機械の安全装置管理指針」に基づいて安全装置として考えられないかを検討してみよう。

法令で認められる安全装置については「プレス機械又はシャーの安全装置構造規格」第1条に定められており，両手起動式安全装置の場合はその第2号により，押しボタンなどを両手で操作することによってスライドなどの作動中に押しボタンなどから手が危険限界に達しないこととされている。これを満たすには，安全距離を算定し，作業可能な距離が得られなければ使用してはならない。一般的には，min^{-1}（spm）の多いプレス（おおむね300kN以下で，min^{-1}（spm）が120以上の小型プレス）が対象となり，本件のプレスはmin^{-1}（spm）が50で不適当と考えられるが，一応算式に従って計算をし，それを実証してみると，

$$算式：D = 1.6 \times \left(\frac{1}{2} + \frac{1}{N}\right) \times \frac{60,000}{\text{min}^{-1}\text{（spm）}}$$

　　D：安全距離（単位 mm）
　　N：クラッチの掛け合い箇所の数
　　spm：毎分ストローク数

本件プレスは，$N = 3$，min^{-1}（spm）= 50であるから

$$D = 1.6 \times \left(\frac{1}{2} + \frac{1}{3}\right) \times \frac{60,000}{50} = 1,600 \text{（mm）}$$

となる。

実際には起動スイッチとスライドの危険限界との距離は150mmにすぎないため，本件プ

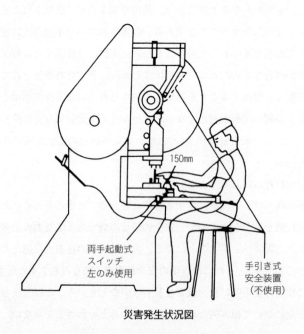

災害発生状況図

レスの両手起動式スイッチについては不適となり，労働安全衛生規則第131条第2項に定められた安全装置とは認められないこととなる。

　本件に限らず，プレス現場にあっては，両手起動式，両手操作式などの安全装置を有しながら，これの一方または両方を殺して使用している例が少なくなく，災害の一因となっている。

災害事例（3）　光線式安全装置の光軸および安全距離の不足

業　　　種	音響機器部品製造業
労 働 者 数	男性10名，女性5名，計15名
被 災 者	外国人労働者，男
被災の程度	右示指・中指・環指挫滅切断
発 生 時 間	午後4時45分
プ レ ス	800kN フリクションクラッチ
安 全 装 置	光線式

発 生 状 況

　当事業場は，音響機器の部品加工などを行っている。

　被災者は，光線式安全装置のついた800kN フリクションクラッチプレスを使用して，部品の穴あけ，絞り作業を行い疲れたため，円椅子に座って作業していた際，金型に右手3指をはさまれ切断したものである。

　なお，当作業は右手で加工材料を金型にセットし右足でフートスイッチを踏み，プレスし終わった後，左手で材料をつかみ出すというものであった。また当プレスは型式検定を受けた安全プレスの購入価格を抑えるため，光線式安全装置やフートスイッチのインターロック機構を外したものを購入したものである。

　ところが，購入後，指の切断事故が数件続いたので，型式検定を受けた光線式安全装置を購入し取り付けたが，メーカーの取り付けた位置では生産性が落ちると考え，事業主は光線の位置をプレスの金型方向へ近付け，かつ13cm 上方に移動させて使用させていたものである。

発 生 原 因

(1) 「正規」の安全プレスでなかったこと。

　　なお当プレスの場合，安全プレスを改造したため，型式検定合格を表示する銘板は取り付けられていなかった。

(2) 光線式安全装置を生産性を優先し，安全性を無視した位置に勝手に設置したこと。

　　そのために図にあるように作業者の手が光軸（光線の軸）の下から入り，安全装置が作動しなかった。

(3) 事業主をはじめ事業場全体の安全意識，安全管理が不十分であること。

付　録

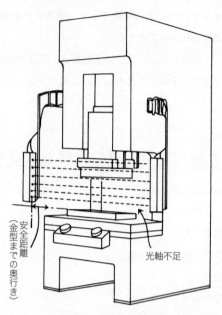

光軸および安全距離不足

(4) 安全教育とりわけ外国人労働者に対する教育が不十分であること。

研究・対策

(1) 正規の安全プレスを使用すること。当災害事例は安全経費を節約したことが結局は高くつくことを証明している。

　　安全プレスとは安全プレスとしての型式検定を受けたもので、ガード式、光線式、両手操作式の安全装置が製造段階で取り付けられており、切替えスイッチでいかなる状態に切り替えても、安全措置が講じられているようにインターロック機構などが働いているものである。

　　なお、厚生労働大臣が定める規格（構造規格）または安全装置を具備しない動力プレスは、これを製造・販売した者、貸与や設置した者、労働者に使用させた事業者のいずれもが労働安全衛生法上の責任を問われることとなる。

(2) 光線式安全装置は，適切な位置に設置すること。

　　適切な位置とは，次のとおり。

　① 投光器および受光器の取付け位置の高さ（光軸がカバーする範囲）は，いかなる金型を取り付けても有効なように，当プレスのいかなる危険限界をもカバーできるものであること（スライド調節量・ストローク長さ、ただし下部より40cmを超える場合は40cmでも可）。

　② 次の安全距離 D（光軸から危険限界までの距離）を確保すること。

$$D > 1.6\,(T_1 + T_s)$$

D ＝安全距離（単位は mm）

T_1 ＝手が光線を遮断した時から急停止機構が作動を開始するまでの時間（単位は ms，
　　　1,000分の１秒）

T_s ＝急停止機構が作動を開始した時からスライドが停止するまでの時間（単位は ms，

1,000分の１秒）

なお，上記②は，フリクションクラッチプレス（急停止機構を有する）の両手操作式安全装置の場合も同様である。

ポジティブクラッチプレスの両手起動式安全装置の安全距離は，次のとおり。

$D > 1.6Tm$

D ＝安全距離（単位は mm）

Tm ＝押しボタンなどから手が離れた時からスライドが下死点に達するまでの最大所要時間

（単位は ms，1,000分の１秒）

＝（0.5＋1÷クラッチの掛合い個所の数）×クランク軸が１回転するに要する時間

すなわち，$D > 1.6 \left(\dfrac{0.5 + 1}{クラッチの掛合い個所の数} \right) \times \dfrac{60,000}{毎分ストローク数}$

(3) 事業主自らの安全意識が安全管理上，最低限必要である。

(4) 外国人労働者は，日本語を十分に理解できない者が多いだけに，より一層の安全教育が大切である。

災害事例（４） プレス金型の取付け中，金型が破損して飛来

業　　種　金属製品製造業

被　　災　死亡１名

発 生 状 況

　この災害は，プレス機械の金型の取付け・調整作業中，上型の一部が破損し，その破片が被災者の顔面を直撃したものである。

　この事業場では，各種のプレス機械を約30台使用しているが，このうちの圧力能力450kN のフリクションクラッチ付きプレス機械で災害が発生した。当日，被災者は，プレス機械作業主任者である作業班長からこのプレス機械に金型を取り付けるよう指示され，１人で作業に取りかかった。金型は図に示すとおりで，電機製品のふたを加工するためのものである。

　作業は，まずボルスターの上に平行台を置いて，その上に上型と下型を重ねて置き，上型をスライドに固定するとともに，下型を締付けボルトで仮止めした。続いて，上型を上げ，厚さ１mm，縦横約20cm の鉄板の材料を下型の上に置き，金型の位置を調整しようとして，寸動でスライドを下降させた。

　このとき，上型と下型の位置が１mm ほどずれていたため，上型が下型に達した瞬間，上型と下型の焼入れ部分がぶつかり，この結果，上型の一部が幅１mm，長さ24mm にわたって破損して飛び，その破片が，被害者の左目横から脳を貫通し，後頭部に達した。

　なお，この事業場では，５人が金型の取付け・調整作業に従事していたが，このうち被災者を含む３人には，特別教育を行っていなかった。また，金型の取付け等の作業を直接指揮するプレ

付　録

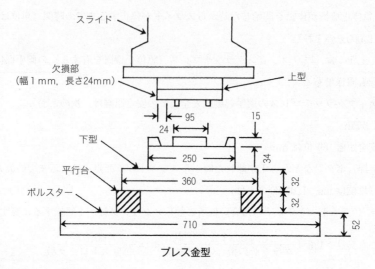

プレス金型

ス機械作業主任者は現場を離れていた。

原因と対策

この災害の原因としては，次のことがあげられる。
① 金型の調整中に，仮止めしていた下型が動き，上型と下型との間にずれが生じたこと。
② 被災者は経験3年であったが，特別教育を受けておらず，作業を安全に行うための知識・経験が十分でなかったこと。
③ プレス機械作業主任者に作業の直接指揮を行わせなかったこと。

このような災害の再発を防止するためには，次のような対策が考えられる。
① ガイドポストを設けて上型と下型のずれを防止するなど，金型の安全化を図ること。
② 金型の取付け，取り外しまたは調整の業務は，特別教育を受けた十分な経験，技能を有する者に行わせること。
③ プレス機械の台数に見合った数のプレス機械作業主任者を選任するとともに，作業マニュアルを作成し，周知徹底すること。

災害事例（5）　プレス機械の金型内に入り材料を確認しようとして，はさまれ

業　　種　　金属製品製造業
被　　災　　死亡1名

発生状況

災害は，圧力能力15,000kN プレス機械で発生した。
この15,000kN プレス機械は，主として板の絞り加工を行っており，板にはAタイプとBタイプがある。

298

Aタイプは材料の供給側に2名，取出し側に2名の計4名の作業者によって作業を行い，Bタイプは材料の送給，取出しが自動化されているため，機械の補助者2名によって作業が行われる。

災害の発生した15,000kNプレス機械では，朝から板の加工を行っており，午後3時までに3回の金型交換を行っている。

午後3時からAタイプの板の加工を行うことになり，材料の供給側にA，Bの2名，取出し側に別の2名が配置された。材料は，縦100cm，横200cm，厚さ0.3mmのステンレス鋼であって，これを200枚絞り加工するもので，加工中に材料を保持する必要はない。この加工の67枚目に災害が発生した。

66枚目の絞り加工を終えてスライドが上昇したので，材料送給側のAとBは，次の材料をそれぞれ両手で保持して67枚目を金型内にセットした。

続いて，Aが両手押しボタンスイッチを押したところ，スライドが下降し，金型内に上半身を入れていたBがはさまれたものである（図1）。

プレス機械には，光線式安全装置が材料の送給側と取出し側の両面に取り付けられており，有効に作動していた。また，両手押しボタンスイッチのポータブルスタンドは，材料送給側でプレス機械に向かって右側のAの位置（プレス機械より約70cm）に，1箇所設けられていた。

Aは，通常はポータブルスタンドを身体の後ろ側に置き，顔はプレス機械のほうを見ながら両手を身体の後ろに回して両手押しボタンスイッチを押していた。

災害発生時には，プレス機械作業中の4名以外の者がAの後ろから話しかけたので，Aは身体の方向を変えてプレス機械より目を離し（プレス機械に背を向けている），Bが金型内に上半身を入れていることに気がつかないままに両手押しボタンスイッチを押したものである。

Bが金型内に上半身を入れたのは，材料にゴミが付着していたのを取り除こうとしたのか，材料にキズを認めたためこれを確認しようとしたものと推定されている。

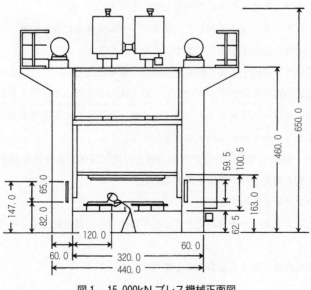

図1　15,000kNプレス機械正面図

付　録

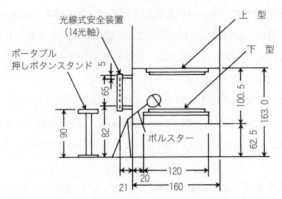

図2　15,000kN プレス機械断面図

　光線式安全装置が取り付けられ，それが作動していたにもかかわらず，スライドは停止していない。これは，Bの身体が光線の内側に入り込んでしまったために，安全装置として作動しなかったものである（図2）。
　なお，当事業場では，作業前の点検項目として，「共同作業をする場合には互いに見通せる作業位置において全員が押しボタンを押さないとスライドが作動しないことを確認すること」としており，また，「押しボタンの数が不足するときは，押しボタン責任者との間に確実な合図を決めて押すこと」との定めがあった。

原因と対策

　この災害の原因としては，次のことがあげられる。
　①　光線式安全装置を使用していたが，被災者の身体が光線の内側に入り込んでしまったために，これが有効に作動しなかったこと。
　②　両手押しボタンスイッチの数が不足していたこと。
　③　両手押しボタンスイッチを押した作業者が，プレス機械に背を向けていたため，被災者が金型内に身体を入れているのに気がつかなかったこと。
　④　プレス機械作業に関する安全教育が不徹底であったこと。
　このような災害の再発を防止する対策としては，次のようなことが考えられる。
　①　共同作業の場合の両手押しボタンスイッチは，原則として作業者全員が押しボタンを押すことによってスライドが作動するようにすること。
　②　ボルスター前縁と光線式安全装置の光軸との間に身体が入り込むおそれのあるときには，補助光軸を備える等の措置を講ずること。
　③　エリアセンサーを併用すること。
　④　両手押しボタンスイッチを押すときは必ず作業者の位置を確認するよう，作業標準の徹底を図ること。
　⑤　プレス機械作業に関する安全教育を徹底すること。

災害事例（6） プレスに頭部をはさまれる

業　　種　　電気機械器具製造業
被　　災　　死亡1名

発生状況

本災害は，プレスの金型の調整作業において，試行のために材料を下金型にセットしたところ，突然，上金型が降りてきて頭部をはさまれたものである。

プレスを用いて電気機器の筐体（きょうたい）を加工する工程において，新たな金型に交換後，製品の仕上がり寸法にずれを生じたので金型の調整を行うこととなった。定常時には材料は自動的に金型に供給されるが，調整作業における試行のため作業員が材料を抱えて金型にセットした。このとき材料セット確認用のリミットスイッチが作動し，この信号によりプレスが動き出して作業員の頭部がはさまれた。

このプレスは，全体が安全ガードで囲われ，本来は，プレスのキースイッチを「切」にしたときのみガードの戸を開くことができ，戸が開いているときはキースイッチを「入」にできない構造となっているが，戸が閉まっていることを確認するためのリミットスイッチにテープが巻かれ機能しなくなっていた。これは，プレスされた材料の加工状態を確認するのに戸がない方が見やすいことから，以前からリミットスイッチを無効にし，安全ガードを開けっ放しにしていたものである。

原因と対策

この災害の発生原因としては，次のことがあげられる。

① 安全ガードを無効にしていたこと。

災害発生状況図

301

② プレスが材料の供給待ちで一時停止しているのを，スイッチが切れていると誤解して，自動運転モードのままプレスの金型の調整を行ったこと。

③ プレス機械作業主任者の選任は行われていたものの，金型の交換・調整の作業が作業主任者の指揮の下に行われず，また，作業主任者による安全装置の点検等がなされていなかったこと。

同種災害を防止するためには，次の対策が必要である。

① 安全装置は，無効にしないこと。また，安全ガードの戸は，電磁ロック式のガードとするなど容易に無効にできない構造とすること。（参考：「工作機械等の制御機構のフェールセーフ化に関するガイドライン」（平成10年7月28日基発第464号）。）

② 金型の交換および調整は，作業主任者の直接指揮の下，プレスのメインスイッチを切り，安全ブロックを使用して行うこと。併せて，プレスのメインスイッチを「入」にした際に急に自動運転で動き出すことがないよう自動運転スイッチも切っておくこと。

③ 作業主任者に安全装置の点検等必要な職務を行わせること。

④ 戸を開けなくてもワークの加工状態を確認することができるよう戸に割れにくい強化プラスチック等の窓を取り付けること。

参　考

平成23年の法令および構造規格の改正に伴い，動力プレス構造規格およびプレス機械又はシャーの安全装置構造規格の運用に関する従前の通達については，平成23年2月18日付け基発0218第3号により廃止されているところであるが，以下の過去に発出された通達については，動力プレスに係る基本的な考え方が示されている部分があるので，参考として掲載する。

なお，以下に掲載している通達については，上記のとおり，現行法令等に合致していない部分を多く含んでいるため，今般，過去発出された通達の基本的な考え方の学習に資するための，あくまで参考として掲載するものであるので，動力プレス等に係る現行法令の適用に当たっては，必ず，最新の通達を参照すること。

1　プレス機械の金型の安全基準に関する技術上の指針

（昭和52年12月14日　技術上の指針公示第9号）

1　総　則

1—1　趣　旨

この指針は，プレス機械の金型（以下「金型」という。）による災害を防止するため，金型に関する留意事項について規定したものである。

1—2　発注時における安全に関する条件の明示

事業者は，金型の発注等に当たっては，次に掲げる事項について配慮すること。

(1)　金型の外表面（機能に関係のある部分を除く。）には，鋭い角，突起部等危険な部分がないこと。

(2)　スライド及びボルスターに適合する形状及び寸法のものとすること。

(3)　必要な強度及び剛性を有すること。

(4)　人間工学的な配慮により作業の安全性を確保すること。

2　金型による危険の防止

2—1　金型に身体の一部をはさまれる危険の防止

(1)　金型に身体の一部をはさまれる危険を防止するため，次のいずれかの措置を講ずること。

　イ　金型の間に身体の一部が入らないように安全囲いを設けること。

参　考

ロ　次の部分の透き間が 8 mm ＜編注：現行 6 mm ＞以下となるように金型を取り付けること。

(イ)　上死点における上型と下型（ストリッパーを用いる場合にあっては，上死点における上型及び下型とストリッパー）との透き間

(ロ)　ガイドポストとブッシュとの透き間

ハ　金型の間に手を入れる必要がないように次の措置を講ずること。

(イ)　材料を自動的に又は危険限界外で送給するためのロールフィーダー，スライディングダイ等を設けること。

(ロ)　加工物及びスクラップ（以下「加工物等」という。）が金型に付着することを防止するためのストリッパー，ノックアウト等を設けること。

(ハ)　加工物等を自動的に又は危険限界外で取り出すためのエヤー噴射装置，シュート等を設けること。

(2)　材料の送給及び加工物等の取出しを行う場合において(1)の措置が困難なときは，次によること。

イ　材料の位置決めを確実に行うため，次の措置を講ずること。

(イ)　位置決めブロック等を使用すること。

(ロ)　高い精度が要求される位置決めを行う場合に使用するパイロットピン等は，確実に固定し，かつ，抜け止めを施すこと。

ロ　上型と下型との接触部分のうち手を近づけるおそれのある箇所には，逃げを設けること。

ハ　ガイドポスト，組立型の止め金具等は，原則として作業位置の反対側に設けること。

ニ　ガイドポストは，下型に設けること。

2—2　組立て式等の金型の破損による危険の防止

(1)　部品の組立ては，次によること。

イ　ダウエルピンは圧入とすること。

ロ　インサート部品は，原則としてフランジ付き又はテーパー付きのものとすること。

ハ　クッションピンは，フランジ付き又はねじ付きのものを用いること。

ニ　シャンク及びガイドポストは確実に固定すること。

(2)　金型の組立てに用いるボルト及びナットは，スプリングワッシャー，ロックナット等により緩み止めを施すこと。

(3)　金型は，その荷重中心が，原則としてプレス機械の荷重中心に合ったものとすること。

(4)　カムその他衝撃が繰り返し加わる部品には，緩衝装置を設けること。

(5)　金型内の運動部品には，当該部品が運動する範囲を制限するため，必要な強度を有するスプールリテーナー，リテーナーボルト，ストリッパーボルト等を設けること。

(6)　上型内の運動部品には，上型ホルダーから当該部品が落下することを防止するため，必要な強度を有するスプールリテーナー，サイドセーフティピン等を設けること。

(7)　金型に使用するスプリングは，圧縮型とすること。

(8)　スプリング等の破損により部品が飛び出すおそれのある箇所には，覆い等を設けること。

(9)　圧縮して使用するスプリング，ゴム等は，これらが飛び出すおそれのないようにバーを使用し，座ぐりの中に入れる等の措置を講ずること。

1 プレス機械の金型の安全基準に関する技術上の指針

2—3 金型の脱落及び運搬による危険の防止

(1) プレス機械に取り付けるために金型に設けるみぞは，次によること。

イ 取り付けるプレス機械のＴ溝に適合する形状のものであること。

ロ 取付けボルトの直径の２倍以上の奥行のものであること。

(2) 金型の運搬に当たっては，型ずれを防止するため，ストラップ，セーフティピン等を使用すること。

3 雑　則

金型の見やすい箇所に，次の事項を表示する等により，金型を適正に管理すること。

(1) 使用できるプレス機械の圧力能力（単位　t）

(2) 長さ（左右，前後及びダイハイト）（単位　mm）

(3) 総重量（単位　kg）

(4) 上型重量（単位　kg）

参　考

2　足踏み操作式ポジティブクラッチプレスを両手押しボタン操作式のものに切り換えるためのガイドライン

(平成6年7月15日付け基発第459号の2　労働省労働基準局通達)

1　目的

本ガイドラインは，プレス災害の全体の約半数を占める足踏み操作式ポジティブクラッチプレスについて，その起動方式を足踏み操作式からより安全性の高い両手押しボタン操作式（操作レバーを両手で操作する方式を含む。以下同じ。）へ切り換えること（以下「切換え」という。）を促進するため，切換えに当たっての起動装置の変更の方法，作業方法の改善の方法等を示すものである。

2　切換えのための起動装置の変更の方法等

(1)　起動装置の変更の方法

足踏み操作式ポジティブクラッチプレスの起動装置の両手押しボタン操作式への変更は，一般に，クラッチ作動用連結棒を，空気圧等を利用して電気的な制御により動かす構造とし，これに両手押しボタン等の操作部分及び操作用電気回路を取り付けることにより行うものであり，その具体的な方式としては次のようなものがあること。

イ　空圧式

エアコンプレッサー等からの空気圧を利用し，エアシリンダーにつながれたクラッチ作動用連結棒を動かすもので，例えば，次の順序で作動するものであること。

① 両手押しボタンの操作により電磁弁に通電する。
② 電磁弁が作動し，エアシリンダーに空気が送られる。
③ エアシリンダーが作動し，クラッチ作動用連結棒が引かれる。
④ クラッチが掛かり，スライドが下降を開始する。
⑤ マイクロスイッチ等により，スライドが下死点を過ぎたところで電気信号が出る。
⑥ 電気信号により電磁弁が作動し，エアシリンダー内の空気が排出される。
⑦ 復帰用ばねによりクラッチ作動用連結棒が戻される。

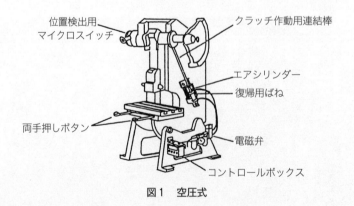

図1　空圧式

2 足踏み操作式ポジティブクラッチプレスを両手押しボタン操作式のものに切り換えるためのガイドライン

　　⑧　カムによりクラッチが外され，スライドが停止する。
　ロ　電磁ばね引き式
　　ばね及びリンク機構により，スライドの動きを利用してクラッチ作動用連結棒を動かすもので，例えば，次の順序で作動するものであること。
　　①　両手押しボタンの操作によりマグネットコイルに通電する。
　　②　マグネットコイルの磁力により掛合い金具が外れる。
　　③　ばねによりクラッチ作動用連結棒が引かれる。
　　④　クラッチが掛かり，スライドが下降を開始する。
　　⑤　スライドの動きがリンク機構を介して伝えられ，クラッチ作動用連結棒が戻される。これと同時に掛合い金具が掛かり，クラッチ作動用連結棒が戻った状態で保持される。
　　⑥　カムによりクラッチが外され，スライドが停止する。

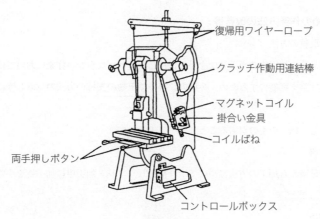

図2　電磁ばね引き式

(2)　起動装置の変更に当たっての留意事項
　起動装置の変更に当たっては，次の事項に留意する必要があること。
　イ　起動装置の構造は，次の要件に適合するものとすること。
　　なお，プレス機械又はシヤーの安全装置構造規格（以下「構造規格」という。）の両手起動式安全装置の要件に適合した起動装置は，次の要件に適合しているものであること。
　　(イ)　一行程一停止機構を有するものであること。
　　(ロ)　押しボタン等を両手で同時に操作しなければスライド等を作動させることができない構造のものであること。
　　(ハ)　一行程ごとに押しボタン等から両手を離さなければ再起動操作をすることができない構造のものであること。
　　(ニ)　一の押しボタン等の外側と他の押しボタン等の外側との最短距離は，300ミリメートル以上であること。
　　(ホ)　押しボタンは，ボタンケースに収納されるか又は保護リングにより囲われており，かつ，当該ボタンケースの表面又は保護リングの上端から突出していないものであること。

307

参　　考

ロ　一般に両手押しボタン操作式ポジティブクラッチプレスは，安全距離の確保が困難であり，労働安全衛生規則（以下「安衛則」という。）第131条第2項の規定に基づく措置を講じているとはいえないことから，別途，構造規格に適合し，型式検定に合格した手引き式安全装置等を設置して，使用しなければならないこと。

　　　ただし，構造規格に適合し，型式検定に合格した両手起動式安全装置を，安衛則第131条第2項の規定に適合するように設置し，使用することができる場合はこの限りでないこと。

ハ　(1)の起動装置の変更により両手押しボタンのみならず，フートスイッチ，片手押しボタン等による起動も可能となるが，そのような起動装置は取り付けないこと。

ニ　両手押しボタン操作式の起動装置の作業開始前点検及び定期自主検査については，平成5年7月9日付け基発第446号「プレス機械の安全装置管理指針」の第4により，両手起動式安全装置に準じて行うこと。

3　切換えのための作業方法の改善等

(1)　作業方法の改善の方法

　材料，中間製品等の加工物を両手又は片手で保持しなければならない作業においては，両手押しボタン操作式による作業を可能にするため，金型の改善，加工物の支持の方法の見直し等により作業方法を改善すること。

　改善の方法としては次のものがあること。

イ　金型の改善

　金型の設計段階から加工の方法について十分検討し，プレス加工中に加工物を手で保持する必要のない金型とすること。

ロ　治具の使用

　作業内容に合った治具を作成し，治具により加工物の位置決め及び保持を行うようにすること。

ハ　マグネットの利用

　加工物が鋼材等の強い磁性を示す材料であるときは，マグネットにより加工物の位置決め及び保持をするようにすること。

ニ　クランプ等の使用

　加工物が安定しないときは，クランプ等により固定し，保持するようにすること。

ホ　送給，排出装置等の使用

　エアシリンダー，モーター等を使用し，加工物の金型へのセット，金型からの取出し等を自動化すること。

(2)　作業方法の改善事例

　作業方法の改善事例としては別添のものがあるので，これらを参考とすること。

2 足踏み操作式ポジティブクラッチプレスを両手押しボタン操作式のものに切り換えるためのガイドライン

別添　改善事例

1　金型の改善によるもの

(1) 加工物を金型のガイドに差し込み保持することとした事例

> 3×4cm程度の小物のプレス加工において，加工物を手で押さえて作業していたが，金型を改造し，加工物を差し込むガイドをきつめにして，手で押さえなくても保持されるようにした。

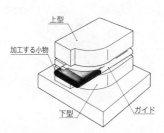

上型はばねにより支持されている

備考	金型の形状の変更にはコストもあまりかからず，生産能率の低下はほとんどない。

(2) 金型に傾斜をつけ，位置決めを正確にした事例

> 不安定な形状の中間製品の二次加工において，金型を傾斜させ，中間製品が金型の基準面A及びBに密着して保持されるようにすることにより，手で保持しなくても位置決めが正確になるようにした。

備考	加工穴の切断面が傾斜するが品質には影響がない。

2　治具の使用によるもの

(1) 長尺の中間製品を治具により保持することとした事例

> 長尺の中間製品の加工において，加工物を手で保持していたが，保持治具を取り付けることにより，手で持たなくても位置決め，保持が行えるようにした。

(2) 金型に受け台を取り付けて材料を保持することとした事例

> 短尺材料の打ち抜き加工において，金型の前後に材料受け台を取り付け，材料の送りは手で行うが，加工中は手で保持しなくともよいようにした。

309

参　考

(3) 材料を受けロールと押さえロールにより保持することとした事例

短尺材料の加工において，材料を受けロールと押さえロールの間に入れて送り，押さえロールの重量により材料のずれを防ぐようにして，手で押さえなくてもよいようにした。

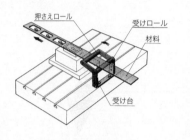

| 備考 | 材料の半分程度まで加工を終えると，材料の向きを変え，手前に引きながら加工する。受け台は下型の高さに合わせて調節できるようにし，使用範囲を広げている。 |

(4) 治具により材料を金型に挿入することとした事例

短尺材料の穴あけ加工において，下図のように治具を作成し，手前に引き出した保持治具に材料をセットし，手でパンチユニットのところまで押し込み，両手押しボタン操作によりプレス加工した後，治具を手前に引き出し，材料を取り出すという作業方法とすることにより手で保持しなくともよいようにした。

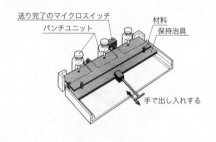

| 備考 | 金型奥にマイクロスイッチが取り付けられており，材料が正しく送り込まれているか確認できるようになっている。 |

3　マグネットの利用によるもの

(1) マグネット付き治具により材料を保持することとした事例

マグネットを利用した治具を作成し，材料を手で持っていなくても保持されるようにした。

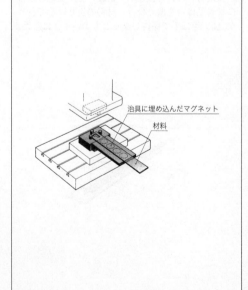

(2) 下型にマグネットを埋め込んで中間製品を保持することとした事例

絞り加工を行った中間製品の切り欠き加工において，下型の側面にマグネットを埋め込んで中間製品がマグネットにより固定されるようにし，手で押さえていなくてもよいようにした。

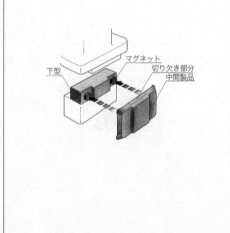

2 足踏み操作式ポジティブクラッチプレスを両手押しボタン操作式のものに切り換えるためのガイドライン

(3) マグネット付き受け台により材料を保持することとした事例

穴あけ加工において，ボルスタに受け台を取り付け，材料を支持するようにし，受け台にマグネットを取り付けて加工時の材料のずれを防ぐようにして，材料を手で保持しなくてよいようにした。
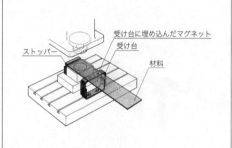
備考 受け台の高さは下型に合わせて調節できるようにしてあり，類似の加工を行う場合に使用可能である。

4 クランプ等の使用によるもの

(1) 下型にクランプを取り付け中間製品を固定することとした事例

曲げ加工を行った中間製品の切り欠き加工において，中間製品を下型に当て，クランプで押さえて固定するようにし，手で押さえていなくてもよいようにした。

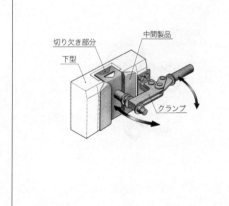

(2) クランプにより下型に押しつけて中間製品を保持することとした事例

絞り加工を行った中間製品の側面の穴あけ加工において，クランプの先に当て板を取り付けた押さえ用治具を作成し，中間製品を下型に当てた状態で保持できるようにし，手で押さえていなくてもよいようにした。

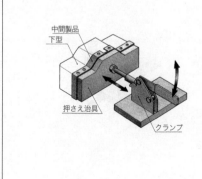

311

参　考

(3) ゴムローラーにより中間製品を保持することとした事例

　絞り加工した中間製品の外周の穴あけ加工において，ウレタンゴム製ローラーをレバーを介して下型に取り付け，下型にはめ込んだ中間製品をローラーにより押さえて固定できるようにし，手で押さえていなくてもよいようにした。

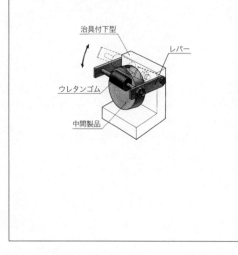

(4) 受け台とクランプにより材料を保持することとした事例

　大きな長い材料の加工において，材料を支持するための受け台を設け，ボルスタに材料固定用のクランプを取り付けることにより，ストッパーで材料の位置決めをした後クランプで固定できるようにし，材料を手で保持しなくてもよいようにするとともに，プレス加工時のずれを防ぐようにした。

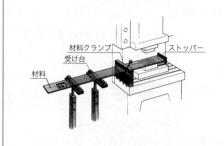

備考	受け台及びクランプの高さは下型に合わせて調整できるようにしてあり，類似の作業に使用可能である。

5　送給，排出装置等の使用によるもの

(1) 下型をエアシリンダーにより動かすこととした事例

　下型がエアシリンダーにより移動する構造とし，手前に来ている下型に中間製品をはめ込み，両手押しボタンを押すと，エアシリンダーにより下型が上型の下まで移動し，プレス加工が行われた後，エアシリンダーにより下型が中間製品とともに手前まで戻り，手で製品を取り出すこととした。

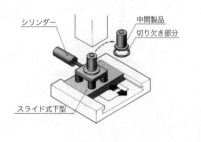

(2) エアシリンダーにより材料をセットすることとした事例

　材料を治具に乗せ，両手押しボタンを押すと，エアシリンダーにより保持治具がパンチユニット位置まで送り込まれ，プレス加工後，エアシリンダーにより治具が手前に戻るようにした（改善事例の2の（4）の保持治具の移動を，エアシリンダーにより行うようにしたもの）。

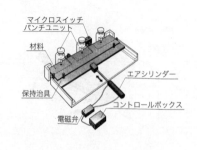

2 足踏み操作式ポジティブクラッチプレスを両手押しボタン操作式のものに切り換えるためのガイドライン

(3) プッシャーフィーダーにより材料をセットすることとした事例

　絞り加工を行うプレス加工において，材料の供給にプッシャーフィーダーを使用し，両手押しボタンを押すと材料が金型に送り込まれ，センサーにより材料が正しくセットされていることが確認されるとプレス加工が行われ，加工された物はエアにより金型から吹き飛ばされるようにした。

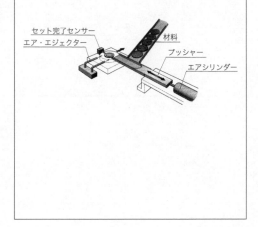

プレス作業者安全必携

平成23年6月30日	第1版第1刷発行
平成26年1月15日	第2版第1刷発行
平成28年3月25日	第3版第1刷発行
平成31年4月26日	第4版第1刷発行
令和6年10月16日	第7刷発行

編 者　中央労働災害防止協会
発 行 者　平 山　　剛
発 行 所　中央労働災害防止協会
〒108-0023
東京都港区芝浦3丁目17番12号
吾妻ビル9階
電話　販売　03（3452）6401
　　　編集　03（3452）6209
印刷・製本　株式会社　丸井工文社

落丁・乱丁本はお取替えいたします。　　　　　　© JISHA 2019
ISBN 978-4-8059-1876-0　C3053

中災防ホームページ　https://www.jisha.or.jp/

本書の内容は著作権法によって保護されています。
本書の全部または一部を複写（コピー）、複製、転載
すること（電子媒体への加工を含む）を禁じます。